工信学术出版基金
Industry and Information Technology
Academic Publishing Fund

国之重器出版工程
网络强国建设

学术中国·空间信息网络系列

空间信息网络无线资源管理与优化

Radio Resource Management and Optimization for Space Information Network

钟旭东　任保全　李洪钧　巩向武　著

U0240336

人 民 邮 电 出 版 社

北 京

图书在版编目（ＣＩＰ）数据

空间信息网络无线资源管理与优化 / 钟旭东等著
. -- 北京：人民邮电出版社，2021.9
国之重器出版工程. 空间信息网络系列
ISBN 978-7-115-56876-2

Ⅰ. ①空… Ⅱ. ①钟… Ⅲ. ①卫星通信系统－研究
Ⅳ. ①TN927

中国版本图书馆CIP数据核字(2021)第131102号

内 容 提 要

空间信息网络（SIN）是一种由分布在不同高度、携带探测、通信载荷的卫星和其他空间节点（如空间飞行器、空中和地面站点、移动和固定设备端等）构成的，通过动态建链组网，实时获取、传输、处理海量数据，实现空间信息体系化应用的综合信息基础设施。本书介绍了 SIN 的概念内涵、关键技术和研究现状，阐述了 SIN 无线资源管理与优化的意义和理论基础，并从 SIN 的多卫星中继网络资源优化、认知接入网络资源分配、协同覆盖网络资源配置、卫星通信子网络资源优化 4 个方面研究了 SIN 的无线资源管理与优化问题，提出了相关场景的无线管理架构和机制、优化算法及无线资源分配效用评估方法，利用仿真实验验证了所提出的无线资源管理机制、优化算法的可行性和高效性。

本书适合从事空间信息网络建模与组网模拟软件开发的人员阅读，可供卫星通信、无线通信与传输技术、空间信息网络等领域科研人员参考阅读，也可以作为信息与通信工程相关专业的高年级本科生和研究生的教材和辅助读物。

♦ 著　　　　钟旭东　任保全　李洪钧　巩向武
责任编辑　王　夏
责任印制　焦志炜

♦ 人民邮电出版社出版发行　　北京市丰台区成寿寺路 11 号
邮编　100164　　电子邮件　315@ptpress.com.cn
网址　https://www.ptpress.com.cn
固安县铭成印刷有限公司印刷

♦ 开本：720×1000　1/16
印张：16.75　　　　　　　　2021 年 9 月第 1 版
字数：310 千字　　　　　　　2021 年 9 月河北第 1 次印刷

定价：149.80 元

读者服务热线：(010)81055493　印装质量热线：(010)81055316
反盗版热线：(010)81055315

专家委员会委员（按姓氏笔画排列）：

于　全　　中国工程院院士

王　越　　中国科学院院士、中国工程院院士

王小谟　　中国工程院院士

王少萍　　"长江学者奖励计划"特聘教授

王建民　　清华大学软件学院院长

王哲荣　　中国工程院院士

尤肖虎　　"长江学者奖励计划"特聘教授

邓玉林　　国际宇航科学院院士

邓宗全　　中国工程院院士

甘晓华　　中国工程院院士

叶培建　　人民科学家、中国科学院院士

朱英富　　中国工程院院士

朵英贤　　中国工程院院士

邬贺铨　　中国工程院院士

刘大响　　中国工程院院士

刘辛军　　"长江学者奖励计划"特聘教授

刘怡昕　　中国工程院院士

刘韵洁　　中国工程院院士

孙逢春　　中国工程院院士

苏东林　　中国工程院院士

苏彦庆　　"长江学者奖励计划"特聘教授

苏哲子　　中国工程院院士

李寿平　　国际宇航科学院院士

李伯虎　中国工程院院士

李应红　中国科学院院士

李春明　中国兵器工业集团首席专家

李莹辉　国际宇航科学院院士

李得天　国际宇航科学院院士

李新亚　国家制造强国建设战略咨询委员会委员、
　　　　中国机械工业联合会副会长

杨绍卿　中国工程院院士

杨德森　中国工程院院士

吴伟仁　中国工程院院士

宋爱国　国家杰出青年科学基金获得者

张　彦　电气电子工程师学会会士、英国工程技术
　　　　学会会士

张宏科　北京交通大学下一代互联网互联设备国家
　　　　工程实验室主任

陆　军　中国工程院院士

陆建勋　中国工程院院士

陆燕荪　国家制造强国建设战略咨询委员会委员、
　　　　原机械工业部副部长

陈　谋　国家杰出青年科学基金获得者

陈一坚　中国工程院院士

陈懋章　中国工程院院士

金东寒　中国工程院院士

周立伟　中国工程院院士

郑纬民　　中国工程院院士

郑建华　　中国科学院院士

屈贤明　　国家制造强国建设战略咨询委员会委员、工业
　　　　　和信息化部智能制造专家咨询委员会副主任

项昌乐　　中国工程院院士

赵沁平　　中国工程院院士

郝　跃　　中国科学院院士

柳百成　　中国工程院院士

段海滨　　"长江学者奖励计划"特聘教授

侯增广　　国家杰出青年科学基金获得者

闻雪友　　中国工程院院士

姜会林　　中国工程院院士

徐德民　　中国工程院院士

唐长红　　中国工程院院士

黄　维　　中国科学院院士

黄卫东　　"长江学者奖励计划"特聘教授

黄先祥　　中国工程院院士

康　锐　　"长江学者奖励计划"特聘教授

董景辰　　工业和信息化部智能制造专家咨询委员会委员

焦宗夏　　"长江学者奖励计划"特聘教授

谭春林　　航天系统开发总师

前　言

　　随着信息与通信技术的不断发展，各类通信和任务平台及其构成的网络和系统成为人们获取信息服务的有效手段。然而，由于各类平台功能单一、网络结构和通信链路异构，不同通信系统间的信息交互和网络兼容难以实现。同时，由于频谱资源有限，独立、自成体系的各类通信网络和系统已经无法满足人们日益增长的业务需求。因此，各国纷纷开展空间信息网络（Space Information Network，SIN）研究，以实现多通信系统的网络融合、信息交互和资源共享，为人们提供全天候、不间断、空天地一体化的综合信息服务。

　　SIN 通过多卫星组网提供稳定的骨干网络接入服务，以多通信系统协同、卫星重叠覆盖、同频资源共享等方式在有限的无线资源条件下，提供高可靠性、高速的数据获取、处理和传输能力。对于这样一个多维度、分布式的综合网络，寻找合理的无线资源优化配置方案是解决资源共享和实现海量数据交互需要研究的首要问题。目前，SIN 的相关研究尚处于起步阶段，与之相关的资源优化技术是 SIN 研究的热点问题。因此，根据 SIN 的特性研究高效的无线资源优化技术，对未来 SIN 的发展和应用有着重要的理论和实用价值。

　　本书根据 SIN 的特性，对 SIN 的骨干网络优化、认知区域资源分配、上下行功率联合控制、下行全网资源配置、下行子网络资源调整、无线资源配置效用综合评价等问题进行了研究，主要研究工作和成果归纳如下。

　　（1）针对 SIN 无线资源管理和骨干网络负载优化，设计了一种混合式资源管理架构，并在此基础上针对两种典型的多星中继场景提出了两种基于比例公平性

（Proportional Fairness，PF）准则的多星负载优化算法。首先，根据 SIN 的定义，描述了基于分布式星群的 SIN 结构，将接入网和骨干网建模为一个分布式星群网络（Distributed Satellite Cluster Network，DSCN），并根据 DSCN 的特点，设计了一种混合式资源管理架构以提升资源管理的效率。其次，在 DSCN 模型下给出了其他平台和星群主卫星作为源节点的两种多骨干卫星中继场景下的数学模型，并根据 PF 准则，设计了两种场景下的负载优化目标函数。然后，通过凸优化理论推导了两个优化问题在对偶域的闭合解，并根据混合式 DSCN 资源管理架构，设计了一种迭代优化算法来求解最佳资源分配解。仿真结果和理论分析表明：多星协同中继能够有效提升系统容量；相较于其他方法，本书提出的负载优化算法能在保证系统处于合理的容量水平的条件下，有效均衡多个中继卫星的负载。

（2）针对 SIN 中的认知区域，提出了一种基于合作博弈的时隙与功率联合优化算法。首先，分析了 SIN 中认知区域上行链路特性，基于此，构建了合理的认知区域上行网络模型，在第 4 章提出的 DSCN 混合资源管理架构下，设计了认知区域混合资源管理架构来提高资源分配的计算效率。其次，基于纳什议价博弈理论研究发射功率与带宽联合分配问题，以在保证认知卫星用户间公平性的条件下，提升 SIN 认知区域的系统容量。然后，根据博弈论证明了合作资源分配博弈过程中最优解的存在性、唯一性，根据凸优化理论推导了资源优化问题在其对偶域上最优解的闭合解形式，并在此基础上设计了一种基于子梯度法的迭代算法来求解最优解。仿真结果和理论分析表明：提出的合作资源分配算法具备合理的收敛速度，且其解为 Pareto 最优的；多用户分集和多波束分集可以有效提升认知区域的系统容量；提出的算法可以较好地在认知卫星用户间公平性与系统总容量之间获得折中；原问题与对偶问题之间的距离非常接近，因此，本书提出的算法可以在较低的复杂度的前提下尽可能地接近真实的最优解。

（3）结合对 DSCN 结构特征的分析，提出了一种新型基于预置预测和多级参数调整的上下行联合功率控制方法。根据基于 DSC 的 SIN 架构模型，建立了合理的 DSCN 拓扑模型，并在此基础上分析了 DSCN 中雨衰链路条件下存在的功率控制问题。针对 DSCN 中存在多卫星中继、跨不同转发器的复杂通信场景，提出了一种功率预置与动态跟踪补偿、调整相结合的联合功率控制方法，解决了 DSCN 中多卫星、跨转发器的链路衰减跟踪与补偿问题，并针对两种典型的卫星链路雨衰场景进行了仿真，通过跟踪实测雨衰数据，比较几类典型的功率算法的性能，验证了本书提出的上下行功率联合控制方法的有效性。

（4）针对 SIN 下行，设计了一种基于 Pareto 优化的时隙与功率资源联合分配算法。首先，在考虑星间优化、用户队列模型、下行链路模型和资源有限性的条件下，构建了一个二维多目标优化问题来实现能耗与系统容量在时隙与功率资源上的折中。其次，通过将该二维多目标优化问题建模成一个三维装箱模型，证明该问题是一个 NP 难问题同时也是一个 Pareto 优化问题。然后，根据 Pareto 优化理论设计了一种二维多目标资源优化算法求解该问题。仿真结果和理论分析表明：本书提出的算法的收敛性和准确性优于现有的算法；通过星间资源共享优化，可以有效提高系统容量；相较于现有的方法，所提算法可以在节省能量的同时获得更高的系统容量；在特定的条件下，单目标优化可以看作多目标优化特殊情况，多目标优化算法获取的 Pareto-front 可以为权衡多目标之间关系、平衡用户效能方面提供综合决策空间。

（5）针对 SIN 的下行卫星子网络，提出了一种基于对偶迭代理论的非完全信道状态信息（Channel State Information，CSI）条件下的下行功率调整与时隙资源优化算法。首先，根据第 7 章的 SIN 下行重叠覆盖区域多星接入选择和资源分配结果，将 SIN 下行解耦为多个多波束卫星通信系统，构建了合理的下行系统模型，通过中断概率表征非完全 CSI 对资源优化的影响，针对实时用户设计了一种时延优先级权重，构建了基于时延优先级的资源优化问题。然后，根据凸优化理论推导了该问题在其对偶域的闭合解，并设计了一种基于对偶迭代理论的迭代算法来获取功率调整值和时隙放置矩阵。仿真结果和理论分析表明：所提算法具有良好的收敛性能，能够满足实时用户对高速计算和分配的需求；非完全 CSI 条件下，由于信道估计误差的存在，会导致系统容量下降，多波束分集和多用户分集可以提升系统容量；所提算法能够在低到达速率条件下，接近最优容量分配，在高到达速率条件下，通过牺牲可接受范围内的系统容量，提高系统实时用户的服务率；相较于现有的研究，所提算法能够更好地在满足实时用户时延约束条件下，实现系统容量和时延公平性之间的折中。

（6）针对 SIN 资源分配方式效用评估和无线资源优化目标的自适应调整等问题，提出了一种基于 AHP-BP 的 DSCN 无线资源配置效用评价方法。结合 DSCN 的特征和本书研究的无线资源配置优化对象，简要介绍了综合评价的基本理论，描述了 DSCN 无线资源配置效用综合评价中，评价对象、评价指标、指标权重、评价模型、评价者 5 个要素分别在 DSCN 中的指代对象；根据本书研究的内容和 DSCN 无线资源效用的主要指标，选取了本章评价的主要指标集合，基于 AHP 方法确定了指标权重，构建了 DSCN 无线资源效用综合评价的指标体系；基于 BP 神经网络构建了

DSCN 无线资源效用综合评价模型，设计了基于 AHP-BP 的综合评价方法，并以前述仿真模型为基础，获取仿真数据和专家测评数据分组作为评价模型训练数据和测试数据，对评价模型进行了仿真验证，仿真结果表明，所提评价方法在评价误差上满足工程实践需求。

作者

2021 年 2 月

目 录

第 1 章

绪论

随着大容量数据、多媒体和宽带等业务需求增长，现有通信系统条块分割、资源难以整合共享、综合服务应用难以实现等问题逐步凸显，利用卫星联合多层次通信组网平台，构建分布式组网的空间信息网络，成为整合通信资源，实现空天地一体化的，全维度、全天候、不间断综合信息服务与应用的不二之选。为明确本书论述的背景，本章对空间信息网络的发展历程和研究现状、主要概念定义以及主要关键技术进行了综述，并引出全文研究内容，对未来研究进行了展望。

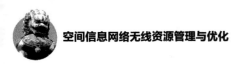

自第一颗人造地球卫星发射升空以来，人类就开启了宇宙空间探索的新篇章，随后，卫星通信技术的出现，使通信进入空天地三维覆盖的时代。卫星通信由于其广域覆盖特性、大容量传输能力，成为未来融合和补充其他通信网络的首选。为了适应迅猛增长的通信业务需求，通过卫星实现多网络融合、全时段、不间断覆盖的未来空天地一体化网络成为时代需求[1]。

|1.1 空间信息网络的发展概述 |

随着无线通信技术的不断发展，通信平台和终端的种类与功能呈现多样化发展态势，然而，由于其种类和功能的特异性，各类通信平台和通信系统成为体系封闭、资源分割的独立通信网络。不同通信系统之间的信息互联互通难以实现，无线资源无法进行共享和综合利用，成为制约通信系统整体综合效益提升的主要原因[2]。卫星通信平台由于其视距通信特征和通信成本与距离无关等特点，成为提供全球无缝覆盖的网络服务、应急通信、海事通信、对地观测和空间探测通信的不二之选。以卫星平台作为异构的地面通信网络之间信息交互的基础，实现星地混合的综合信息网络获得了广泛关注[3]。然而，卫星网络随着卫星数目的增加和处理转发技术的发展，空间信息交换技术变得越来越复杂，传统的空地链路通过地基网络互联的通信方式无法满足不断增长的通信业务需求。此外，数十年来，各个航空航天大国不断发展空间通信技术，卫星在轨数量迅猛增长，使空间轨位占用过多而空间通信和节点资源利用率较低。为此，世界主要航空航天大国针对空间通信技术，均规划在未来几十年内，进一步提升卫星功能和种类，通过卫星空间组网整合空间资源，建立网络化的空天地一体化的多维度、层次化的综合信息服务体系。

1998 年，美国国防部高级研究计划局（Defense Advanced Research Projects Agency，DARPA）提出空间信息网络（Space Information Network，SIN）的相关概念[4]。为了实现空间网络互联互通，DARPA 推动喷气推进实验室（Jet Propulsion Laboratory，JPL）开展"空间互联网"（Space Internet，SI）研究计划，以实现空间端到端的可靠通信[5]。2002 年，美国国家宇航局（National Aeronautics and Space Administration，NASA）开始赞助该研究计划，并将该计划中 SI 的概念延拓至深空–空域–地域互联的空间通信网络[6]。2006 年，NASA 在其技术报告中提出"NASA 空间通信数据网络结构"，从此，SIN 成为实现空地海全方位多维数据感知、获取、处理和融合的、能提供综合通信业务的未来网络模型。为推动空间技术进一步发展，推动海量数据的互联互通和实时共享，多国提出了基于卫星的，具备全天候、全球无缝覆盖、综合性的未来空间信息骨干网。在各国 SIN 计划的推动下，SIN 结构设计与优化[7-9]、空间信息的高速高可靠传输理论与方法[10-12]、空间信息的稀疏表征与融合处理[13-15]等关键技术得到了广泛的研究和发展。

为推动空间技术的发展，实现空天地数据的可靠传输和共享，许多国家展开了基于卫星的 SIN 骨干网络建设计划，其中，美国提出了全球信息栅格（Global Information Grid，GIG）[16-17]架构的相关概念和基于 GIG 架构的转型卫星通信系统（Transformational Satellite Communications System，TSAT）[18-19]。TSAT 计划通过 5 颗独立的、工作于同步轨位的高通量宽带通信卫星，通过星间激光链路组网，实现全球通信覆盖[19]。TSAT 利用星上交换与处理技术和高通量卫星的可观传输带宽，将地面 IP 路由技术应用到星间数据路由，将空间数据传输能力提升至地面光缆量级，从而使支持陆、海、空用户接入的传统卫星通信系统转型为支持天基用户接入的空间信息系统。TSAT 计划中，卫星作为空间路由器在空间轨道上提供稳定的、可靠的、具备高速传输能力的多维网络覆盖。卫星通过星间激光链路实现异构卫星的全球组网和覆盖，形成高速空间骨干网络，实现 SIN 的空间信息全时、全天获取和传输需求，推动航天数据的可靠回传和空间指令的快速响应。2007 年，TSAT 计划进行了星间无线激光通信实验，此后，由于大型卫星的研发时长和成本问题，TSAT 计划被美国暂时搁置，但其多卫星激光链路组网思想，空间交换和路由等技术被广泛应用到卫星通信研究的其他领域，进一步推动 SIN 的结构设计和相关理论的发展[18]。

　　针对多载荷集成的大型卫星长研发周期、复杂技术需求和高额研发成本等问题，同时，为了降低卫星的发射周期和提升其部署和响应速度，基于功能分离、协同合作的分布式星群（Distributed Satellite Cluster, DSC）及其相关概念应运而生。DSC 是指空间中多颗分布在同一或邻近轨道位置上的功能同构或异构的卫星，通过星间通信链路实现高速组网以通过多卫星协同实现空间特异性功能的综合网络架构。DSC 网络架构分布式的"去中心化"或"弱中心化"结构，能够保障在部分空间节点卫星失效或故障时支持网络的稳定运行，通过补充节点卫星或利用备用卫星可实现网络的快速自愈，提高网络抗毁能力，同时，节约了研发成本并缩短了网络试验周期。现有或在研的典型 DSC 系统如表 1-1 所示，主要有：O3B（the Other 3 Billion）卫星接入计划[20]，天基群组（Space-Based Group，SBG）计划[21]，SkyLAN 系统[22]，F6（Future, Fast, Flexible, Fractionated, Free-Flying Spacecraft United by Information Exchange）计划[23]，地球观测任务（Earth Observation Mission，EOM）计划[24]，分布式星群网络（Distributed Satellite Cluster Network，DSCN）计划[25-26]等。

表 1-1　典型的 DSC 系统

系统名称	轨道	载荷划分	功能
O3B 卫星接入计划	MEO	搭载相同载荷	卫星通信网络服务
SBG 计划	GEO	群内由主卫星和任务卫星组成，三个群实现全球覆盖	天基信息网络，支持多样化空间任务的天基基础保障设施
SkyLAN 计划	GEO	单颗大型通信卫星执行的功能分布到多颗不同的更小的处于同一轨道的小卫星	FSS/BSS/MSS
F6 计划	GEO LEO	任务载荷、能源、通信、导航、计算处理等功能分解为多个模块，星群自由飞行、无线信息交换和无线能量交换方式，协同工作	作战响应空间（ORS）
EOM 计划	LEO	不同观测载荷	对地观测
DSCN 计划	GEO	多颗卫星通过星间激光链路组成星群，多个星群通过 Header 卫星间激光链路组网实现全球覆盖，通过资源共享实现协同通信	提供空天地一体化信息网络服务

　　O3B 卫星系统的骨干网络由搭载相同功能载荷的中地球轨道（Medium Earth Orbit，MEO）卫星星座构成。该星座计划由 12 到 20 颗工作在 8 000 km 轨道高度的

MEO 卫星组成，目前已经发射了 4 颗卫星入轨，并完成了在轨测试和组网试验[20]。O3B 卫星接入计划旨在为亚、非、南美等地区无法获取高速互联网服务的 30 亿人通过卫星提供网络接入服务，通过多颗 MEO 卫星分布式组网和多星协同覆盖，有效提升网络连通率，为无网络接入地区的用户提供良好的互联网覆盖。

SBG 是由美国约翰斯·霍普金斯大学应用物理实验室主导研发的项目。2007 年，针对搭载多种功能载荷的大型卫星存在的载重高、技术需求复杂、研发成本高、研发周期长、无法回收和寿命短等劣势，约翰斯·霍普金斯大学应用物理实验室提出 SBG 计划[21]。SBG 的设计思想是将单颗大型卫星的载荷功能分散在多个子卫星上，并由一颗路由主卫星实现天地信息交互和子卫星间协同。SBG 从功能上包含三类卫星，即核心的路由主卫星、承担不同功能的子卫星和在轨服务卫星，所有卫星均工作在地球静止轨道（Geostationary Orbit, GEO）。SBG 利用一颗主卫星为群组提供天–地链路和星间路由策略等核心服务，通过激光链路使承载不同功能的子卫星与主卫星组成星群，执行通信、遥感等任务，而 SBG 中的在轨服务卫星则为在轨维护和网络重构提供支持保障。SBG 的关键技术包括低功耗高速数据传输技术、多星路由技术、在轨重构技术等。天基群组的体系结构设计具有以下特点：每颗子卫星功能为异构的；由路由主卫星根据星间路由技术实现全球组网；能根据需求实现灵活的在轨网络重构。

SkyLAN 是由欧洲航天局（European Space Agency，ESA）主导研发的新一代卫星系统。SkyLAN 的骨干网络由一簇载荷较低的 GEO 卫星组成，这些 GEO 卫星通过星间链路构成 DSC 结构，通过星间信息传递和共享，根据分布式协同操作的方式实现一颗大型卫星的通信服务功能[22]。SkyLAN 主要通过 DSC 结构向卫星用户提供固定卫星业务（Fixed Satellite Service，FSS）、宽带卫星业务（Broadband Satellite Service，BSS）和移动卫星业务（Mobile Satellite Service，MSS）等。

F6 计划是美国提出的一项满足将来空间军事战略需求的分离式、分布式、易重构的航天通信研究计划[23]。在该计划中，不再采用传统的一体式航天器研发和发射方式，而是将航天器根据功能解耦为可自由耦合的分离模块。不同的分离模块承载独立的功能，从而完成不同的任务，由于分离模块可以快速批量设计和生产，大大降低了研发成本和周期。分离模块发射进入轨道位置后，通过编队飞行方式形成分布式结构，利用无线数据传输、无线能量传输实现协同工作，共同形成一个实现特异功能的虚拟航天器系统。由于分离模块的分布式协同特性，系统整体可以实现灵活的网络结构重构控制，且可以通过补充模块实现航天系统功能再定义。F6 系统属于异构分布式系统，使在进行卫星建网时，作为独立模块的中小型卫星可以搭载不同的有效载荷，通过改变卫星编队方式可以快速实现重新组网，卫星通过资源共享协同形成虚拟卫星系统，为高效利用有限的空间轨位和无线资源提供了新的思路。

EOM 计划由东京大学提出，该计划采用工作在太阳同步轨道的多颗低地球轨道（Low Earth Orbit，LEO）小卫星组成分布式卫星网络。与 F6 计划类似，各个 LEO 卫星根据功能需要搭载不同的对地观测载荷和通信载荷，通过星间链路连接实现信息共享和协同传输，多 LEO 卫星通过无中心的分布式组网方式实现对地球的周期性观测数据获取和回传[24]。

我国也展开了 SIN 模型与结构优化的相关研究，提出了 DSCN 结构模型来实现空间信息的获取、互联、共享和传输，一个典型的三层 DSCN 结构如图 1-1 所示。DSCN 采用多星共轨方式，通过星间激光链路组成多个同构或异构的星群，星群间通过 Header 卫星之间的激光链路联通从而实现全球覆盖[26]。每个卫星通过搭载相同或不同的有效载荷，可以独立工作，也可以协同提供服务，利用多颗共轨卫星代替一颗大型卫星不仅降低了研制成本，而且提高了整个网络的抗毁性能[25]。DSC 作为 SIN 的骨干网，对不同的航天器、通信平台、通信系统进行融合组网，它是一个以分布在同步轨位上的多个分布式星群或单颗卫星为骨干节点，通过星间链路实现分布式连接，向天基、空基、地基和海基等各类用户提供传输服务的网络[27]。文献[26]中，DSCN 被划分为空间段、邻近空间段和地面段三个层次。DSCN 的空间段由 GEO 骨干卫星和其他任务与通信卫星组成，DSCN 的邻近空间段包括各类具备卫星链路的飞行器，主要有编队飞行的无人机群、平流层飞艇等深空平台、干线民航客机、大型运输机等。DSCN 的地面段包括各类终端、接入站点和各类与航天活动相关的地面设施，主要有车载、机载、船载、手持等卫星通信或数据采集分发终端，各类卫星固定接收站、卫星测控系统和运控系统，以及其他与航天活动相关的网络或设施。相比上述其他具有功能特异性的 DSC 结构网络，DSCN 集成多功能、多层次的通信系统与平台，实现通信、空间探测、数据采集等一系列综合服务，更加符合 SIN 的建设需要，因此，在本书后续研究中，均采用 DSCN 结构模型对 SIN 中的无线资源管理和优化问题进行研究。

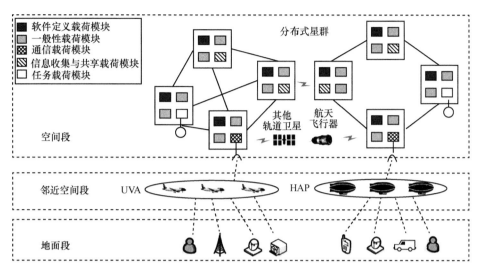

图 1-1　三层 DSCN 结构

1.2　空间信息网络基本概念

　　根据文献[26]的定义，空间信息网络由分布在不同高度、携带探测、通信载荷的卫星和飞机等空间节点构成，通过动态建链组网，实时获取、传输和处理海量数据，实现空间信息的体系化应用。根据研究设想，DSCN 是 SIN 的骨干网络，而 DSCN 的用户包含分布在 SIN 中的深空、邻近空间、海基、空基和陆基的用户。空间信息网络类似的概念有"空间综合信息网络""天基信息系统""天基综合业务信息网"等[28-30]。

　　本书参照文献[26]的思想，采用基于分布式星群的空间信息网络结构，其结构如图 1-2 所示。在这一结构中，多颗共轨的多波束 GEO 卫星通过星间链路（Inter Satellite Link，ISL）组成小星群，并协同工作代替传统单个大 GEO 卫星从而提高抗毁性能和网络与功能重构能力。多个小星群通过星群间链路（Inter Cluster Link，ICL）组成分布式星群，提供全球无缝覆盖的骨干网络服务，从而实现空天地海的多异构网络互联。骨干卫星可以搭载同构或异构的星上载荷，从而灵活地实现不同的功能配置。ISL 采用激光链路（分为稳态链路和替代链路），不同小星群间采用可以根据功能配置和网络条件（部分稳态链路拥塞或失效）激活替代链路组成异构拓扑。同时通过微波链路或激光链路与其他功能卫星（通信卫星、观测卫星、广播卫星等）、航天器进行互联，并通过广域覆盖能力支持其他通信平台（高空平台、无人机、地面固定卫星终端、地面移动卫星终端等）的接入，为其提供数据中继、互联网接入、基础通信等综合业务。

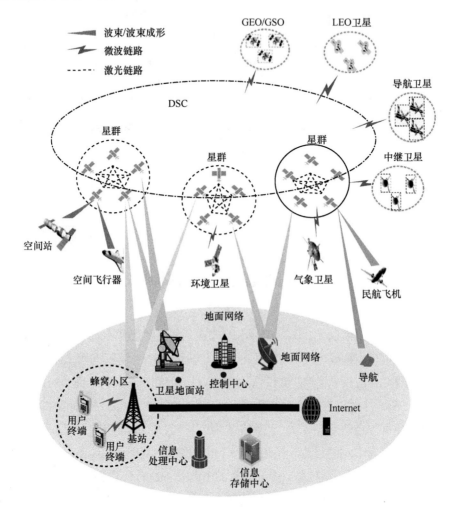

图 1-2 基于分布式星群的空间信息网络结构

（1）分布式星群：每个分布式小星群可以等效为一颗大卫星，用三个分布在静止轨道上的分布式小星群即可实现对地球的覆盖。星群内部和星群间采用高速激光链路。星群中有一颗小卫星作为星群的中心，处于管理地位。星群的拓扑可以星形、环形或其他形状，具体如图 1-3 所示。分布式星群网络 $G = \{C_i \mid i = 1, 2, \cdots, I\}$，$C_i$ 代表星群网络内的第 i 个星群。$C_i = \{s_1, s_2, \cdots, s_j \mid j = 1, 2, \cdots, J\}$ 代表群内卫星的组成，s_j 代表

群内的第 j 个卫星。卫星 $s_j = \{l, p, \theta_{beam}, A, \text{MAE}\}$，$l$ 代表 GEO 卫星的经度，p 代表卫星的功率，θ_{beam} 代表卫星的波束角，A 代表波束的覆盖面积，MAE 代表卫星的用户接入效率。分布式星群轨道位置在对地静止轨道上，和一般的 GEO 卫星具有相似的特性，使用经度即可确定卫星位置。为了提高卫星的星上资源配置的灵活性，结合时分多址（Time Division Multiple Access，TDMA）与频分多址（Frequency Division Multiple Access，FDMA）的优势，上行采用多波束多频时分多址（Multi-Frequency Time Division Multiple Access，MF-TDMA）接入，同时，波束间使用频率复用方式（如多波束七色复用）提高频谱利用率，即将总的卫星频谱划分为多个频段，每个频段由几个地理位置隔离的波束共用，每个波束内信道划分为 MF-TDMA 帧，实现资源的灵活复用。为了提高通信性能，隔离上下行通信链路影响，采用星上处理载荷实现信号的星上处理转发，通过多波束交换和星上数据包分类，将数据包交由下行进行分发。下行采用多波束时分复用（Time Division Multiplex，TDM）模式以增加每个波束的可用带宽，简化下行数据包分发模型，同时可以有效支撑多播、广播的实现。此外，多个波束、多个卫星、星群之间可能存在重叠覆盖区域，用户通过高效的资源分配算法可以合理选择重叠区域的共享资源实现网络效率的提升。

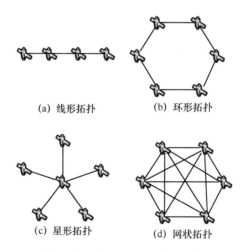

(a) 线形拓扑   (b) 环形拓扑

(c) 星形拓扑   (d) 网状拓扑

图 1-3　分布式星群网络典型拓扑

（2）空天任务平台：除了骨干卫星外，空天还分布着多种通信平台，它们各自构成功能相对单一、独立的通信系统或任务系统。例如，位于 LEO、MEO 平台上的移动通信卫星系统、地面资源卫星系统、地面观测与空间观测卫星系统，此外，还有一些空中平台，如平流层基站主要负责中国国土和热点地区的覆盖与传输增强。这些平台与系统通过骨干卫星互联进行信息和资源共享，实现协同工作，在这一场景下，合理的资源分布能够有效提升网络效益。

（3）卫星用户：与卫星直接通信连接，通过卫星实现多种多媒体业务。其中，包括固定卫星用户（如地面卫星站，它们可以通过地面高速光纤网络互连互通，形成栅格网络），移动卫星用户（如手持、车载、机载、船载等移动卫星终端，它们之间可以高速微波链路实现互联互通，形成栅格网络）。

（4）地面控制中心：负责可见卫星的控制和通信。与上空卫星有星地链路，与固定卫星用户有光纤链路，与移动卫星用户之间有微波链路，与地面其他通信网络通过信关站互通，本书将具备星上处理功能的卫星作为骨干卫星，将部分网管功能搬到星上，这样可以缩短控制信令的传播时延。地面控制中心只负责对星上管理功能进行协议和算法更新、指令上传等注入功能。

（5）地面栅格网：可以为用户提供接入服务的一般意义上的网络。比如，蜂窝移动网络等。

DSCN 与 SGB 等网络结构区别在于：激光链路作为星间通信的主要方式，这与微波频段通信显著不同，具有更高的通信速率；星群内部的网络拓扑是基于任务优化的，而不是简单的 Hub LAN，具有更好的任务适应性；星群之间有直接的星间链路，不需要全球布站。

基于 DSC 的 SIN 从结构上可以分为两大部分：骨干网与接入网。针对接入网部分，所有接入骨干卫星的通信平台与终端均可以看作卫星用户，它们共享有限的传输、存储、转发、计算等资源。

| 1.3　空间信息网络中的主要关键技术 |

上文简要介绍了我国 SIN 架构设计中广泛研究的基于 DSC 的 SIN 组成和基本概念，SIN 作为提供空天地一体化综合服务的综合信息网络，主要通过架构设计与组网优化、高可靠传输理论技术、空间信息融合与表征技术等实现其海量数据的高效传输、存储和共享，以向空间用户提供高效、可靠、稳定的综合网络服务。

1.3.1 空间信息网络结构的设计与优化

美国约翰斯·霍普金斯大学应用物理实验室 Gregory 在 2007 年提出了通过分布式星群和三个地球站组成的具有全球网络覆盖能力的 DSCM 体系结构[21]，星群网络结构与星群载荷配置方案如图 1-4 所示。三个分布式星群分布在 GEO 的不同轨位上，每个分布式星群的 Hub 卫星负责与之可见的地球站实现信息传递，因此只需要三个地球站即可实现全球无缝覆盖。在星群内部，有各种载荷相同或不同的任务子卫星，子卫星通过 Hub 卫星与其他子卫星和地面站实现通信。每个子卫星之间保持一定的安全距离并在 1° 的 GEO 的轨位内自由移动。任务子卫星可以根据指令在星群之间机动，实现星群之间资源的重新配置。

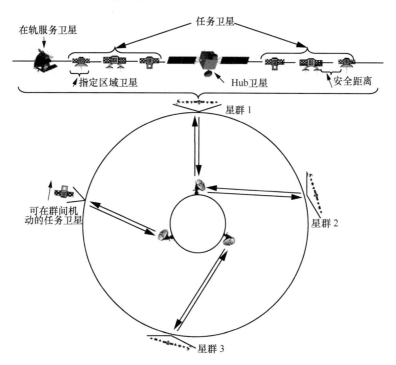

图 1-4 分布式星群网络结构与星群载荷配置方案

王振永[31]设计了一种多层卫星网络结构的空间信息网络结构，他认为多层卫星网络相比于传统单纯 GEO 或 LEO 星座通信系统具有网络拓扑结构相对稳定、时延小、网络堵塞概率低和网络抗毁性强等优点。在分层空间信息网络中，MEO 和 GEO

卫星通过星间链路链接，构成拓扑稳定的骨干网络负责业务数据的传输和分发，为所有与之链接的 LEO 卫星提供信息交换服务。同时，骨干网络还为地面大型固定或移动台站用户提供服务。而 LEO 星座和功能 LEO 卫星为接入网络，LEO 卫星间不存在 ISL，整个网络的拓扑得以简化。

王旭宇[32]提出了一种建立 GEO 卫星与平流层飞艇组成的异构网络结构，如图 1-5 所示。这种网络分为三层，即地面层、邻近空间层和卫星层。其重点在于如何通过优化平流层飞艇的空间布局，达到网络性能最优化（最大熵和最小时延）。此外，Mohammed 等[33]提出将邻近空间层的高空平台（High Altitude Platform，HAP）引入空间信息网络，融合地面 4G/LTE、5G/WiMAX、超宽带等通信技术，建立一体化卫星、HAP、地面基站全 IP 骨干网络基础设施，为各个城市与地区，高铁、民航飞机和海洋船舶等交通工具提供宽带无线接入、4G 移动接入、广播与多播服务、应急救援、导航定位等综合业务。董飞鸿[9]针对空间抗毁性优化进行了研究，设计了一种以分布式星群为骨干网络，平流层飞艇组网进行热点区域增强覆盖、地面栅格网络进行补充的空间信息网络结构，以提高全网覆盖能力和空间抗毁性。

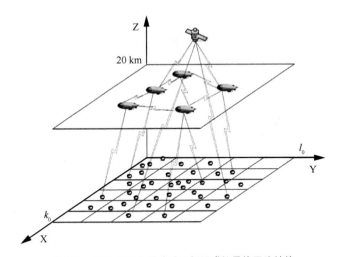

图 1-5　GEO 卫星与平流层飞艇组成的异构网络结构

1.3.2　空间信息高速高可靠传输理论与方法

随着卫星网络越来越复杂，传统的"弯管式"卫星通信手段已经不能满足数据传输要求。卫星通过建立星间链路，可以大大降低网络时延，减少卫星网络对地面布站的依赖，实现网络的自主运行，增强网络的抗毁性[9, 31]。分布式星群作为骨干网络，大容量、低功耗的星间链路意义更加重大。分布式星群网络链路的主要形式包括：群内链路、群间链路、星地链路、卫星–空中平台链路、卫星–用户链路、空中平台–空中平台链路以及空中平台–用户链路等。

激光链路以其高带宽、小体积、强保密能力、低成本等优势，成为星间链路实现方式的首选。星间光链路发射接收系统组成如图 1-6 所示。美国 NASA 的激光通信演示系统（Laser Communication Demonstration System，LCDS）[32]，林肯实验室的星间光传输实验（Laser Inter-satellite Transmission Experiment，LITE）系统[34]，欧洲航天局的 SILEX[35]，SOUT[36]，日本国家空间开发署（NASDA）的空间激光通信设备（Laser Communication Equipment，LCE）[37]，俄罗斯的星间激光数据传输系统（ILDTS）等项目已经开展了相关的研究。特别是 2011 年，SILEX 系统搭载在 ESA 高级中继与科技卫星（Advanced Relay and Technology Mission Satellite, ARTEMIS）和法国对地观测卫星（SPOT-4）上，首次实现了 GEO-LEO 星间激光链路。而美国的 TSAT 计划，将激光链路作为其重要组网手段，预计通信速率为 10～40 Gbit/s。我国空军工程大学，长春理工大学也展开了星间光链路的相关研究，并取得了很多成果。

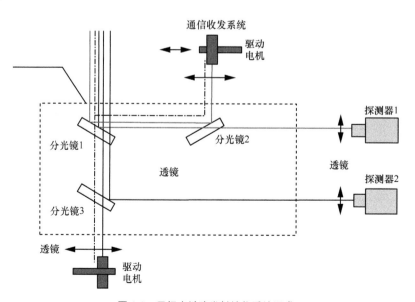

图 1-6　星间光链路发射接收系统组成

毫米波通信频段高（26.5～300 GHz），因此波束方向性好，增益大，有利于天线小型化和抗截获。它的可利用信号带宽为 135 GHz，是微波频段的 5 倍。毫米波的传播受气候的影响要小得多，可以认为其具有全天候特性。毫米波元器件的尺寸要小得多，因此毫米波系统更容易小型化。应用毫米波实现分布式星群网络链路也是一个重要的研究方向。美国的 Milstar、租赁卫星系统、第三代国防卫星系统以及 TDRSS 都使用毫米波星间链路[38-40]。日本工程试验卫星 6 与先进地球观测卫星（Advanced Earth Observation Satellite，ADEOS）使用了 S 频段和 Ka 频段星间链路[41]。

无线能量传输就是将电能以无线的方式进行一定距离范围的传输，无线能量传输技术包括近场无线能量传输和远场无线能量传输。近场无线能量传输主要开展了电磁感应传输技术研究；远场无线能量传输开展了微波、激光或聚光传输方式传输技术研究[42-43]。与无线通信系统类似，无线能量传输系统包括发射机、发射天线和接收设备三部分，微波无线能量传输系统组成如图 1-7 所示。无线能量传输主要涉及的关键技术有：高功率发生器技术、高效的微波发射天线技术、接收整流天线技术、波束跟踪瞄准控制技术等。1986 年，日本进行了微波电离层非线性交互实验，使用 2.45 GHz 的磁电管从子航天器向母航天器进行电力传输，这是在电离层进行的微波无线能量传输实验[44]。1995 年，NASA 成立专门的研究组对建立卫星间微波能量传输的设想进行研究，并于 1999 年进行初次试验[45]。加拿大和欧洲分别开展了地面远距离的无线能量传输技术[46-47]。中国科学院电子所、电子科技大学、四川大学等在无线能量传输方面也取得了一定成果[48-49]。其中，四川大学在 2009 年进行了200 m 距离的无线能量传输实验[50]。

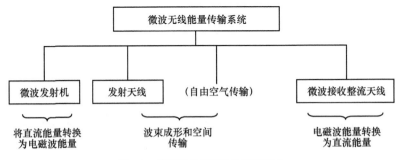

图 1-7　微波无线能量传输系统组成

随着多波束卫星的广泛应用，波束成形技术成为高速率传输的实现方式之一。文献[26]分析了三种多波束天线，分别为反射面多波束天线、透镜多波束天线、相控阵多波束天线，分别如图 1-8～图 1-10 所示。其中，反射面多波束天线实现波束成形时，需要复杂的波束成形算法或者多组反射面实现波束成形，而对于透镜多波束天线来说，设计合理的透镜是实现波束成形的关键所在。与前两者不同的是，相控阵多波束天线具备较高的孔径效率，没有频谱泄漏损耗，且可以实现数字波束成形，可以灵活地针对不同的通信场景进行波束成形，是未来高可靠高速率信息传输的最佳之选，采用虚拟波束成形技术可以实现误比特率与高速率传输的折中，从而很好地支持海量用户的高速传输[51-52]。

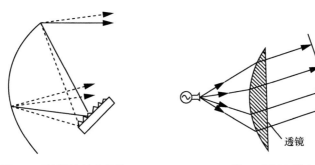

图 1-8　反射面多波束天线　　　　图 1-9 透镜多波束天线

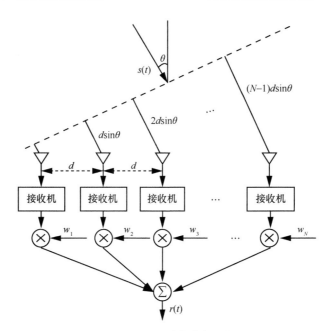

图 1-10　相控阵多波束天线

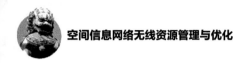

此外，我国研究人员从激光相控阵、太赫兹高速通信、传输容量、协作自适应编码、高效编码调制等不同视角，研究了空间信息的高速率传输理论[53-58]。

1.3.3 空间信息的稀疏表征与融合处理

空间信息的稀疏表征与融合处理主要用于解决地面布站的限制问题，传感器节点获取的数据要通过空间网络多跳传输后才能实时下传到地面站，但空间信息量级大且维度广，分辨率不同，如何对信息进行处理和表征，最大程度获取有用信息，是一个亟待解决的难题。

欧洲航天局 PROBA-1 和美国 EO-1 等对星地协同信息融合处理方法展开了研究，开展了信息压缩[59]、目标检测与跟踪等实验[60]。美国与欧洲已经针对空间信息网络需求开发了相对完善的星上处理系统，并提出了一系列可移植推广的信息稀疏表征[53]与融合处理算法[61]。同时，欧美多国开展了空间信息网络中海量遥感影像信息挖掘方面的研究[62]，开发了面向遥感影像数据挖掘的原型系统[63]，通过建立海量遥感影像的管理和线下交互挖掘平台，极大地提高了海量遥感影响[64-65]。

文献[66]提出用张量作为影像处理的基本单元，同时提取影像在光谱维和空间维的表征，提供像素级、对象级、场景级的多尺度结果，该方法性能优于二维小波、三维共生矩阵等传统方法。文献[67]通过建立特征和目标之间的关系，提出目标的稀疏表征模型，能快速、准确、自动地解译高分辨率影像。文献[68]通过贝叶斯统计学习，自适应地学习更加合理的变换基，使遥感影像在这一变换空间中具有更强的压缩能力。

由以上分析可知，空间信息网络研究涉及通信、网络、动力学、控制理论、导航、测绘、能源等学科领域，是一个复杂的系统工程。虽然科研人员对空间信息网络的难题开展了相关研究，但空间信息网络仍然没有达成统一的技术标准，也没有形成固定的理论指导体系，需要在各个大的研究层面继续进行推进。

无线资源管理技术是实现 SIN 高效组网、高速传输的基础，是稀疏表征的空间信息可以准确获取的基本保证，对空天地用户合理分配全网以及各个子网和通信平台的无线资源是构建空间信息网络需要解决的基本难题之一。因此，本书从 SIN 的基础性难题——无线资源管理问题出发，深入研究 SIN 的无线资源管理与配置，从而为提升网络组网性能、传输性能和空间信息高效获取和表征提供技术基础。

|1.4　研究展望|

本书对基于 DSC 的空间信息网络模型，从 DSCN 骨干网、DSCN 上行和 DSCN 下行三个层面，研究了多星协同中继网络、认知接入网络、协同覆盖网络、卫星子网络这 4 个模型下的资源优化问题，取得了一定的成果，但 SIN 的应用场景和模型远不止上述 4 种情况，同时，本书针对 SIN 的网络环境和链路条件做出了一定的简化和假设，因此，针对 SIN 的无线资源优化问题，下一步还可以展开以下研究。

（1）研究了 SIN 中两种源节点在多数据中继卫星（Data Relay Satellite，DRS）中继场景下的资源优化问题，考虑中继的转发能力和缓存能力高于需要传输的数据容量。实际上，根据排队论，在中继过程中，中继卫星要保持稳定，其到达和服务的速率必须满足一定的约束条件。同时，由于信道条件在实际中是未知的，无法准确估计，可以通过中断概率来表征信道估计误差的影响。因此，可以根据到达和服务速率满足的队列稳定条件，在考虑中继转发的同时，研究其缓存队列在一定中断概率下的稳定容量和中继卫星的缓存区均衡问题。

（2）研究了认知接入区域的次级用户（Secondary User，SU）资源优化问题，本书将认知区域考虑为一个 CSN 模型，然而，可能某一卫星覆盖区域只有部分波束存在认知接入，同时，本书对用户每个分配周期的接入位置考虑为固定的。因此，在下一步研究中，可以考虑多点波束认知场景下的资源优化问题，根据用户分配周期内的移动性，联合波束切换算法设计一种动态的资源共享优化方案。

（3）针对横向重叠覆盖下的多卫星波束重叠覆盖场景进行了 DSCN 下行资源的优化，书中只考虑了空地两个层面，将邻近空间段假设为卫星接入用户。在 SIN 中，部分用户可以通过邻近空间段的无人机（Unmanned Aerial Vehicle，UAV）和 HAP 实现多跳接入骨干网络，在这一应用场景下，涉及路由算法和资源分配的结合，UAV 和 HAP 的资源分配值与其是否是中继节点有关，因此，下一步研究中，可以对该场景下进行路由和资源的联合优化。

（4）对卫星子网络的资源优化问题进行了研究，书中考虑了实时用户与非实时用户，对服务质量（Quality of Service，QoS）需求根据时延进行了区分。然而实际应用中，业务和用户类型还可以进一步细分，同时，在采用全网资源配置策略进行调整时，假设时隙占用长度按照策略集合选取，实际上，时隙也可以根据信道条件的变化而做出调整，因此，在下一步优化过程中，可以根据中断概率推导时隙和功率调整范围，根据调整范围，构建合理的优化算法实现容量的进一步提升。

| 参考文献 |

[1] MCLAIN C, KING J. Future Ku-band mobility satellites[C]//35th AIAA International Communications Satellite Systems Conference. Reston: AIAA, 2017: doi.org/10.2514/6.2017-5412.

[2] ESKELINEN P. Satellite communications fundamentals[J]. IEEE Aerospace and Electronic Systems Magazine, 2001, 16(10): 22-23.

[3] WU W. Satellite communication[J]. Proceedings of the IEEE, 1997, 85(6): 998-1010.

[4] 张军. 面向未来的空天地一体化网络技术[J]. 国际航空, 2008(9): 34-37.

[5] ISRAEL D J, HOOKE A J, FREEMAN K, et al. The NASA space communications data networking architecture[C]//SpaceOps 2006 Conference. Reston: AIAA, 2006: 1-9.

[6] BHASIN K, HAYDEN J L. Space Internet architectures and technologies for NASA enterprises[J]. 2001 IEEE Aerospace Conference Proceedings, 2001, 2: 931-941.

[7] 刘军. 空间信息网安全组网关键技术研究[D]. 沈阳: 东北大学, 2008.

[8] KHAN J, TAHBOUB O. A reference framework for emergent space communication architectures oriented on galactic geography[C]//SpaceOps 2008 Conference. Reston: AIAA, 2008: 1-13.

[9] 董飞鸿. 空间信息网络结构优化设计与研究[D]. 南京: 解放军理工大学, 2016.

[10] TANG Z H, WANG X R, HUANG Z Q, et al. Sub-aperture coherence method to realize ultra-high resolution laser beam deflection[J]. Optics Communications, 2015, 335: 1-6.

[11] ZHANG Y X, XU G Q, QIAO S, et al. Enhanced THz resonance based on the coupling between Fabry-Perot oscillation and dipolar-like resonance in a metamaterial surface cavity[J]. Journal of Physics D: Applied Physics, 2015, 48(48): 485105.

[12] XU K, MA W F, ZHU L, et al. NTC-HARQ: network–turbo-coding based HARQ protocol for wireless broadcasting system[J]. IEEE Transactions on Vehicular Technology, 2015, 64(10): 4633-4644.

[13] ZHANG X P, LIAO G S, ZHU S Q, et al. Geometry-information-aided efficient radial velocity estimation for moving target imaging and location based on radon transform[J]. IEEE Transactions on Geoscience and Remote Sensing, 2015, 53(2): 1105-1117.

[14] DING K, HUO C L, FAN B, et al. kNN hashing with factorized neighborhood representation[C]//2015 IEEE International Conference on Computer Vision. Piscataway: IEEE Press, 2015: 1098-1106.

[15] HU F, XIA G S, WANG Z F, et al. Unsupervised feature learning via spectral clustering of

multidimensional patches for remotely sensed scene classification[J]. IEEE Journal of Selected Topics in Applied Earth Observations and Remote Sensing, 2015, 8(5): 2015-2030.

[16] HUBENKO V P, RAINES R A, MILLS R F, et al. Improving the global information grid's performance through satellite communications layer enhancements[J]. IEEE Communications Magazine, 2006, 44(11): 66-72.

[17] ALBUQUERQUE M, AYYAGARI A, DORSETT M A, et al. Global information grid (GIG) edge network interface architecture[C]//IEEE Military Communications Conference. Piscataway: IEEE Press, 2007: 1-7.

[18] PULLIAM J, ZAMBRE Y, KARMARKAR A, et al. TSAT network architecture[C]//2008 IEEE Military Communications Conference. Piscataway: IEEE Press, 2008: 1-7.

[19] PTASINSKI J N, CONGTANG Y. The automated digital network system (ADNS) interface to transformational satellite communications system (TSAT)[C]//IEEE Military Communications Conference. Piscataway: IEEE Press, 2007: 1-5.

[20] BLUMENTHAL S H. Medium earth orbit KA band satellite communications system[C]//2013 IEEE Military Communications Conference. Piscataway: IEEE Press, 2013: 273-277.

[21] COLLOPY P, SUNDBERG E. Creating value with space based group architecture[C]//AIAA SPACE 2010 Conference & Exposition. Reston: AIAA, 2010: 5-12.

[22] BHASIN K, HAYDEN J L. Space Internet architectures and technologies for NASA enterprises[J]. International Journal of Satellite Communications, 2002, 20(5): 311-332.

[23] CORNFORD S, SHISHKO R, WALL S, et al. Evaluating a fractionated spacecraft system: a business case tool for DARPA's F6 program[C]//2012 IEEE Aerospace Conference. Piscataway: IEEE Press, 2012: 1-20.

[24] YAGLIOGLU B. A fractionated spacecraft architecture for each observation missions[D]. Tokyo: University of Tokyo, 2011.

[25] 黄英君. 空间综合信息网络管理关键技术研究与仿真[D]. 长沙: 国防科学技术大学, 2006.

[26] YU Q Y, MENG W X, YANG M C, et al. Virtual multi-beamforming for distributed satellite clusters in space information networks[J]. IEEE Wireless Communications, 2016, 23(1): 95-101.

[27] LIU J J, SHI Y P, FADLULLAH Z M, et al. Space-air-ground integrated network: a survey[J]. IEEE Communications Surveys & Tutorials, 2018, 20(4): 2714-2741.

[28] CURTIS S A, PETRUZZO C, CLARK P E. The magnetospheric multi-scale mission: an electronically tethered constellation of four spacecraft[C]//3rd International Workshop on Satellite Constellations and Formation Flying. 2003: 24-26.

[29] 林来兴. 小卫星编队飞行及其轨道构成[J]. 中国空间科学技术, 2001(1): 23-28.

[30] 张健. 分布式卫星自主构形重构技术研究[D]. 长沙: 国防科学技术大学, 2006.

[31] 王振永. 多层卫星网络结构设计与分析[D]. 哈尔滨: 哈尔滨工业大学, 2007.

[32] 王旭宇. 临地空间飞艇平台布局优化研究[D]. 西安: 西安电子科技大学, 2012.

[33] MOHAMMED A, MEHMOOD A, PAVLIDOU F N, et al. The role of high-altitude platforms

(HAPs) in the global wireless connectivity[J]. Proceedings of the IEEE, 2011, 99(11): 1939-1953.

[34] 范丽. 卫星星座一体化优化设计研究[D]. 长沙: 国防科学技术大学, 2006.

[35] 吴国强. 编队小卫星星间通信系统设计方法研究[D]. 哈尔滨: 哈尔滨工业大学, 2009.

[36] BOROSON D M, BISWAS A, EDWARDS B L. MLCD: overview of NASA's Mars laser communications demonstration system[C]//Free-Space Laser Communication Technologies XVI. Bellingham: SPIE Press, 2004: 16-28.

[37] WINKER D M, COUCH R H, MCCORMICK M P. An overview of lite: NASA's lidar in-space technology experiment[J]. Proceedings of the IEEE, 1996, 84(2): 164-180.

[38] MALAISE D, GOLLIER J. Laser diode fiber link for the transmitter of the SOUT program and for the beacon of the Silex program[C]//Processing and Packaging of Semiconductor Lasers and Optoelectronic Devices. Bellingham: SPIE Press, 1993: 106-120.

[39] SODNIK Z, FURCH B, LUTZ H. Free-space laser communication activities in Europe: SILEX and beyond[C]//19th Annual Meeting of the IEEE Lasers and Electro-Optics Society. Piscataway: IEEE Press, 2006: 78-79.

[40] ARAKI K. In-orbit measurements of short term attitude and vibrational environment on the Engineering Test Satellite VI using laser communication equipment[J]. Optical Engineering, 2001, 40(5): 827-832.

[41] KING M, RICCIO M J. Military satellite communications: then and now[R]. 2010.

[42] 桂勋, 冯浩. 基于无线公网和 ZigBee 无线传感器网络技术的输电线路综合监测系统[J]. 电网技术, 2008(20): 40-43.

[43] FU W Z, ZHANG B, QIU D Y, et al. Maximum efficiency analysis and design of self-resonance coupling coils for wireless power transmission system[J]. Proceedings of the CSEE, 2009, 29(18): 21-26.

[44] 曾翔. 基于磁耦合共振的无线输电系统设计[J]. 四川理工学院学报(自然科学版), 2010, 23(5): 605-607.

[45] 游思晴. 平流层 CDMA 移动通信蜂窝网的性能研究[D]. 北京: 北京邮电大学, 2012.

[46] 夏中贤. 平流层飞艇总体性能与技术研究[D]. 南京: 南京航空航天大学, 2006.

[47] 王莹. 基于策略的平流层通信系统 QoS 映射机制研究[D]. 成都: 电子科技大学, 2011.

[48] 刘洋. 编队卫星的星间基线确定方法研究[D]. 长沙: 国防科学技术大学, 2007.

[49] 陈琪锋. 飞行器分布式协同进化多学科设计优化方法研究[D]. 长沙: 国防科学技术大学, 2003.

[50] 何旭. 基于抗毁性的卫星通信系统可靠性研究[D]. 成都: 电子科技大学, 2013.

[51] TSE D, VISWANATH P. Fundamentals of wireless communication[M]. Cambridge: Cambridge University Press, 2005.

[52] VISWANATH P, TSE D N C, LAROIA R. Opportunistic beamforming using dumb antennas[J]. IEEE Transactions on Information Theory, 2002, 48(6): 1277-1294.

[53] HUI T, XU K, XU Y Y, et al. On the Max2-Min network coding for wireless data broadcast-

ing[C]//2015 10th International Conference on Communications and Networking in China (China Com). Piscataway: IEEE Press, 2015: 178-183.

[54] WANG J, MA W F, XU Y Y, et al. Subcarrier pairing based subcarrier suppression for OFDM systems with decode-and-forward network coding[C]//2015 IEEE Wireless Communications and Networking Conference. Piscataway: IEEE Press, 2015: 551-556.

[55] AHMAD Z, AHMAD I, LOVE D J, et al. Analysis of two-unicast network-coded hybrid-ARQ with unreliable feedback[J]. IEEE Transactions on Vehicular Technology, 2018, 67(11): 10871-10885.

[56] HAN B, LI J, SU J S, et al. Secrecy capacity optimization via cooperative relaying and jamming for WANETs[J]. IEEE Transactions on Parallel and Distributed Systems, 2015, 26(4): 1117-1128.

[57] DUAN R F, LIU R K, SHIRVANIMOGHADDAM M, et al. A low PAPR constellation mapping scheme for rate compatible modulation[J]. IEEE Communications Letters, 2016, 20(2): 256-259.

[58] ZHANG X N, WANG S, ZHAO Y M, et al. Multiobjective optimization for green network routing in game theoretical perspective[J]. IEEE Journal on Selected Areas in Communications, 2015, 33(12): 2801-2814.

[59] JORGENSEN P S, JORGENSEN J L, DENVER T. The micro advanced stellar compass for ESA's proba 2 mission[C]//The 5th International Symposium of the IAA, Berlin, 2005: doi. org/10. 1515/9783110919806. 299.

[60] RABIDEAU G, CHIEN S, MCLAREN D. Onboard run-time goal selection for autonomous operations[C]//SpaceOps 2010 Conference. Reston: AIAA, 2010: 1-10.

[61] TILTON J C, LAWRENCE W T, PLAZA A J. Utilizing hierarchical segmentation to generate water and snow masks to facilitate monitoring change with remotely sensed image data[J]. GIScience & Remote Sensing, 2006, 43(1): 39-66.

[62] YANG C W, GOODCHILD M, HUANG Q Y, et al. Spatial cloud computing: how can the geospatial sciences use and help shape cloud computing?[J]. International Journal of Digital Earth, 2011, 4(4): 305-329.

[63] GUO D S, CHEN J, MACEACHREN A M, et al. A visualization system for space-time and multivariate patterns (VIS-STAMP)[J]. IEEE Transactions on Visualization and Computer Graphics, 2006, 12(6): 1461-1474.

[64] DATCU M, DASCHIEL H, PELIZZARI A, et al. Information mining in remote sensing image archives: system concepts[J]. IEEE Transactions on Geoscience and Remote Sensing, 2003, 41(12): 2923-2936.

[65] RITAL S, COSTACHE M, CAMPEDEL M. PLATO for information miming in satellite imagery[C]//Semantic and Digital Media Technologies. 2008: 1-3.

[66] GUO X, HUANG X, ZHANG L P. Three-dimensional wavelet texture feature extraction and classification for multi/hyperspectral imagery[J]. IEEE Geoscience and Remote Sensing Let-

ters, 2014, 11(12): 2183-2187.

[67] HUANG X, LIU H, ZHANG L P. Spatiotemporal detection and analysis of urban villages in mega city regions of China using high-resolution remotely sensed imagery[J]. IEEE Transactions on Geoscience and Remote Sensing, 2015, 53(7): 3639-3657.

[68] SUN Y P, TAO X M, LI Y, et al. Dictionary learning for image coding based on multisample sparse representation[J]. IEEE Transactions on Circuits and Systems for Video Technology, 2014, 24(11): 2004-2010.

第 2 章

卫星网络与 SIN 中的无线资源管理综述

无线资源管理技术是实现通信组网传输的基础之一，无线资源的利用率和效用等直接影响着组网传输的性能。空间信息网络中的无线资源呈现着层次化、异构化、分布式的特征，为无线资源管理带来了难度，同时，以卫星作为骨干接入节点的空间信息网络，卫星网络的无线资源管理与优化是实现网络性能提升的重点。本章从卫星网络无线资源优化技术出发，介绍了卫星网络中的带宽资源优化、功率分配与控制、呼叫接纳与切换算法、跨层资源管理等方面的主要技术和方法，并在此基础上，结合空间信息网络特征，从多星中继网络资源优化、认知接入网络资源分配、协同覆盖网络资源配置、卫星子网络资源优化 4 个方面，介绍了空间信息网络无线资源管理与优化技术的研究意义和现状，并分析总结了现有研究的不足。

| 2.1 引言 |

SIN 中存在多种无线资源，各类无线资源为通信网络的正常运行提供着必要的保障，以卫星提供骨干接入服务的 SIN，卫星网络的无线资源是 SIN 无线资源优化的重点。对卫星资源的分配主要解决在什么时间由哪些用户使用卫星的哪些资源的问题。通常资源分配技术包括三个部分。

（1）高效的资源管理策略：构建与该通信网络相匹配的高效资源管理策略，提高资源的使用效率。

（2）科学的资源分配方法：实现多维约束条件下的资源分配方法及高效算法，满足通信的基本需求，并减少资源的浪费。

（3）可行的资源效益评估：可行的资源利用效益评价指标体系、合理的评价模型和评价方法能够指导资源分配和管理策略针对实际情况不断调整，以适应不断变化的动态通信需求和通信链路条件。

这三个部分构建成一个完整的无线资源分配体系，三者之间互相联系、互相补充，形成闭环。分布式星群网络中，SIN 无线资源分配体系结构如图 2-1 所示。

卫星中资源分配可以有多种约束条件和多个分配优化目标，主要优化目标又可以分为用户级目标和系统级目标。其中，用户级目标主要体现在提供业务的 QoS 保障上；系统级目标既可以是最大化系统能耗效率、系统吞吐量、频谱利用率、系统容量等，又可以是减小端到端传输时延、中断概率、差错概率等。

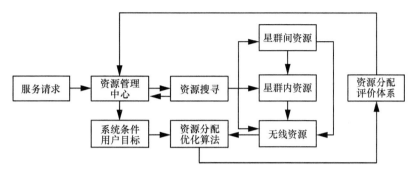

图 2-1　SIN 无线资源分配体系结构

无线资源管理的研究主要可分为时频资源分配策略、功率分配和控制策略、呼叫接纳控制和切换算法的研究。现阶段对于分布式星群网络的资源管理研究中，利用跨层设计来优化资源分配以及对接入控制的研究较多，而带宽和功率分配的研究则一般停留在简单的单一卫星通信网络模型中。因此，本节将以卫星网络的无线资源管理技术为起点，对 SIN 中的无线资源分配技术的研究现状和存在的主要问题进行分析。

2.2　卫星网络无线资源优化技术研究现状

卫星网络作为 SIN 中的重要组成部分，为 SIN 提供骨干网络服务，单颗卫星组成的卫星网络系统是 SIN 骨干网络接入的基本单元。只有了解卫星网络无线资源优化技术的发展，才能进一步分析 SIN 中无线资源配置和管理需要面临的主要技术问题。而卫星网络中的主要无线资源优化技术可分为：带宽资源优化、功率分配与控制技术、呼叫接纳与切换算法、跨层资源管理等。

2.2.1　时频资源分配

SIN 中各类卫星平台，通过采用一定的通信体制（时分多址、频分多址、多频时分多址等），将卫星上行接入和下行反馈的带宽分为时域、频域或时–频域结合的资源。对带宽资源的优化转化为对卫星信道时频资源块的规划，为了满足用户需求，适应网络特性和网络条件变化，时频资源的优化往往呈现高动态性、实时性和周期性等特征，是卫星无线资源优化面临的主要难题之一。

文献[1]从时频资源的角度分析了无线资源管理的问题，提出了几种动态更新分配的方案，修改了资源的编号方式和优先级配置方式，减少了时隙碎片和重复分配次数，提高了资源利用率。文献[1]提出的基于二叉树倒叙编号法和伙伴关系的时隙递归分配算法如图 2-2 所示。该算法主要针对最大化分配时隙资源满足用户需求进行了研究，这在很大程度上提高了时隙资源的利用率。

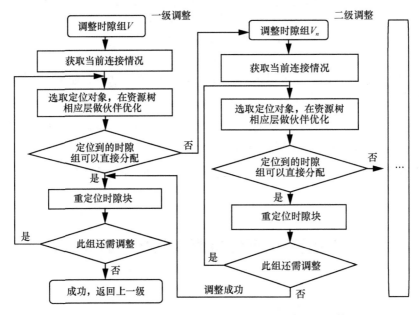

图 2-2　基于二叉树倒叙编号法和伙伴关系的时隙递归分配算法

文献[2]从调度的角度分析了无线资源管理的问题，针对单向卫星系统的接入策略对报文调度功能进行了研究，针对现在卫星接入普遍使用的陆地通用移动通信系统的频分复用空中接口，研究了与该接口相关的一个无线资源管理实体——报文调度器。由于缺乏信道状态信息，并考虑到点到多点地面移动网络中的对应部分存在一些差异，使卫星无线接口中的报文调度器与点到点的地面移动网络中的对应部分存在一些差异。因此，该文献将调度任务进行了形式化，对两种众所周知的调度策略（多级优先级排队和加权公平排队策略）进行了修改，并将这两种策略作为时间调度功能的备选方法。

文献[3-6]从传输和速率控制的观点阐述了无线资源管理问题。文献[3]利用马尔可夫过程对 Ka 波段的信道进行了模型化，提出了基于被测信道条件实时反馈的速率自适应算法来优化数据速率。该算法与恒定的速率策略相比，可达到更高的吞吐量和链路可用度。文献[4]研究卫星网络中的资源分配问题时，针对负载的变化考虑了衰落条件的变化，提出了两种新颖的优化方法：一是在对一个离散约束集最小化的基础上，通过对性能测量值的"宽松连续扩展"来获得梯度的估计，梯度估计的计算依赖于无穷小扰动分析；二是采用开环反馈控制策略，旨在提供一个将网络状态作为变量的优化重新分配策略函数。文献[4]的研究中提出了一个函数优化问题，并且为逼近函数的解使用了神经网络技术。文献[5-6]提出了一种自适应的全局策略，用来解决链路拥塞和信道条件变化的问题。

文献[7-8]从带宽分配的角度讨论了无线资源管理问题。在交互式卫星网络中，由于卫星链路传输时延长，带宽请求与应答之间的时延是一个关键问题。这两篇文献为 GEO 卫星网络提出了一种基于预测的资源分配方法，可以缩短调度的时间周期。考虑到未来业务具有不确定性，将资源分配问题通过数学方法形式化为一个非线性整数规划问题，提出了一种实时启发式算法。计算复杂性分析和大量模拟实验结果表明，该算法在计算的效率和启发解的质量上都表现出优越的性能。

2.2.2　功率分配与控制

上行功率控制技术主要有三类：开环、闭环、反馈环[9]。开环情况下，地球站接收自己发送的载波信号，并通过对下行链路信标衰落的测量来实现上行功率控制；而闭环在接收自己载波的同时接收另一个地球站载波的基础上进行功率控制；反馈环则是统一由中心监控站来检测并反馈给需要调整的地球站。在下行链路中，功率控制将增加卫星的发送载波功率，以补偿降雨衰减。当下行链路发生衰落时，下行链路载波功率下降，地球站所见的天空噪声温度提高。因此需要功率控制来维持一定的载噪比。

文献[10]对资源分配问题进行了比较系统的分析，针对交织多址（Interleave-Division Multiple-Access，IDMA）宽带卫星系统上行链路干扰受限的特点，提出了一种新颖的最小功率分配方案，将基于IDMA系统逐码片多用户检测（Multiple User，

MUD）技术的信干噪比（Signal to Interference Pluse Noise Ratio，SINR）演进技术应用到资源分配策略中，精确预测 MUD 对系统性能影响的同时，进一步减少用户的发射功率，降低了系统的干扰水平。在文献[11]分析了一种 Ka 频段的功率共享多波束移动卫星系统，该系统中不同波束之间的业务量变化非常大。同时，为了解决多波束可变业务量问题，提出了一种偏置反射面天线，通过一个等相移有源阵列进行馈电，这个有源阵列由成百上千个等相移的天线单元组成。文献[12]为多波束卫星的下行链路提出了一种功率分配策略，它通过时变信道将数据传送到地面不同位置，要发送到地球各个位置上的报文分别存储在独立的队列中，每个队列的服务速率取决于分配的功率和信道状态，并根据一条速率–功率凹曲线来确定。文献[13]提出了一种卫星网络配置法，这种方法可以控制多个地球站的发送功率，在它们之间形成接收功率差，以产生捕获效应。

2.2.3　呼叫接纳控制与切换算法

基于预定规则的呼叫接纳控制（Call Admission Control，CAC）策略可以根据网络的负载情况允许或拒绝到达的呼叫接入网络中。随后，被允许的呼叫产生的业务量将会受控于其他无线资源管理技术，如调度、切换以及功率和速率控制方案。CAC作为一种拥塞控制和 QoS 保证的基本技术，得到了广泛的研究。此外，在很多用户共享无线宽带的无线移动网络中，用户设备会多次改变他们的接入点。在无线资源管理中，需要解决的一个主要的问题就是切换的管理，从而提供较低的掉话率，保持较高的资源利用率。在多个不同轨道、不同系统、不同频段、不同体制的卫星覆盖下，用户根据自身业务选择最佳的网络接入，已经成为研究热点。根据决策目标的不同可以分为单目标决策和多目标决策，单目标决策只是考虑单一因素，而多目标决策则是综合考虑多个因素。

文献[14]提出了一种利用用户位置信息为切换呼叫进行自适应带宽预留的方案。在一个波束中，通过计算可能发生的来自邻居波束的切换，自适应地为切换分配预留带宽。当发起一个新的呼叫请求时，如果它所处的波束有足够的可用带宽分给它，那么它就会被接受。此外，文献[15]中提出了一种算法，必须在呼叫可能切换到的一定数量 S 的波束都要预留带宽以防止通话发生切换掉话。文献[16]则针对混合卫星网络复杂场景下的网络选择问题以及前人研究的不足，提出了基于群组决策的多属性混合卫星网络选择算法,该算法的程如图 2-3 所示。算法的具体实现过程可以分为两部分: 一是利用层次分析法(Analytic Hierarchy Process,AHP)根据不同的用户偏好和业务种类建立层次分析模型,根据 AHP 求解网络参数的主观权重;二是利用熵权法与信息熵的理论求解网络属性的客观权重。最终的权重是主客观权重的组合,计算出效用函数最大的网络即为优先接入网络。此外,还有一些研究人员对未来波束切换的带宽预留、星内切换策略以及基于用户位置的切换策略、切换请求的排队策略等问题进行了研究, 且取得了一定的进展,相对传统熟知的切换策略来说,较好地提高了资源利用率。

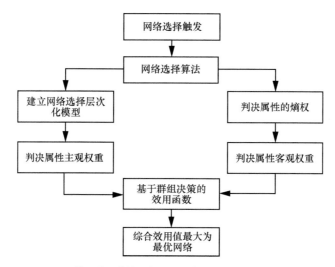

图 2-3　基于群组决策的多属性混合卫星网络选择算法流程

　　文献[17]将 CAC 与通信卫星的最优功率分配问题相结合,选择使期望的总收益最大化的传输请求来进行服务,且考虑了功率受限的单颗卫星的特殊情况。收益的大小和用户对功率的请求都是随机的,只有在请求发生的时候才知道。文献[17]利用动态规划的方法,提出了一种带门限的优化策略,而且,在功率需求没有限制的特殊情况下,得到了一种闭合形式的优化策略。同时,描述了一种实时业务处理策略,其中包括分布式 CAC 和业务管理方案,这种策略与一种用于突发带宽请求的带内信令技术和一种无线资源分配的高效策略协调工作。

2.2.4　跨层资源管理

　　卫星网络无线资源管理方法高速有效的工作离不开协议的支持。传统的协议设计方式是根据开放系统互联（Open System Interconnection，OSI）的经典 7 层协议模型进行设计，这种分层的体系结构表明网络的所有功能是通过一系列叠加的层组织起来的。各层具有相对比较独立的功能，每一层都构建在下一层的基础之上，下层只需要为相邻的上一层提供服务，上下层之间只有极少量的信息传递，每一层只与它的对等层通过一系列已经定义好的标准进行通信，并且各层功能的实现方式相对于其他层来说是屏蔽的。这种模块化的网络分层结构是针对计算机通信提出的，它具有简单、灵活、易于标准化和易于升级的优点，适合于网络状态相对固定的环境中。但是，相关协议层之间没有进行信息的传输，各层对整个网络的变化没有任何参考，可能导致各层之间的错误反应，导致传输时延、频谱资源的浪费等问题，因此有人提出了跨层协议设计的思想[18]，使无线资源管理算法能够以全局的方式适应特定应用所需的 QoS 和网络情况的变化。

卫星通信系统的协议设计方式大多是基于开放系统互联标准的，图 2-4 给出了 OSI 体系结构和各层的相应功能。OSI 参考模型是为实现开放系统互联所建立的通信功能分层模型，它为计算机互联提供了一个共同的基础和标准框架，并为保持相关标准的一致性和兼容性提供了共同的参考。

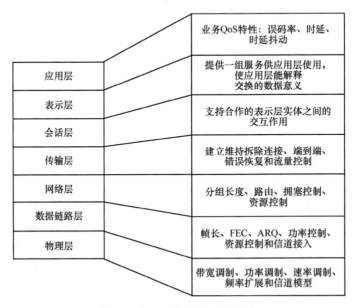

图 2-4　OSI 体系结构及各层功能

针对宽带多媒体卫星通信系统，有研究者提出了宽带多媒体卫星（Broadband

Satellite Multimedia，BSM）网络协议栈结构[19-21]，如图 2-5 所示。BSM 的协议栈结构包括卫星依赖（Satellite Dependent，SD）、卫星独立（Satellite Independent，SI）和外层（External Layer，EL）结构三部分。

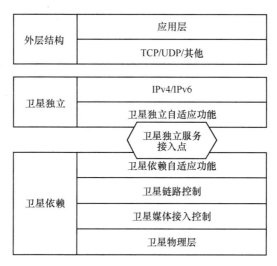

图 2-5　BSM 网络协议栈结构

　　文献[22]针对 TCP-PEP（Performance Enhancement Proxie）的结构提出了一种利用 MAC 层的主动队列管理（Active Queue Management，AQM）算法中的随机早期检测（Random Early Detection，RED）技术来避免在 MAC 层造成 TCP 分组队列的拥塞现象。在 TCP-PEP 这种网络结构中，由于卫星链路的瓶颈，造成地面链路在卫星网关的缓存中产生拥塞，而这种拥塞会严重影响 TCP 数据的传输。文献[22]利用 MAC 层的队列管理策略将缓存的队列占用情况反馈给 TCP 层，TCP 根据不同的反馈信号进行发送速率的调整，避免发生拥塞。文献[23]全面分析了 TCP 协议在混合按需分配多址接入（Combined Free Demand Assignment Multiple Access，CFDAMA）[20-23]下的性能，根据 CFDAMA 对于剩余时隙的不同分配策略，得到了 TCP 性能的不同表现。根据仿真结果显示，将剩余时隙分配给申请了恒定传输速率（Constant Rate Assignment，CRA）和动态速率分配（Rate Based Demand Assignment，RBDA）的接入节点，显著提高了信道利用率。文献[23]提出了一种对于传输 TCP 数据流的接入节点优化分配的 CFDAMA 策略，其被称为基于反馈预留的混合自由按需分配多址接入协议 CFDAMA-PRR（CFDAMA-Pre Return Reservation）。在为已申请时隙资源的接入节点分配时隙后，调度器将剩余时隙分配给接收了 TCP 分组的接入节点。因为这些接入节点在接收分组之后，需要新的时隙发送 ACK 数据包给发送端。所以，将剩余时隙优先分配给接收了 TCP 分组的接入节点可以节省重新申请时隙的时间，提高了信道利用率。

| 2.3　SIN 中无线资源管理研究现状 |

2.2 节从时频资源分配、功率控制与分配、呼叫接纳控制和跨层资源管理 4 个方面介绍了卫星网络中的无线资源管理技术发展现状。在以卫星组网提供骨干网络接入的 SIN 中，卫星网络可以看作整个网络的基础设施，然而对于卫星网络的无线资源优化配置技术，由于 SIN 结构的复杂特性，无法直接应用于 SIN 的全部场景，但从对现有的卫星网络无线资源管理技术中可以看出，无线资源管理对 SIN 来说，从组网效率、传输效率等方面都具备至关重要的意义，是空间数据稳定传输、准确获取、高效利用的基础技术，因此，本节将结合 SIN 的主要特征，分析 SIN 中无线资源管理技术的意义，并分析针对 SIN 和其子网络的无线资源优化技术的研究现状。

2.3.1　SIN 中无线资源管理的意义

在过去的数十年间，包括资源管理体系设计、资源分配技术和资源协同共享技术在内的资源优化技术从多个层面提升了无线通信系统的性能。资源优化技术因其能解决有限频谱的复用、提升容量和能效、均衡多用户间需求等问题的优势，在无线通信网络中得到了广泛应用。在 SIN 中，网络结构呈现层次化特点，用户和数据规模较大，多维网络融合带来的干扰所导致时延会影响网络整体性能的提升，如何在有限的资源条件下提升网络的整体效用成为亟待解决的问题。同时，由于多通信平台和系统间的通信链路、网络结构、用户和业务需求之间存在严重的异构性，合理的资源管理方式和科学的资源优化配置方法成为实现多维度信息交互的难点问题。

本节从以下 4 方面给出 SIN 中资源优化问题的研究意义。

（1）多卫星中继网络资源优化问题

在 SIN 中，实时空间信息的获取和传输可以通过不同卫星和卫星系统之间的协同处理和传输实现。这些卫星和系统具有不同的功能，承载不同的数据，或具备相同的功能和数据类型，但具备不对等的传输能力，因此，这样的功能和传输能力的异构性导致 SIN 在多卫星协同的中继传输场景下成为一个非对称的复杂网络。大多数对地观测卫星工作在距离地球 300 到 1 000 km 高度的 LEO，获取关于地球表面和大气的高分辨率观测数据，然而，由于 LEO 卫星对地的移动性，其对地的返回信道是不稳定、通断频繁的[24]。因此，在 SIN 中，工作在 GEO 的骨干卫星由于可以和地面建立稳定的连接，可作为 DRS 对承载观测等任务的卫星的数据进行中继，保证数据及时回传。在数据中继过程中，任务卫星的数据通过激光链路先转发给能够与地面站建立连接的骨干 DRS，DRS 再通过微波链路将数据中继给地面站[25-26]。与此同时，由于 DSC 结构实现了全球互联，SIN 中存在数据的超远距离传输，数据包可能通过多个骨干卫星实现中继。在上述情况中，多颗卫星可通过协作方式构成一个多星协同中继网络提升中继的传输效率，在该多星协同中继网络中，由于受到链路稳定性、通信时间有限性、中继无线资源的有限性等制约，需要对传输资源进行优化，以在有限的资源条件下，提升中继传输的稳定性、可靠性和整体传输能力。

（2）认知接入网络资源分配问题

在 SIN 中，骨干卫星通过先进的空间通信技术为全球的移动用户和固定用户提供无缝的、稳定的高速宽带骨干网接入服务[27]。尤其对地面无线网络无法布设的偏远地区和网络拥塞的热点区域能够提供高速的、类型多样的网络服务[28-29]。研究表明，2015 年欧洲有超过 1 000 万用户使用宽带卫星服务[30]。但是，即使应用高通量的 Ka 频段多波束卫星系统，现有的可用带宽也无法满足未来不断上升的高数据速率服务需求。与此同时，类型丰富的无线智能设备的发展和演进使地面无线网络服务成为人们日常生活的必需品，造成了网络连接数量的指数级增长。虽然很多先进的技术被应用到地面无线网络中提升网络效用，仍然无法改变 700 MHz 到 2.6 GHz 地面无线网络频段已经拥挤不堪的事实[31]。针对这一问题，毫米波段因其更宽的带宽成为下一代地面无线通信网络的首选[32]。然而，20 GHz 到 90 GHz 的毫米波段，和 Ka 波段的骨干卫星存在部分重叠，在未来 SIN 研究和建设过程中，由于部分地区和国家的政策和法规，骨干 GEO 卫星可能需要和地面无线网络在同一频段中共存，认知无线电（Cognitive Radio，CR）技术成为解决同频干扰，实现频谱资源共享的有效手段[33]。对于 SIN，骨干 GEO 卫星与地面无线网络同频共存，通过认知手段接入频谱资源的网络模型中，GEO 卫星、卫星用户与地面无线网络构成一个认知卫星网络（Cognitive Satellite Network，CSN）[34-35]。在 CSN 中，卫星用户作为 SU，接入地面无线网络用户作为主用户（Primary User，PU）的同一频段，SU 会对 PU 产生共信道干扰[35-36]。因此，在保证无线网络中 PU 通信性能的约束条件下，需要对骨干卫星下的卫星用户的无线资源进行合理的分配，以实现同频协同条件下的认知接入。

（3）协同覆盖网络资源配置问题

空间信息网络中，空天地一体化组网是通过多种通信平台的协同实现的。从网络横向来看，多颗骨干卫星通过激光链路连接为其他平台提供骨干网络服务[37]。从网络纵向来看，空间段卫星、邻近空间段空中基站以及地面段的控制单元和地面基站协同实现区域网络的通信覆盖。其中，网络横向的协同体现为多颗卫星的波束协同覆盖，由于网络接入需求和用户数量在地理分布上是不均匀的，对于部分用户数量较大、网络请求频繁的区域，单一卫星的覆盖可能无法适应大量的数据业务需求，可利用多颗卫星的多个波束对热点区域实现重叠覆盖[38]。利用不同卫星的不同频段波束对同一区域进行网络覆盖，用户则根据网络条件、资源可用度以及自身的业务需求选择波束和卫星接入骨干网络，从而增加了热点区域的可用带宽，有效提升了网络的服务效率[39]。网络纵向的协同则是：骨干卫星通过邻近空间段的通信平台对某一特异性的网络区域实现协同覆盖。邻近空间段的通信平台包括 HAP 和 UAV 等。尽管骨干卫星能够提供较大的覆盖面积，但其远距离和通信成本昂贵的特性对于部分区域的局域通信来说代价太大。为了解决这一问题，NASA 和 DARPA 等推动了 HAP 和 UAV 在城市局域通信方面的研究。HAP 和 UAV 采用集群编队飞行的方式[40-41]，每个集群内的 HAP 和 UAV 实现两两互联，形成数据通路为城市覆盖区域提供接入服务。其中，一部分带有卫星通信载荷的 HAP 和 UAV 作为空中信关站，在数据需要进入骨干网络时，通过卫星链路实现数据转发。对于网络横向协同覆盖场景，多颗卫星的通信资源需要在重叠覆盖区域进行选择优化以提升资源效用，提高骨干网络的业务容量的同时降低资源消耗水平。对于纵向协同覆盖场景，由于 HAP 和 UAV 的载荷有限，采用传输资源集群共享的方式，需要对 UAV 和 HAP 以及卫星的通信资源进行联合优化，以实现数据从局域网络到骨干网络的协同传输。

（4）卫星通信子网络资源优化问题

由于同时具备激光链路和微波链路，SIN 的骨干卫星既可以作为 DRS 也可以作为通信卫星为卫星用户提供卫星上下行服务。对于不存在多卫星波束重叠覆盖区域的骨干卫星，在对其覆盖区域提供上下行业务服务时，可以从 SIN 中解耦，形成一个独立的多波束卫星子网络。多波束技术的应用，能够有效提升骨干卫星的传输容量，同时，多端口放大器（Multi-Port Amplifier，MPA）和行波管放大器（Traveling Wave Tube Amplifier，TWTA）的应用，大大提升了功率和频率资源优化配置的灵活性[42]。多波束卫星因其波束间频率复用方式和对多用户的支持，使卫星的无线资源可以动态地、灵活地、按需地分配给卫星用户[43]。在卫星通信服务中，用户保障的主要目标为服务质量指标。QoS 指标体系的首要目标在受限的时延和抖动以及信息损失条件下，保障专有带宽，同时为不同的业务提供不同的优先级，其次，在为一些业务提供优先级保障的同时，保证其他业务的正常服务。QoS 指标主要包括数据速率、时延、时延抖动、信息损失度（包括误帧率（Frame Error Rate，FER）、丢包率）等，针对不同业务，各个指标可能存在较大差异。在通用移动通信系统（Universal Mobile Telecommunications System，UMTS）标准中，定义了 4 种卫星网络的服务类别：会话型服务（Conversational Service，CS）、流媒体服务（Streaming Service，SS）、交互型服务（Interactive Service，IS）、后台服务（Background Service，BS）。这 4 种卫星网络服务类别的终端用户 QoS 指标分别如表 2-1～表 2-4 所示。

表 2-1　会话式服务的终端用户 QoS 指标

传输类型	数据速率	端到端时延	时延抖动	信息损失
音频（VoIP）	4～25 kbit/s	最佳状态：小于 150 ms 门限状态：小于 400 ms	小于 1 ms	FER<3%
视频（视频会议）	32～384 kbit/s	最佳状态：小于 150 ms 门限状态：小于 400 ms	无	FER<1%
数据（控制信息、交互游戏等）	小于 28.8 kbit/s 或无要求	小于 250 ms	无	0

表 2-2　流媒体服务的终端用户 QoS 指标

传输类型	数据速率	启动时延	时延抖动	信息损失
音频（音乐）	5～128 kbit/s	小于 10 s	小于 2 s	丢包率小于 1%
视频（电影、监控等）	20～384 kbit/s	小于 10 s	小于 2 s	丢包率小于 2%
数据（同步信息、图片）	小于 384 kbit/s 或无要求	小于 10 s	无	0

表 2-3 交互式服务的终端用户 QoS 指标

传输类型	数据速率	端到端时延	时延抖动	信息损失
音频（语音消息）	4～13 kbit/s	1 s	小于 1 ms	FER<3%
数据（HTML、交易服务、Email 接入）	小于 384 kbit/s 或无要求	小于 4 s/page（HTML）小于 4 s	无	0

表 2-4 后台服务的终端用户 QoS 指标

传输类型	数据速率	端到端时延	时延抖动	信息损失
数据（传真、邮件发送、短消息服务 SMS）	无	无	无	0

由于卫星独特的链路特性和工作模式，卫星的星上发射功率和星上可用带宽等无线资源受到物理信道特征、通信体制和无线环境等因素的制约，这些宝贵的资源需要在用户间实现合理的分配和优化，从而提升该子网络系统的整体容量，保障用户的服务质量需求[44]。

由上述内容可知，SIN 具有多层次、分布式的特点，同时，在多种应用场景中，无线资源优化的需求和目标不尽相同，需要设计合理的资源管理架构来应对不同场景和不同网络构型下的资源管理。在合理的资源管理架构下，针对多星中继网络、认知接入网络、重叠覆盖网络和单星子网络需要根据网络特性和通信需求设置不同的优化目标来实现网络效益的最大化。资源分配技术是实现 SIN 可靠组网和提升网络通信能力的先决条件。根据我国空天地一体化网络建设的需求和未来通信网络面临的挑战，科学的资源配置和适应性的网络优化是实现空天地多维协同，全天候、不间断的高速网络业务服务的重要基础，因此，SIN 中的无线资源分配技术的研究，对我国空间信息技术的进步、航天航空科技的进一步发展具有较为重大的意义。

2.3.2　多星协同中继网络中的资源优化技术

对于 SIN 中的多星协同中继传输场景，源节点卫星和中继卫星的传输资源均是有限的，因此，如何合理地对 DRS 和源节点的传输资源进行分配以达到资源的最大效用，是在有限的无线资源条件下通过 DRS 协同提升通信效率需要解决的关键问题。

关于协同中继场景下的资源分配技术大多聚焦于地面无线网络。Sheu 等[45]针对微波存取全球互通（Worldwide interoperability for Microwave Access，WiMAX）中继系统中的可伸缩视频多播业务的资源优化问题提出了一种带宽分配策略，该策略采取最大化系统吞吐量为优化目标函数，获得了最大可支持用户数的最优带宽分配解。Zafar 等[46]考虑了一个存在两对源–目的节点且通过同一缓存区共享同一中继节点的协同中继模型，通过结合多用户分集和多跳分集，提出了一种最佳资源分配方案，在最大化可达速率的同时提升资源分配效率。Afolabi 等[47]对基于正交频分多址（Orthogonal Frequency-Division Multiple Access，OFDMA）通信体制的通信系统多播规划技术和资源分配技术进行了归纳和总结。上述资源优化技术的研究考虑的都是同构的无线网络。而在 SIN 中，DRS 通过不同的传输介质（如激光链路和微波链路）实现中继数据的接收和转发。同时，由于卫星链路的通断频繁，SIN 中的协同中继模型实际上是一个机会网络模型，因此，现有的地面网络中的协同中继模型的资源分配技术无法直接应用到 SIN 中。

提供中继服务的骨干 DRS 在 SIN 的协同通信场景中扮演着重要的角色，因此，设计合理的 DRS 协同机制是实现资源优化和性能提升的重要手段。近年来，越来越多的研究者开始关注卫星网络的协同策略设计方面的课题。Kandeepan 等[48]针对空地通信场景下，地面站向空中基站进行协同传输的性能优化问题，提出了一种实时的自适应协同传输机制来实现直连链路和协同中继链路的动态选择。该方法以能效为优化目标，在一定的能耗水平下，有效提升了协同传输容量。Morosi 等[49-50]针对 DVB-SH 星地混合网络，提出了一种基于时延分集、最大比合并（Maximal Ratio Combining，MRC）和接收分集技术的协同中继策略。Portillo 等[51]针对分段卫星网络（Fractionated Satellite Network，FSN）提出了一种基于卫星资源交互共享的协同中继机制，有效提升了网络的整体容量。Sharma 等[52]研究了协同认知卫星系统中的发送端协同资源共享和认知波束转换问题。此外，DRS 在协同中继网络中本身就是传输资源的一部分，合理的中继卫星路由算法能够有效均衡中继网络的负载，为此，较多研究针对传输效率[53-55]、可靠性[56]、安全性[57]和 QoS 优化[58-59]方面对星间路由算法进行了研究。然而，上述研究中，大多数没有考虑星间链路的独有特性，同时，只考虑了多中继节点的选择问题，而没有考虑多中继节点同时进行中继时的资源优化问题。在 SIN 中，不同的源节点的发送能力和载荷资源限制不同，需要针对不同的模型设计资源优化方法。

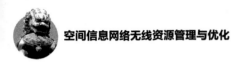

2.3.3　认知接入网络中的资源分配技术

由于频谱资源的有限性，随着通信业务需求的增长，卫星网络和地面网络都面临着严重的频谱危机[60]。为了解决这一问题，在未来通信网络中，卫星与地面共用同一频段实现频谱的高效利用，成为了实现星地联合组网需要解决的热点问题[61]。卫星通信网络通过应用 CR 技术，复用分配给地面网络作为主网络的同一频段，使星地同频共存、混合组网成为可能。同时，对于 5G 网络，SIN 的骨干卫星作为网络补充设施，在热点区域通过与地面网络协同，能在有限的频谱资源条件下有效提升系统的整体效率[62-63]。Jia 等[64]研究了 5G 网络中宽带卫星网络的 CR 技术应用问题。为了实现卫星网络和地面网络的协同通信，Mohamed 等[65]针对频谱感知技术进行了深入研究。Thompson 等[66]对 CSN 中卫星系统与地面系统的干扰模型进行了分析。Maleki 等[67]通过研究推导了 CSN 中需要采用频谱感知技术进行认知接入的认知距离范围。Chae 等[68]研究了地面网络辅助卫星网络实现协同认知通信的问题。Singh 等[69]提出了一种 Overlay 方式实现 SU 与带有放大转发功能的中继节点以及 PU 之间的协同认知通信。Kolawole 等[70]和 An 等[71]对 CSN 模型的容量性能进行了分析。此外，还有一些研究针对 CSN 中的物理层安全问题[72-73]进行了研究。通过这些使能技术，能够实现 CSN 模型的稳定和安全传输。

为了在保障主网络通信性能的条件下更好地应用 CR 使能技术，合理的资源分配方案成为解决 PU 的干扰约束条件下提升频谱效率的主要途径。然而，与 CR 网络相关的资源分配与管理技术的研究主要集中在地面认知网络的优化上[74-76]，仅有部分研究[77-88]关注了 CSN 中的资源优化技术。Gao 等[77]针对 CSN 提出了一种 Underlay 功率控制方案来满足 PU 的干扰约束和干扰中断概率约束条件。Shi 等[78-79]针对非完全信道状态信息（Channel State Information，CSI）条件下的 CSN 功率控制问题，提出了一种最优功率控制方法，在保证 PU 性能的条件下最大化 SU 的容量，并进一步研究了 CSN 中具有实时业务的用户的功率控制问题。Vassaki 等[80]提出了一种功率分配算法，能在保证 CSN 处于一定的中断概率水平时，最大化地面网络的有效容量。Lagunas 等[81]总结了卫星网络中几种典型的功率控制方法，并研究了这些方法在 CSN 中的应用，设计了一种最大化 CSN 系统可达速率的功率分配方法。Li 等[82]考虑了卫星链路的传输安全性问题，提出了一种协同波束成形方法，实现了传输功率最小化。上述研究只针对 CSN 中 SU 的发射功率进行优化，而假设 SU 的频率资源分配通过合理的使能技术实现。与此同时，Wang 等[83]提出了一种基于贝叶斯均衡理论（Bayesian Equilibrium Theory，BET）的频率资源分配算法，获得了 SU 之间频谱最优共享方式。Li 等[84]考虑 CSN 中的卫星链路安全问题，提出了一种波束成形方法来最小化 SU 传输功率。Ferreira 等[85]提出了一种基于多目标强化学习的频谱资源分配算法。文献[77-85]只考虑了一维资源（带宽或功率）的优化问题，实际上，功率和带宽相对于容量来说是耦合的，对两者进行联合优化可以进一步提升系统效率。因此，Zuo 等[86]在考虑干扰约束和 SU 的业务需求的条件下，设计了一种功率和时隙联合分配算法来最大化 CSN 系统吞吐量。Lagunas 等[87-88]将 PU 的干扰门限划分为每个 SU 的最大发射功率水平，设计了一种带宽分配与功率控制联合优化算法来提升系统容量，并进一步对 CSN 中的用户公平性问题进行了研究，提出了一种基于公平性准则的功率控制与速率分配联合优化算法，实现了 CSN 中 SU 之间的资源效用公平性。然而，文献[86-88]是基于中心式资源管理架构的，这种架构由于计算负荷全由 NCC 承担，会造成资源计算存在较大的处理时延，无法适应 SIN 中高数据率需求、多用户接入和长星地时延的特性。

2.3.4　协同覆盖网络的资源管控技术

针对 SIN 中的协同覆盖场景，资源分配与优化技术方面的研究主要集中于纵向协同覆盖场景（即空间段与邻近空间段对地面段实现协同覆盖）的优化方法研究。Hosseini 等[89]对 C/Ku 频段卫星进行了性能仿真分析，指出由于卫星信号传播距离远、衰落大，卫星到地面站的链路极易受到地面通信的干扰。为了避免这一问题，引入认知软件定义无线电技术，通过认知中继实现受到干扰的卫星数据的传输。进一步提到了未来 UAV 可作为空中认知中继节点来提升星地通信的性能，然而，由于 UAV 系统与卫星网络的异构性，必须对其频谱资源进行联合优化，实现卫星和空中节点的融合。Zeppenfeldt 等[90]对空天一体化通信系统研究中存在的挑战进行了论述，指出由于卫星和 UAV 系统采用不同的频率，这两者构成的混合网络的频谱资源分配是一个研究难题。Tsuji 等[91]研究了卫星–UAV 混合网络的频谱分配问题，并将分配给 FSS 的 Ka 频段用于实现控制 UAV 操作的指令和其他信息的传递，在这一假设下，UAV 通过搭载 Ka 频段卫星跟踪天线与卫星实现互联。Li 等[92]针对基于多层 UAV 的蜂窝网络设计了一种频谱与功率联合优化算法，该算法能够实现网络的平均数据包传输时延的最小化，利用泊松–沃罗诺伊（Poisson-Voronoi）模型将优化问题建模为 M/G/1 排队模型，仿真结果表明提出的算法可以实现传输时延的最优化。针对卫星–UAV–地面一体化网络，Si 等[93]根据导航数据和路由信息提出了一种动态频谱分配方法来实现最优的频谱利用率。通过 UAV 和地面站等通信平台在通信过程中均采用统一的协议栈，将网络的频谱优化问题建模成一个目标函数为最大化数据传递速率的最优化问题。仿真结果表明，在网络可用总带宽为 40 个子信道时，提出的算法可以有效提升 75%的频谱效率（Spectrum Efficiency，SE），相比与其他不对子信道进行优化的算法，可以获得接近两倍的 SE 性能。针对横向协同覆盖模型，重叠区域的带宽资源的优化配置是实现网络资源高度共享的有效手段。带宽分配旨在获取特定的网络性能，如最小化丢包率、时延、和功率消耗等。2007 年，Bisio 等[94]针对空间通信系统提出了一种基于最小距离带宽分配算法。文献[94]将带宽分配问题建模为一个多目标优化问题，在每个地面站已知全网信道带宽状态的假设下对带宽进行了分配，并进一步在文献[95]中给出了卫星通信环境中的带宽分配的公平性概念。Kawamoto 等[96]针对固定带宽分配无法适应用户时变的带宽需求的问题，提出了一种基于需求感知的动态带宽分配算法。Lagunas 等[88]针对星地混合认知网络的同频覆盖场景下提出了一种功率和载波联合优化算法，进一步提升了带宽的分配效用，增加了用户的可达速率水平。但是，上述横向场景的无线资源分配技术的研究，大多只考虑了一维资源的分配问题，实际上，对多维度资源进行联合优化相比一维资源的优化可以进一步提升系统总的效用。同时，上述研究模型较为简单，与 SIN 复杂的网络条件和层次性的网络结构不符。

此外，对于协同覆盖场景，切换算法也是一个实现多接入节点协同的研究难点。在无线通信领域，切换是指从现有的连接转换到新的通信连接。在 SIN 中，由于卫星、空中平台、地面移动用户的移动性，网络和链路切换频繁，在多接入节点协同覆盖同一区域用户时，合理的切换算法能够有效提升系统效用。在卫星网络中，相比 GEO 卫星，MEO 卫星和 LEO 卫星相对地球是运动的，导致用户和这些卫星通信时，需要在多颗接入卫星中来回切换，因此，在横向协同覆盖场景中，主要涉及多个卫星之间的点波束切换。Chowdhury 等[97]将 LEO 卫星网络中的切换方法分为链路层方法和网络层方法。链路层方法主要分为三类：点波束切换方法、卫星切换方法、星间链路切换方法。考虑到服务时间在星间和星内切换过程中的相关性，

Musumpuka 等[98]提出了一种解析的架构来评估点波束间切换算法的性能，结果表明，在更接近实际的相关性模型下，服务时间和切换阻塞概率要高于服务时间独立的模型。针对纵向覆盖场景，由于 HAP 和 UAV 采用编队飞行的方式，HAP 和 UAV 可能会周期性地离开卫星服务区，此时，它们会关闭卫星通信接口以节约电源。因此，此时用户需要切换到卫星进行通信。Gupta 等[99]给出了 UAV 网络中几种常见的切换算法。Sharma 等[100]提出了一种基于软件定义网络（Soft Defined Network，SDN）的 UAV 无线网络架构，有效提升了切换的速度和性能。但是，上述针对横向和纵向协同覆盖模型的切换算法均是独立于无线资源优化的，均是在假设无线资源分配可以合理地实现最优的条件下进行的切换方法的研究。实际上，由于所接入的节点、波束、卫星的可用资源总量大小不同，以及通信能力的差异，不能仅根据链路状态和链路稳定性等因素进行网络切换，而需要将无线资源优化技术与切换算法相结合，实现最优的接入方式选择。

2.3.5　卫星子网络的资源分配技术

卫星的星上功率和带宽都是有限的，为了最大限度地支持用户服务，保证不同类型业务的 QoS 需求，需要对星上功率资源和带宽资源进行优化。大多数卫星通信系统中的无线资源分配技术的研究只考虑简化的约束条件下的关于单个优化目标的资源优化问题，如最小化资源消耗[101-102]和最大化系统吞吐量[103-104]等。这类单目标优化方法在获取一个目标最优的同时，可能是以牺牲另一性能为代价的。Gründinger 等[105]针对卫星通信系统中传输速率均衡和功率最小化问题，通过理论分析推导了传输速率的上界和下界，然而，对于传输速率均衡和功率最小化之间的关系却没有进行深入分析。Lei 等[106]针对用户处于不同 SINR 条件下的多波束卫星网络的下行功率和载波联合分配问题进行了研究，但该研究仅考虑了 SINR 均衡问题，而没有关注资源消耗问题。Ji 等[107]针对卫星通信下行网络提出了一种基于时延感知的功率和带宽联合分配算法，然而该研究将功率和时隙资源建模为等大小的资源块，这在工程实践中是不合理的。韩寒等[108]研究了多波束卫星通信系统下行功率与时隙优化问题，提出了一种基于能耗最小化的资源优化算法，但这种方法可能导致在网络空闲的情况下用户无法获得更多的资源余量以提升通信能力。Lagunas 等[87-88]研究了认知卫星通信系统中的资源分配问题，其中，文献[87]将下行功率和速率分配问题建模为 Pareto 优化问题来实现多用户之间的速率均衡。Aravanis 等[109]考虑了多波束卫星通信系统中的功率消耗和可达速率这两个优化目标，提出了一种基于元启发式算法的二阶多目标优化算法来求解该问题。然而，文献[87-88, 109]均没有考虑网络的动态性。

为了避免多波束卫星系统中星上功率回退的问题，SIN 中骨干卫星可下行采用多波束 TDM 实现多用户带宽共用。而对于实时用户，在每个周期内的时隙放置位置与其数据包到达时间和时延需求有关。不考虑时延需求的资源分配方式[87-88, 108-109]，可能会导致实时用户的数据包超出其时延边界。文献[110-112]针对无线多用户 OFDMA 系统中实时用户的时延约束保障问题进行了研究，其中，Mohanram 等[110]构建了一个与队首数据包时延边界相关的效用函数来优化 OFDMA 系统中子信道的分配，Hui 等[111]根据排队论建立数学模型保障用户的平均时延低于时延边界，Kim 等[112]将时延约束条件代入最小速率需求中，来获得实时用户在满足时延需求的条件下的最优资源配置。上述方法可以应用到卫星通信和 SIN 的无线资源优化中。文献[106-107]对具有实时用户的卫星通信网络的带宽与功率分配问题进行了研究，文献[107]通过对每个数据包设置时延边界来约束每个时隙上各个实时用户的资源需求，通过对偶迭代的方式求解了最优时隙分配方式和功率值，但这种优化方式可能会导致网络在存在大量实时业务时，非实时用户长时间无法获得带宽资源，导致网络拥塞。为了解决这一问题，文献[113]提出了一种基于时延比例公平性的优化方法，通过牺牲部分时延用户的性能，来提升网络的容量。但上述文献均是在完全 CSI 的假设下进行的研究，然而，在实际应用中，由于信道估计误差的存在，完全 CSI 假设下的无线资源配置方案可能对于系统而言并不是最优的。

| 2.4 现有研究存在的不足 |

目前，对于 SIN 中的资源分配与优化技术的研究才刚刚起步，其中，针对空间一体化组网环境下的各个子网络、子场景的资源优化研究较多，针对网络整体的建模优化方面的研究较少。同时，对于各个场景下的资源优化问题，理想假设条件较多，并不完全符合 SIN 无线资源管理的实际需求。因此，现有研究还存在诸多不足之处，可以归纳总结为如下 4 点。

（1）针对多星协同中继场景的研究较少，大多数应用在地面网络的协同中继场景的无线资源分配与优化技术因为 DRS 激光链路的特异性无法直接应用在 SIN 的多星协同中继场景。同时，针对多星协同中继方面的资源优化研究主要集中在资源协同策略上，对链路条件和 DRS 的接收和传输能力等做了诸多理想假设，且大多研究考虑的是一个源节点通过多颗卫星多跳中继方式，在 SIN 中，由于网络结构变换的灵活性，多颗骨干 DRS 可以同时对一个源节点实现一跳转发。同时，由于空间通信平台众多，各平台与骨干 DRS 的连接时间、通信能力不对等，因此，中继数据需要对多颗卫星之间实现优化，此外，为了避免数据包完全由某一颗或几颗卫星中继而导致短时拥塞，源节点的无线资源需要合理地分配给多颗中继卫星接收中继数据，实现多颗中继卫星的负载均衡，从而在有限的通信时间内提高中继传输的效率。

（2）针对认知接入区域的资源分配的研究，将星地模型考虑为 CSN 模型，现有的研究在系统容量提升、SU 和 PU 的 QoS 保障和用户可达速率的均衡上取得了一定的成果。但是，传统的容量最大化优化目标函数和用户可达速率均衡优化目标函数分别以牺牲用户公平性和系统整体容量为代价，无法适应 SIN 中的大量用户支持和高速率传输的需求。同时，一些研究对干扰模型进行了理想化假设，将 PU 的干扰门限划分为各个 SU 的发射功率门限，实际上弱化了处于不同信道条件的用户在功率资源方面的竞争关系。此外，现有的研究大多采用中心式的资源管理架构，无法适应 SIN 的层次性、分布式的网络结构特性。

（3）针对协同覆盖场景下的无线资源优化研究主要集中在纵向协同覆盖场景下，在频谱和带宽分配方面取得了一定的成果，相关技术已经较为成熟。但对于横向协同覆盖场景，现有的研究将无线资源分配和网络节点切换分离，在功率分配假设为已知的条件下，对带宽资源的优化进行了一些研究，但实际上，卫星的星上功率资源是极为有限的。同时，功率资源与带宽资源相对用户速率来说是耦合的，对二维资源在带宽重叠覆盖区域进行联合优化可以进一步提升系统容量。此外，骨干卫星节点的选择切换与资源分配有一定的关系，将重叠覆盖区域的接入选择和资源分配技术结合可以实现系统效用的最优。

（4）针对卫星子网络的无线资源分配技术，现有研究较为丰富，取得了一定的成果。但现有的大多数研究仅考虑单个优化函数作为无线资源分配的优化目标，但在实际的工程实践中，无线资源优化需要权衡多个系统指标之间的关系进行决策，这就需要获取可行的资源决策空间，而不是针对单一目标函数的最优解。同时，大多数研究将信道条件设为已知，将时延约束条件理想化，这在工程实践中也是不合理的。此外，在 SIN 中，骨干卫星子网络由于可能存在多星协同、横向纵向重叠覆盖的情况，卫星子网络的优化是全网无线资源优化的一部分，二者之间存在一定的层次关系，需要在全网或协同区域无线资源优化策略的指导下实现下层子网络的资源分配。

| 2.5　本章小结 |

本章主要以卫星网络中的无线资源管理技术为基础，从时频资源分配、功率分配与控制、呼叫接纳控制与切换算法、跨层资源管理 4 个方面介绍了无线资源管理技术，并在此基础上，引入 SIN 中无线资源管理技术的科学意义，并详细分析了 SIN 的无线资源管理中的主要技术问题研究现状和存在的不足，为后续研究打下坚实的理论基础。

| 参考文献 |

[1]　DONG Q J, ZHANG J, ZHANG T. Optimal timeslot allocation algorithm in MF-TDMA[C]// 2008 4th International Conference on Wireless Communications, Networking and Mobile Computing. Piscataway: IEEE Press, 2008: 1-4.

[2]　KARALIOPOULOS M, HENRIOP, NARENTHIRANK, et al. Packet scheduling for the delivery of multicast and broadcast services over S-UMTS[J]. International Journal of Satellite Communications and Networking, 2004, 22(5): 503-532.

[3]　SUN J, GAO J, SHAMBAYATIS, et al. Ka-band link optimization with rate adaptation[C]//2006 IEEE Aerospace Conference. Piscataway: IEEE Press, 2006: 7.

[4]　BAGLIETTO M, DAVOLIF, MARCHESE M, et al. Neural approximation of open-loop feedback rate control in satellite networks[J]. IEEE Transactions on Neural Networks, 2005, 16(5): 1195-1211.

[5]　ALAGOZ F, WALTERSD, ALRUSTAMANIA, et al. Adaptive rate control and QoS provisioning in direct broadcast satellite networks[J]. Wireless Networks, 2001, 7(3): 269-281.

[6]　ALAGOZ F, VOJCIC B R, WALTERS D, et al. Fixed versus adaptive admission control in direct broadcast satellite networks with return channel systems[J]. IEEE Journal on Selected Areas in Communications, 2004, 22(2): 238-249.

[7]　LEE K D. An efficient real-time method for improving intrinsic delay of capacity allocation in interactive GEO Satellite networks[J]. IEEE Transactions on Vehicular Technology, 2004,

53(2): 538-546.

[8] KIM D, PARK D H, LEE K D, et al. Minimum length transmission scheduling of return channels for multicode MF-TDMA satellite interactive terminals[J]. IEEE Transactions on Vehicular Technology, 2005, 54(5): 1854-1862.

[9] PAPADAKI K, FRIDERIKOS V. Optimal vertical handover control policies for cooperative wireless networks[J]. Journal of Communications and Networks, 2006, 8(4): 442-450.

[10] CHANG C J, TSAI T L, CHEN Y H. Utility and game-theory based network selection scheme in heterogeneous wireless networks[C]//2009 IEEE Wireless Communications and Networking Conference. Piscataway: IEEE Press, 2009: 1-5.

[11] GU C, SONG M, ZHANG Y, et al. Novel network selection mechanism using AHP and enhanced GA[C]//2009 Seventh Annual Communication Networks and Services Research Conference. Piscataway: IEEE Press, 2009: 397-401.

[12] PEI X, JIANG T, QU D, et al. Radio-resource management and access control mechanism based on a novel economic model in heterogeneous wireless networks[J]. IEEE Transactions on Vehicular Technology, 2010, 6: 3047-3056.

[13] KARKKAINEN T, OTT J. Flexible QoS provisioning for SIP telephony over DVB-RCS Satellite Networks[C]//Mobile and Wireless Communications Summit. Piscataway: IEEE Press, 2007: 1-5.

[14] VASILIS F M, VOUYIOUKAS D, MORAITIS N, et al. Spectrum planning and performance evaluation between heterogeneous satellite networks[J]. European Journal of Operational Research, 2008, 191(3): 1132-1138.

[15] WANG B B, HANZ, LIU K J R. WLC41-4: stackelberg game for distributed resource allocation over multiuser cooperative communication networks[C]//IEEE Globecom 2006. Piscataway: IEEE Press, 2006: 1-5.

[16] TRAN M A, TRAN P N, BOUKHATEM N. Strategy game for flow/interface association in multi-homed mobile terminals[C]//2010 IEEE International Conference on Communications. Piscataway: IEEE Press, 2010: 1-6.

[17] KOTAS L. Broadband satellite networks: trends and challenges[C]//IEEE Wireless Communications and Networking Conference. Piscataway: IEEE Press, 2005: 1472-1478.

[18] CARNEIRO G, RUELA J, RICARDO M. Cross-layer design in 4G wireless terminals[J]. IEEE Wireless Communications, 2004, 11(2): 7-13.

[19] LIN X J, SHROFF N B, SRIKANT R. A tutorial on cross-layer optimization in wireless networks[J]. IEEE Journal on Selected Areas in Communications, 2006, 24(8): 1452-1463.

[20] SAFWAT A M. A novel framework for cross-layer design in wireless ad hoc and sensor networks[C]//IEEE Global Telecommunications Conference Workshops. Piscataway: IEEE Press, 2004: 130-135.

[21] VOJCIC B, MATHESON D, CLARK H. Network of mobile networks; hybrid terrestrial-satellite radio[C]//2009 International Workshop on Satellite and Space Communications.

Piscataway: IEEE Press, 2009: 451-455.

[22] HUANG W L, LETAIEF K B. Cross-layer scheduling and power control combined with adaptive modulation for wireless ad hoc networks[J]. IEEE Transactions on Communications, 2007, 55(4): 728-739.

[23] DANIELS M, IRVINE J, TRACEY B, et al. Probabilistic simulation of multi-stage decisions for operation of a fractionated satellite mission[C]//2011 Aerospace Conference. Piscataway: IEEE Press, 2011: 1-16.

[24] FRIEDRICHS B. Data processing for broadband relay satellite networks - digital architecture and performance evaluation[C]//31st AIAA International Communications Satellite Systems Conference. Reston: AIAA, 2013: doi.org/10.2514/6.2013-5712.

[25] CALVO R M , BECKER P , GIGGENBACH D , et al. Transmitter diversity verification on ARTEMIS geostationary satellite[C]//SPIE Photonics West 2014. Bellingham: SPIE Press, 2014: 1-14.

[26] LIN P, KUANG L L, CHEN X, et al. Adaptive subsequence adjustment with evolutionary asymmetric path-relinking for TDRSS scheduling[J]. Journal of Systems Engineering and Electronics, 2014, 25(5): 800-810.

[27] ALAGOZ F, GUR G. Energy efficiency and satellite networking: a holistic overview[J]. Proceedings of the IEEE, 2011, 99(11): 1954-1979.

[28] VÁZQUEZ M Á, PÉREZ-NEIRA A, CHRISTOPOULOS D, et al. Precoding in multibeam satellite communications: present and future challenges[J]. IEEE Wireless Communications, 2016, 23(6): 88-95.

[29] ARTI M K, BHATNAGAR M R. Beamforming and combining in hybrid satellite-terrestrial cooperative systems[J]. IEEE Communications Letters, 2014, 18(3): 483-486.

[30] MALEKI S, CHATZINOTAS S, EVANS B, et al. Cognitive spectrum utilization in Ka band multibeam satellite communications[J]. IEEE Communications Magazine, 2015, 53(3): 24-29.

[31] HE S W, WANG J H, HUANG Y M, et al. Codebook-based hybrid precoding for millimeter wave multiuser systems[J]. IEEE Transactions on Signal Processing, 2017, 65(20): 5289-5304.

[32] XIAO M, MUMTAZ S, HUANG Y M, et al. Millimeter wave communications for future mobile networks (guest editorial), part I[J]. IEEE Journal on Selected Areas in Communications, 2017, 35(7): 1425-1431.

[33] DU J, JIANG C X, WANG J, et al. Resource allocation in space multiaccess systems[J]. IEEE Transactions on Aerospace and Electronic Systems, 2017, 53(2): 598-618.

[34] KANDEEPAN S, NARDISL D, BENEDETTOM G D, et al. Cognitive satellite terrestrial radios[C]//2010 IEEE Global Telecommunications Conference. Piscataway: IEEE Press, 2010: 1-6.

[35] SHARMA S K, CHATZINOTAS S, OTTERSTEN B. Cognitive radio techniques for satellite

communication systems[C]//2013 IEEE 78thVehicularTechnology Conference. Piscataway: IEEE Press, 2013: 1-5.

[36] ZIARAGKAS G, POZIOPOULOU G, NÚÑEZ-MARTÍNEZ J, et al. SANSA—hybrid terrestrial-satellite backhaul network: scenarios, use cases, KPIs, architecture, network and physical layer techniques[J]. International Journal of Satellite Communications and Networking, 2017, 35(5): 379-405.

[37] ARTIGA X, VÁZQUEZ M Á, PÉREZ-NEIRA A, et al. Spectrum sharing in hybrid terrestrial-satellite backhaul networks in the Ka band[C]//2017 European Conference on Networks and Communications. Piscataway: IEEE Press, 2017: 1-5.

[38] WU B, YIN H X, LIU A L, et al. Investigation and system implementation of flexible bandwidth switching for a software-defined space information network[J]. IEEE Photonics Journal, 2017, 9(3): 1-14.

[39] DU J, JIANG C X, GUO Q, et al. Cooperative earth observation through complex space information networks[J]. IEEE Wireless Communications, 2016, 23(2): 136-144.

[40] HEGDE A, GHOSE D. Multi-UAV collaborative transportation of payloads with obstacle avoidance[J]. IEEE Control Systems Letters, 2022, 6: 926-931.

[41] BEKMEZCI İ, SAHINGOZ O K, TEMELŞ. Flying ad-hoc networks (FANETs): a survey[J]. Ad Hoc Networks, 2013, 11(3): 1254-1270.

[42] CHOI J P, CHAN V W S. Optimum power and beam allocation based on traffic demands and channel conditions over satellite downlinks[J]. IEEE Transactions on Wireless Communications, 2005, 4(6): 2983-2993.

[43] WANG A Y, LEI L, LAGUNAS E, et al. NOMA-enabled multi-beam satellite systems: joint optimization to overcome offered-requested data mismatches[J]. IEEE Transactions on Vehicular Technology, 2020, 70(1): 900-913.

[44] SCHUBERT M, BOCHE H. QoS-based resource allocation and transceiver optimization[J]. Foundations and Trends® in Communications and Information Theory, 2005, 2(6): 383-529.

[45] SHEU J P, KAO C C, YANG S R, et al. A resource allocation scheme for scalable video multicast in WiMAX relay networks[J]. IEEE Transactions on Mobile Computing, 2013, 12(1): 90-104.

[46] ZAFAR A, SHAQFEH M, ALOUINI M S, et al. Resource allocation for two source-destination pairs sharing a single relay with a buffer[J]. IEEE Transactions on Communications, 2014, 62(5): 1444-1457.

[47] AFOLABI R O, DADLANI A, KIM K. Multicast scheduling and resource allocation algorithms for OFDMA-based systems: a survey[J]. IEEE Communications Surveys & Tutorials, 2013, 15(1): 240-254.

[48] KANDEEPAN S, GOMEZ K, REYNAUD L, et al. Aerial-terrestrial communications: terrestrial cooperation and energy-efficient transmissions to aerial base stations[J]. IEEE Transactions on Aerospace and Electronic Systems, 2014, 50(4): 2715-2735.

[49] MOROSI S, JAYOUSI S, DEL RE E. Cooperative strategies of integrated satellite/terrestrial systems for emergencies[M]. Berlin: Springer, 2010: 409-424.

[50] MOROSI S, DEL R E, JAYOUSI S, et al. Hybrid satellite/terrestrial cooperative relaying strategies for DVB-SH based communication systems[C]//2009 European Wireless Conference. Piscataway: IEEE Press, 2009: 240-244.

[51] PORTILLO I D, BOU E, ALARCÓN E, et al. On scalability of fractionated satellite network architectures[C]//2015 IEEE Aerospace Conference. Piscataway: IEEE Press, 2015: 1-13.

[52] SHARMA S K, CHRISTOPOULOS D, CHATZINOTAS S, et al. New generation cooperative and cognitive dual satellite systems: performance evaluation[C]//32nd AIAA International Communications Satellite Systems Conference. Reston: AIAA, 2014: doi.org/10.2514/6.2014-4320.

[53] SVIGELJ A, MOHORCIC M, KANDUS G. Oscillation suppression for traffic class dependent routing in ISL network[J]. IEEE Transactions on Aerospace and Electronic Systems, 2007, 43(1): 187-196.

[54] MOHORCIC M, SVIGELJ A, KANDUS G. Traffic class dependent routing in ISL networks[J]. IEEE Transactions on Aerospace and Electronic Systems, 2004, 40(4): 1160-1172.

[55] DU J, JIANG C X, QIAN Y, et al. Resource allocation with video traffic prediction in cloud-based space systems[J]. IEEE Transactions on Multimedia, 2016, 18(5): 820-830.

[56] WANG J J, JIANG C X, ZHANG H J, et al. Aggressive congestion control mechanism for space systems[J]. IEEE Aerospace and Electronic Systems Magazine, 2016, 31(3): 28-33.

[57] JIANG C X, WANG X X, WANG J, et al. Security in space information networks[J]. IEEE Communications Magazine, 2015, 53(8): 82-88.

[58] BLASCH E, PHAM K, CHEN G S, et al. Distributed QoS awareness in satellite communication network with optimal routing (QuASOR)[C]//2014IEEE/AIAA 33rd Digital Avionics Systems Conference. Piscataway: IEEE Press, 2014: 1-11.

[59] DU J, JIANG C X, WANG X X, et al. Detection and transmission resource configuration for Space-based Information Network[C]//2014 IEEE Global Conference on Signal and Information Processing. Piscataway: IEEE Press, 2014: 1102-1106.

[60] ABDEL-RAHMAN M J, KRUNZ M, ERWIN R. Exploiting cognitive radios for reliable satellite communications[J]. International Journal of Satellite Communications and Networking, 2015, 33(3): 197-216.

[61] LIANG T, AN K, SHI S C. Statistical modeling-based deployment issue in cognitive satellite terrestrial networks[J]. IEEE Wireless Communications Letters, 2018, 7(2): 202-205.

[62] LIN Z, LIN M, WANG J B, et al. Robust secure beamforming for 5G cellular networks coexisting with satellite networks[J]. IEEE Journal on Selected Areas in Communications, 2018, 36(4): 932-945.

[63] LIN Z, LIN M, OUYANG J, et al. Beamforming for secure wireless information and power

transfer in terrestrial networks coexisting with satellite networks[J]. IEEE Signal Processing Letters, 2018, 25(8): 1166-1170.

[64] JIA M, GU X M, GUO Q, et al. Broadband hybrid satellite-terrestrial communication systems based on cognitive radio toward 5G[J]. IEEE Wireless Communications, 2016, 23(6): 96-106.

[65] MOHAMED A, LOPEZ-BENITEZ M, EVANS B. Ka band satellite terrestrial co-existence: a statistical modeling approach[C]//Ka and Broadband Communications, Navigations and Earth Observation Conference. 2014: 1-8.

[66] THOMPSON P, EVANS B. Analysis of interference between terrestrial and satellite systems in the band 17.7 to 19.7 GHz[C]//2015 IEEE International Conference on Communication Workshop. Piscataway: IEEE Press, 2015: 1669-1674.

[67] MALEKI S, CHATZINOTAS S, KRAUSE J, et al. Cognitive zone for broadband satellite communications in 17.3−17.7 GHz band[J]. IEEE Wireless Communications Letters, 2015, 4(3): 305-308.

[68] CHAE S H, JEONG C, LEE K. Cooperative communication for cognitive satellite networks[J]. IEEE Transactions on Communications, 2018, 66(11): 5140-5154.

[69] SINGH V, SOLANKI S, UPADHYAY P K. Cognitive relaying cooperation in satellite-terrestrial systems with multiuser diversity[J]. IEEE Access, 2018, 6: 65539-65547.

[70] KOLAWOLE O Y, VUPPALA S, SELLATHURAI M, et al. On the performance of cognitive satellite-terrestrial networks[J]. IEEE Transactions on Cognitive Communications and Networking, 2017, 3(4): 668-683.

[71] AN K, LIN M, ZHU W P, et al. Outage performance of cognitive hybrid satellite-terrestrial networks with interference constraint[J]. IEEE Transactions on Vehicular Technology, 2016, 65(11): 9397-9404.

[72] LIN M, LIN Z, ZHU W P, et al. Joint beamforming for secure communication in cognitive satellite terrestrial networks[J]. IEEE Journal on Selected Areas in Communications, 2018, 36(5): 1017-1029.

[73] AN K, LIN M, OUYANG J, et al. Secure transmission in cognitive satellite terrestrial networks[J]. IEEE Journal on Selected Areas in Communications, 2016, 34(11): 3025-3037.

[74] ZHANG H J, JIANG C X, BEAULIEU N C, et al. Resource allocation for cognitive small cell networks: a cooperative bargaining game theoretic approach[J]. IEEE Transactions on Wireless Communications, 2015, 14(6): 3481-3493.

[75] HA V N, LE L B. Distributed base station association and power control for heterogeneous cellular networks[J]. IEEE Transactions on Vehicular Technology, 2014, 63(1): 282-296.

[76] TSAKMALIS A, CHATZINOTAS S, OTTERSTEN B. Centralized power control in cognitive radio networks using modulation and coding classification feedback[J]. IEEE Transactions on Cognitive Communications and Networking, 2016, 2(3): 223-237.

[77] GAO B, LIN M, AN K, et al. ADMM-based optimal power control for cognitive satellite

terrestrial uplink networks[J]. IEEE Access, 2018, 6: 64757-64765.

[78] SHI S C, AN K, LI G X, et al. Optimal power control in cognitive satellite terrestrial networks with imperfect channel state information[J]. IEEE Wireless Communications Letters, 2018, 7(1): 34-37.

[79] SHI S C, LI G X, AN K, et al. Optimal power control for real-time applications in cognitive satellite terrestrial networks[J]. IEEE Communications Letters, 2017, 21(8): 1815-1818.

[80] VASSAKI S, POULAKIS M I, PANAGOPOULOS A D, et al. Power allocation in cognitive satellite terrestrial networks with QoS constraints[J]. IEEE Communications Letters, 2013, 17(7): 1344-1347.

[81] LAGUNAS E, SHARMA S K, MALEKI S, et al. Power control for satellite uplink and terrestrial fixed-service co-existence in Ka-band[C]//2015 IEEE 82nd Vehicular Technology Conference. Piscataway: IEEE Press, 2015: 1-5.

[82] LI Z T, XIAO F, WANG S G, et al. Achievable rate maximization for cognitive hybrid satellite-terrestrial networks with AF-relays[J]. IEEE Journal on Selected Areas in Communications, 2018, 36(2): 304-313.

[83] WANG L, LI F, LIU X, et al. Spectrum optimization for cognitive satellite communications with cournot game model[J]. IEEE Access, 2018, 6: 1624-1634.

[84] LI B, FEI Z S, XU X M, et al. Resource allocations for secure cognitive satellite-terrestrial networks[J]. IEEE Wireless Communications Letters, 2018, 7(1): 78-81.

[85] FERREIRA P V R, PAFFENROTH R, WYGLINSKI A M, et al. Multiobjective reinforcement learning for cognitive satellite communications using deep neural network ensembles[J]. IEEE Journal on Selected Areas in Communications, 2018, 36(5): 1030-1041.

[86] ZUO P L, PENG T, LINGHU W D, et al. Optimal resource allocation for hybrid interweave-underlay cognitive SatCom uplink[C]//2018 IEEE Wireless Communications and Networking Conference. Piscataway: IEEE Press, 2018: 1-6.

[87] LAGUNAS E, MALEKI S, CHATZINOTAS S, et al. Power and rate allocation in cognitive satellite uplink networks[C]//2016 IEEE International Conference on Communications. Piscataway: IEEE Press, 2016: 1-6.

[88] LAGUNAS E, SHARMA S K, MALEKI S, et al. Resource allocation for cognitive satellite communications with incumbent terrestrial networks[J]. IEEE Transactions on Cognitive Communications and Networking, 2015, 1(3): 305-317.

[89] HOSSEINI N, MATOLAK D W. Software defined radios as cognitive relays for satellite ground stations incurring terrestrial interference[C]//2017CognitiveCommunicationsfor Aerospace Applications Workshop. Piscataway: IEEE Press, 2017: 1-4.

[90] ZEPPENFELDT F. Challenges to UAV satellite communications—an overview from ESA[C]//IET Seminar. London: IET, 2007: 61-62.

[91] TSUJI H, ORIKASA T, MIURA A, et al. On-board Ka-band satellite tracking antenna for unmanned aircraft system[C]//2014InternationalSymposium on Antennas and Propagation

Conference Proceedings. Piscataway: IEEE Press, 2014: 283-284.

[92] LI J, HAN Y. Optimal resource allocation for packet delay minimization in multi-layer UAV networks[J]. IEEE Communications Letters, 2017, 21(3): 580-583.

[93] SI P B, YU F R, YANG R Z, et al. Dynamic spectrum management for heterogeneous UAV networks with navigation data assistance[C]//2015 IEEE Wireless Communications and Networking Conference. Piscataway: IEEE Press, 2015: 1078-1083.

[94] BISIO I, MARCHESE M. Minimum distance bandwidth allocation over space communications[J]. IEEE Communications Letters, 2007, 11(1): 19-21.

[95] BISIO I, MARCHESE M. The concept of fairness: definitions and use in bandwidth allocation applied to satellite environment[J]. IEEE Aerospace and Electronic Systems Magazine, 2014, 29(3): 8-14.

[96] KAWAMOTO Y, FADLULLAH Z M, NISHIYAMA H, et al. Prospects and challenges of context-aware multimedia content delivery in cooperative satellite and terrestrial networks[J]. IEEE Communications Magazine, 2014, 52(6): 55-61.

[97] CHOWDHURY P K, ATIQUZZAMAN M, IVANCIC W. Handover schemes in satellite networks: state-of-the-art and future research directions[J]. IEEE Communications Surveys &Tutorials, 2006, 8(4): 2-14.

[98] MUSUMPUKA R, WALINGO T M, SMITH J M. Performance analysis of correlated handover service in LEO mobile satellite systems[J]. IEEE Communications Letters, 2016, 20(11): 2213-2216.

[99] GUPTA L, JAIN R, VASZKUN G. Survey of important issues in UAV communication networks[J]. IEEE Communications Surveys &Tutorials, 2016, 18(2): 1123-1152.

[100] SHARMA V, SONG F, YOU I, et al. Efficient management and fast handovers in software defined wireless networks using UAVs[J]. IEEE Network, 2017, 31(6): 78-85.

[101] ZHAO F, ZHANG J, CHEN H. Joint beamforming and power allocation for multiple primary users and secondary users in cognitive MIMO systems via game theory[J]. KSII Transactions on Internet and Information Systems, 2013, 7(6): 1379-1397.

[102] CHOI J P, CHAN V W S. Resource management for advanced transmission antenna satellites[J]. IEEE Transactions on Wireless Communications, 2009, 8(3): 1308-1321.

[103] XU Y, WANG Y, SUN R, et al. Joint relay selection and power allocation for maximum energy efficiency in hybrid satellite-aerial-terrestrail systems[C]// IEEE 27th PIMRC. Piscataway: IEEE Press, 2016: 1-6.

[104] SOKUN H U, BEDEER E, GOHARY R H, et al. Optimization of discrete power and resource block allocation for achieving maximum energy efficiency in OFDMA networks[J]. IEEE Access, 2017, 5: 8648-8658.

[105] GRÜNDINGER A, JOHAM M, UTSCHICK W. Bounds on optimal power minimization and rate balancing in the satellite downlink[C]//2012 IEEE International Conference on Communications. Piscataway: IEEE Press, 2012: 3600-3605.

[106] LEI J, VÁZQUEZ-CASTRO M A. Joint power and carrier allocation for the multibeam satellite downlink with individual SINR constraints[C]//2010 IEEE International Conference on Communications. Piscataway: IEEE Press, 2010: 1-5.

[107] JI Z, WANG Y Z, FENG W, et al. Delay-aware power and bandwidth allocation for multiuser satellite downlinks[J]. IEEE Communications Letters, 2014, 18(11): 1951-1954.

[108] 韩寒, 李颖, 董旭, 等. 卫星通信系统中的功率与时隙资源联合分配研究[J]. 通信学报, 2014, 35(10): 23-30.

[109] ARAVANIS A I, SHANKAR M R B, ARAPOGLOU P D, et al. Power allocation in multibeam satellite systems: a two-stage multi-objective optimization[J]. IEEE Transactions on Wireless Communications, 2015, 14(6): 3171-3182.

[110] MOHANRAM C, BHASHYAM S. Joint subcarrier and power allocation in channel-aware queue-aware scheduling for multiuser OFDM[J]. IEEE Transactions on Wireless Communications, 2007, 6(9): 3208-3213.

[111] HUI D S W, NANG L V K, LAM W H. Cross-layer design for OFDMA wireless systems with heterogeneous delay requirements[J]. IEEE Transactions on Wireless Communications, 2007, 6(8): 2872-2880.

[112] KIM Y, SON K, CHONG S. QoS scheduling for heterogeneous traffic in OFDMA-based wireless systems[C]//2009 IEEE Global Telecommunications Conference. Piscataway: IEEE Press, 2009: 1-6.

[113] HAN H, LIN Y, DONG F H, et al. QoS fairness-based slot allocation using backlog info in satellite-based sensor systems[J]. Electronics Letters, 2015, 51(20): 1615-1617.

第 3 章

空间信息网络无线资源优化基础

空间信息网络实现海量数据综合信息服务的关键之一在于解决多通信网络和系统的资源整合、共享的问题。本章借鉴多域认知理论，对空间信息网络的无线资源约束空间，从无线环境、网络状态、用户行为三个方面进行划分，并对约束条件、参数等进行了基本的数学建模和分析。在此基础上，从空间信息网络的无线资源共享、无线资源调度、上行网络无线资源配置、下行网络无线资源优化等方面对其存在的无线资源管理与优化问题进行了简单的理论推导和基本模型分析，为后续研究提供理论基础。

| 3.1 引言 |

SIN 解决海量数据传输与资源受限之间的矛盾问题的核心思想就是协同工作与资源共享。随着认知技术的发展，未来认知用户的接入成为空间信息网络资源共享的必然趋势。针对网络资源的匹配优化，认知接入技术从认知无线电技术[1]向认知网络推进[2]，认知卫星网络[2]也得到了广泛研究。随着认知环到多域认知技术[3]的发展，认知域由无线域延伸到用户域和环境域。多域环境参数对网络资源优化配置有着多维度的影响，参考王金龙等[4]关于多域认知技术研究中对认知网络多维度描述的方式，结合 SIN 的数学特征、结构特点、环境因素，进行网络多维约束模型的建模，并利用多维约束参数构成的动态约束条件，指导资源的分配和管理。同时，由于传统功能固化的卫星网络无法实现协同工作和资源共享，同时在轨卫星具备一定的在轨寿命，考虑到成本和轨位资源的有限性，将现有卫星回收并重新发射新卫星并不现实。针对这一问题，SDN[5]中将网络数据平面与控制平面解耦的思想可以应用到空间信息网络资源共享、协同操作的场景中，同时网络虚拟化（Network Visualization，NV）技术[6]实现网络功能高度定制化能大大提高空间信息网络的灵活性和功能可重构性，从而更好地适应新的业务类型和业务需求。

本章将针对第 2 章分析的 SIN 中的主要资源优化问题，借助多域认知技术从 SIN 的无线环境、网络状态、用户行为三个方面对无线资源的多维约束空间进行划分，并从无线资源共享与调度、上行无线资源配置、下行无线资源优化三个方面进一步介绍 SIN 中主要无线资源优化技术和相关科学问题，为后续研究打下技术理论基础。

| 3.2　SIN 的无线资源多维约束空间划分 |

SIN 由于其星群间拓扑异构性、高动态性、业务综合性、各个平台有效载荷和 SIN 主要受到来自无线环境、网络状态、用户行为三个方面的约束。这三个方面的约束包含多个约束条件。为了更好地理清这三个方面的约束对网络的影响，在后续研究中更好地指导优化建模过程，本节据此构建了一个多维约束空间，该约束空间由三个相互关联较弱的子空间构成，即无线约束空间、网络约束空间、用户约束空间。

针对无线约束空间，主要考虑无线资源可用度（时隙、频率、星上功率等）、电磁环境（雨衰、干扰、路径损耗等）两个方面的参数，如对于上行采用 MF-TDMA 体制的多波束骨干卫星网络，可用 $\varDelta^{ijk}$ 表示第 i 个星群中第 j 颗卫星下第 k 个波束内的时频资源块的可用度，即

$$\varDelta^{ijk} = \begin{pmatrix} \delta_{11}^{ijk} & \cdots & \delta_{1N}^{ijk} \\ \vdots & \ddots & \vdots \\ \delta_{M1}^{ijk} & \cdots & \delta_{MN}^{ijk} \end{pmatrix} \tag{3-1}$$

其中，$\delta_{mn}^{ijk} = 0$ 和 $\delta_{mn}^{ijk} = 1$ 分别表示载波 m 和时隙 n 组成的资源块未被占用和已被占用，而 M 和 N 分别表示一个 MF-TDMA 帧（超帧）中的总载波数和总时隙数。对于采用多波束时 TDM 的下行网络，可用 $\varOmega^{ijk} = \left[\omega_1^{ijk}, \omega_2^{ijk}, \cdots, \omega_T^{ijk} \right]$ 和 $\boldsymbol{P}_t^{ij} = \left[p_t^{ij1}, p_t^{ij2}, \cdots, p_t^{ijK} \right]$ 分别表示下行 TDM 时隙的可用度和第 i 个星群中第 j 颗卫星下的 K 个波束在 TDM 时隙 t 内对星上总功率的占用情况，其中 $\omega_t^{ijk} = 0$ 和 $\omega_t^{ijk} = 1$ 分别表示第 i 个星群中第 j 颗卫星下第 k 个波束下的 TDM 时隙 t 未被占用和已被占用，T 则表示一个 TDM 帧包括的时隙数。采用 $\boldsymbol{A}_t^{ijk} = \left[A_t^{ijk1}, A_t^{ijk2}, \cdots, A_t^{ijkL} \right]$ 表示第 i 个星群中第 j 颗卫星下第 k 个波束下的用户在时隙 t 时的雨衰值，其中 L 表示波束 k 下的用户数。全球覆盖的 SIN 在某些区域可能产生与地面网络同频的情况，此时，接入骨干网的卫星用户需要采用认知接入的方式，发现频谱空穴接入（Overlay 模式）

或在满足对地面主网络干扰约束的条件下使用同频段（Underlay 模式）。采用 Underlay 模式时，需要考虑在满足干扰约束的同时，保证基本的通信需求。设频谱共用区域每个波束下共有 L' 个认知设备，由于波束频率复用导致的相邻波束频率隔离，假设认知设备只对波束内主用户产生干扰，设每个波束下共有 V 个地面基站，则上行网络中第 i 个星群中第 j 颗卫星下第 k 个波束下认知用户对地面基站的聚合干扰矩阵为

$$\boldsymbol{I}_U^{ijk}(n) = \boldsymbol{G}_U^{ijk}(n) \times \boldsymbol{P}_U^{ijk}(n) = \begin{pmatrix} g_{11}^{ijk}(n) & \cdots & g_{L'1}^{ijk}(n) \\ \vdots & \ddots & \vdots \\ g_{1V}^{ijk}(n) & \cdots & g_{L'V}^{ijk}(n) \end{pmatrix} \times \begin{pmatrix} P_1^{ijk}(n) \\ P_2^{ijk}(n) \\ \vdots \\ P_{L'}^{ijk}(n) \end{pmatrix} \quad (3\text{-}2)$$

其中，$\boldsymbol{G}_U^{ijk}(n)$ 为 MF-TDMA 时隙 n 内，L' 个认知设备到 V 个地面主用户之间的信道增益，而 $\boldsymbol{P}_U^{ijk}(n)$ 则表示时隙 n 内，L' 个认知设备的发送功率。

对于下行网络，由于卫星通信系统的最大全向辐射功率（EIRP）限制，卫星对地面主用户终端的干扰予以忽略，仅考虑 V 个地面基站下行到 L' 个认知卫星用户的聚合干扰，其干扰矩阵可以表示为

$$\boldsymbol{I}_D^{ijk}(t) = \boldsymbol{G}_D^{ijk}(t) \times \boldsymbol{P}_D^{ijk}(t) = \begin{pmatrix} g_{11}^{ijk}(t) & \cdots & g_{V1}^{ijk}(t) \\ \vdots & \ddots & \vdots \\ g_{1L'}^{ijk}(t) & \cdots & g_{VL'}^{ijk}(t) \end{pmatrix} \times \begin{pmatrix} P_1^{ijk}(t) \\ P_2^{ijk}(t) \\ \vdots \\ P_V^{ijk}(t) \end{pmatrix} \quad (3\text{-}3)$$

其中，$\boldsymbol{G}_D^{ijk}(t)$ 为 TDM 时隙 t 内，L' 个认知设备到 V 个地面主用户之间的信道增益，而 $\boldsymbol{P}_D^{ijk}(t)$ 则表示时隙 t 内，L' 个认知设备的发送功率。此外，由于单个波束覆盖区域有限，可以假设单个波束区域为同一环境区域，将同一环境区域的用户划分为一个用户组，同组用户的雨衰值差异较小，同时组内用户星地距离差异不大，可以将路径损耗考虑为一致以简化模型。

针对网络约束空间，主要考虑节点状态与链路连通状态，可以考虑网络节点失效数、链路失效数等参数。

针对用户约束空间，主要考虑用户的业务 QoS 需求，即业务量大小、用户收发能力、采用的调制编码方式。QoS 指标体系的首要目标是为保障专有带宽、受限的时延和抖动以及信息损失指标而为不同的业务提供不同的优先级；其次，是在为一些业务提供优先级保障的同时，保证其他业务的正常服务。QoS 指标主要包括数据

速率、时延、时延抖动、信息损失度（误帧率、丢包率）等，针对不同业务，各个指标可能存在较大差异。

实际上，根据服务对时延和信息损失的敏感度，这些业务可以分为实时业务、非实时业务、容错类业务、非容错类业务等。部分业务的服务对象最终是人，人耳对于短时时延抖动比较敏感，对信息损失敏感度不高。因此，实时类业务如 VoIP、语音消息等业务对时延抖动有严格的约束条件（小于 1 ms），而对于一类实时和非实时的音频、视频业务可以允许一定程度的信息损失。然而一些非实时的数据类业务（控制信息、同步信息等），则需要保证完整的信息，实现获取的数据准确无误。这些 QoS 指标在资源配置优化时，构成了对各个业务、全网络整体性能的约束条件。进行网络优化时，需要针对不同的业务类型进行认知分类和处理，从而满足各个业务需求，保障服务的高效性、准确性。同时，不同业务间具备不同的优先级，如控制与同步信息等具备最高优先级，而后台服务则具备最低优先级，需要在保证优先级的条件下，针对不同业务对资源占用的公平性进行优化，保证各个业务均能在一定的公平指标下提供给服务请求方。

除了满足不同用户的不同业务 QoS 需求以外。用户本身具备一定的差异性，如业务量的大小、用户终端收发能力、采用的调制编码模式等，这些参数对于资源优化也有一定的影响，因此需要在进行资源优化时考虑。假设一个用户只能在同一时隙发起一种业务，假设针对每个接入卫星的用户均具有专有的队列缓存器，则可以采用 $Q_U^{ijk}(n) = \left[q_U^{ijk1}(n), q_U^{ijk2}(n), \cdots, q_U^{ijkL}(n) \right]$ 表示第 i 个星群中第 j 颗卫星下第 k 个波束下的用户业务在上行时隙 n 开始前在其缓存器中的队列长度，对于具备星上处理载荷的骨干卫星，其上下行可以分开考虑，则指向下行目标用户的下行缓存队列（通过星上处理、交换、路由和队列选择形成新的下行队列，队列指向各个目标用户）在下行时隙 t 开始前的长度可以表示为 $Q_D^{ijk}(t) = \left[q_D^{ijk1}(t), q_D^{ijk2}(t), \cdots, q_D^{ijkL}(t) \right]$，在通信过程中，传播星地距离导致的传播时延，实时的队列信息控制单元是无法直接获取的，因此，在实际优化过程中，多域主动认知层需要通过统计信息估计出当前的队列长度。用户的收发能力和调制编码方式则可以通过接收门限 Th^{ijkl}、发送天线增益 Gt^{ijkl}、调制指数 m^{ijkl} 和编码效率 η^{ijkl} 表示。针对这些相对固定的参数，资源控制单元则需要将其转化为网络优化的约束条件指导网络资源的配置。

| 3.3　SIN 的无线资源共享与调度 |

3.3.1　SIN 的无线资源共享

SIN 中，星群内的多个卫星可能具有不同的存储资源和计算资源，而且接入用户数目也不尽相同，从而导致拥塞的状态有差异，另外，不同的卫星在同一时刻具有不同的数据转发方向。这些异构性的存在恰好是资源共享的前提条件，如果业务数据可以在不同的卫星间选择最佳的资源使用，那么异构资源将带来整体的性能提升。

针对这一资源共享问题，可采用面向服务的体系结构（Service-Oriented Architecture，SOA），以及基于企业服务总线（Enterprise Service Bus，ESB）的资源公示机制、资源注册机制及资源管理机制，通过信息传输、格式转换、资源调用接口标准化、资源协同调度等技术，实现异构资源的重复高效运用[7]。星群内基于虚拟 ESB 的资源共享如图 3-1 所示。

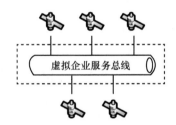

图 3-1　星群内基于虚拟 ESB 的资源共享

资源的共享体现在数据包在卫星间的转移，造成数据转移的可能原因如下。

（1）负载均衡，即拥塞时延较长的卫星转移数据到拥塞时延较短的卫星上。

（2）存储、计算能力较弱的卫星转移数据到能力较强的卫星上。

（3）数据类型相似的数据包转移到同一卫星上，便于统一进行交换等处理。

（4）下一跳节点相同的数据包转移到同一卫星，便于统一转发。

星群内部采用分布式信息交互，在这种环境下快速实现资源共享需要对数据包进行共享，并对卫星进行联合调度。在数据包处理方面，Jahn[8]提出优先级排队 PQ 算法在禁止其他流量的前提下，授权一种类型的流量通过，该算法在没有牺牲统计利用的情况下提供另外的公平性，与端到端的拥塞控制机制可以实现较好的协同，但实现起来很复杂，需要每个数据流的排队处理、流状态统计、数据包的分类以及包调度的额外开销等。Camarda 等[9]提出了定制排队算法，其为不同的业务分配不同的队列空间，并以循环方式处理队列，该算法可以在星上资源紧张的情况下，避免数据包企图占用超出预分配量限制的可能。Priscoli 等[10]提出了加权公平排队 WFQ 算法，用于减少时延变化，为数据流提供可预测的吞吐量和响应时间，该算法是一种基于数据流的排队算法。

对于多星联合调度问题，由于约束更加复杂，一般研究更倾向采用基于约束满足模型并结合启发式信息的方法对问题进行研究。其中 Globus[11]给出了约束和资源的定义，建立了 CSP 模型。Frank 和 Lemaitre 等[12-13]采用基于约束或描述方法模型，并对涉及的约束和问题本身进行了较好的描述，但没有给出相关的求解方法，且该模型仅适应较小规模的问题。为了更为全面地研究 SIN 中的资源共享问题，本书将针对基于资源共享和内部信息交互，设计 SIN 无线资源管理架构，根据无线资源管理架构设计多星间无线资源调度共享的优化方案。

3.3.2　SIN 的无线资源调度

卫星网络虽然是一个移动性极强的网络，连通关系不断变化，但由于卫星上存储功能的存在使卫星可以通过"存储–携带–转发"的方式充分利用移动性带来的机会资源，这一网络被称为容迟网络（Delay Tolerant Network，DTN）[14]。此外，多个星群间联合进行多跳转发从而实现数据从源端到目的端的传输，这一多星群间联合享有的通路资源被称为路由资源[9]。源端到目的端可能存在多条通路，也就是多个路由资源，选择一种路由资源的过程被称为路由调度过程，在该过程中，主要完成逐跳的转发选择以及转发策略。针对星群间的路由资源的调度问题，可以考虑面向容迟网络设计路由调度，更进一步就是：考虑移动性带来的机会连通，如何选择最佳的端到端路由以满足时延最短、中断概率最小。

与传统的无线网络相比，容迟网络的路由调度问题需要增加时间维度的考虑。此外，由于容迟网络中节点的移动性等，传输路径在空间维度上还具有不确定性。卫星网络的架构较为固定，运动呈现周期性，所以给路由调度带来极大的便利：卫星测控站可以获知或预测未来时间的网络拓扑及可能的连通关系。但是，每个卫星上的负载不可提前获知，而负载又是极大影响路由性能的因素，所以给本来可解性很强的路由优化问题带来了困难，尤其是分布式星群中多个卫星的参与，给路由选择增加了新的复杂性。

图 3-2 展示了星群间路由资源状态，其中 A、C、F 为星群节点，B、D、E 为低轨卫星节点，假设源端 s 接入星群 A，目的端 d 当前时刻接入星群 F。这里定义滞留时延为星群内的转发排队时延与调度时延之和，由于星群负载量有不确定性，因此滞留时延也具有不确定性。星群或低轨卫星都具有"存储–携带–转发"功能，携带时间需要根据信息交互及本地策略决定，也具有不确定性。另外，虽然卫星的运动具有周期性和可预测性，但并不意味着拓扑连通关系具有可预测性，因为受到星上转发资源的限制，在同一时刻不一定能够完全满足所有数据包的转发方向要求。以上的不确定性增加了路由资源调度的难度。更一般的情况是目的节点的运动导致该节点接入关系改变，如图 3-2 中虚线所示，使路由资源的调度更加复杂。

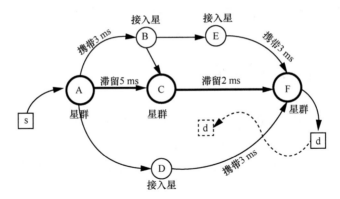

图 3-2　星群间路由资源状态

不同业务需要不同的路由性能，所以路由资源的优化应该充分结合传输业务类型。比如，VoIP 和在线游戏业务可以选用低时延的路径，而文件共享则可以选用具有高吞吐量的路径。另外，多条路径并行传输的容断路由机制也给路由增加了成功概率，但却是以冗余的形式浪费网络资源而获得的，因此，这种资源的使用效能需要与代价进行一定的权衡。常见的路由协议和算法主要可以分为两类：按需更新算法和主动更新算法。Tsai 等[14]提出的分布式路由协议 Darting 以及 Papapetrou 等[15]借鉴 Ad-hoc 网络中的 AODV 协议提出的按需路由算法 LAOR 是按需动态拓扑更新法的典型代表，Clausent[16]提出的优化的链路状态路由协议 OLSR 是一种主动周期更新路由协议[17]。SIN 构成的容迟容断网络，其拓扑具有高动态性的同时，网络中不同业务对路由性能的要求也不一致，可以联合按需和主动更新路由算法，提出一种混合算法来解决 SIN 中的多星资源调度问题，这样既能满足多样化业务需求，又能尽可能减少周期交换路由信息带来的巨大开销。根据上述理论基础，本书接下来结合 SIN 中存在的多星中继场景，对多星无线资源调度中产生的负载优化问题进行研究。

| 3.4　SIN 的上行无线资源配置 |

根据第 2 章指出的 SIN 上下行，认知区域和卫星子网络中的无线资源优化等主要关键问题，本节结合无线资源管理技术对主要的数学模型和技术问题进行描述，为后续研究打开思路。

3.4.1　SIN 的上行功率控制与带宽分配

上行用户接入骨干卫星主要能够管控的资源为发射功率大小和带宽大小以及发送载波频率（MF-TDMA 体制中为占用的时频资源块的位置）。发射功率的大小影响着接收端信号的大小，带宽大小和发送功率同时影响着数据的传输速率，此外，对于采用 MF-TDMA 体制的骨干卫星，发送端占用时频资源块位置也受到了约束（同一用户不能在同一时刻占用不同的多个信道，同一频率点在同一时刻只能被一个用户占用）。同时用户处于重叠覆盖区域（波束重叠、多星覆盖重叠）时存在波束和接入卫星选择问题。此外，卫星通信链路存在的雨衰影响需要额外的资源消除以满足 QoS 需求。

对于采用 MF-TDMA 的上行网络，终端入网到获取资源的过程，可以分为如下几步。

（1）用户业务数据到达终端缓存，终端通过队列分类器将业务数据进行队列分类，估计各个业务数据队列的参数（如数据包队列长度）。

（2）终端将估计获取的业务需求（带宽需求）与业务基本信息（业务类型，业务目的终端，业务数据采用的调制编码方式等信息）上报 NCC（星上管控中心）。

（3）NCC 在响应周期内，根据系统余量和优化算法将资源分配给各个业务（未被分得资源的业务被拒绝），计算各个终端的发送功率，并生成终端突发时间计划（Terminal Burst Time Plan，TBTP），回传给各个终端。

（4）各个终端接收 TBTP 后进行表解析，并根据解析后获得的分配结果进行相应的操作：被拒绝的业务数据选择在下一周期重新请求，同时，对于允许接入的业务，终端根据分配的载波和时隙入网通信。

系统资源请求与分配时序如图 3-3 所示。就某一终端而言，在 t_0 时刻，业务数据到达终端队列缓存区；终端在 $t_0 \sim t_1$ 时间段内，对业务数据按业务进行分类，并估计资源请求，并且在 t_1 时刻将资源请求发往 NCC。其中，资源需求估计可采用动态队列估计的方式获得，可以表示为

$$R(\tau) = \left\lceil Q(\tau) - A(\tau) - \sum_{t=\tau-d+1}^{\tau-1} R(t) \right\rceil \tag{3-4}$$

其中，$R(\tau) = m(\tau) \times n(\tau)$ 为第 τ 帧终端需要的时–频资源块大小，$m(\tau)$ 和 $n(\tau)$ 分别为第 τ 帧终端需要的载波大小和时隙数，$Q(\tau)$ 为第 τ 帧的队列长度，$A(\tau)$ 为被拒绝接入和被发送的数据包总和，d 为图 3-3 中的系统响应时延。

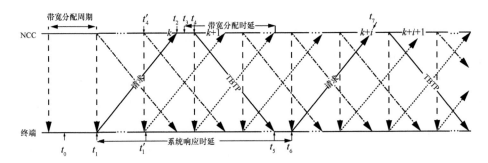

图 3-3　系统资源请求与分配时序

由于通信距离，资源请求于 t_2 时刻到达 NCC，NCC 在 $t_2 \sim t_3$ 时间段内完成分配准备工作；在 $t_3 \sim t_4$ 时间段内，NCC 运行资源分配算法，对资源进行划分并生成TBTP；NCC 在 t_4 时刻通过信令信道将 TBTP 发给终端从而完成了一次分配，终端在 t_5 时刻收到 TBTP 后，对其进行解析，获取分配结果等。此后，终端可以在下一帧开始时，按照解析 TBTP 获取的资源分配结果在对应的载波和时隙上发送业务数据。

位于卫星的控制单元需要在入网之初完成发射功率的计算和带宽需求的计算。

卫星接收天线处的载波功率与噪声功率密度为

$$\left(\frac{C}{N_0}\right)_{U,ijkl} = \frac{\text{EIRP}_{ijkl}\text{Gr}_{ijk}}{L_{ijk}^{\text{FSU}} A^{ijkl}(n)N_0} \tag{3-5}$$

其中，$\text{EIRP}_{ijkl} = \text{Gt}_{ijkl}P_{ijkl}$ 表示第 i 个星群中第 j 颗卫星下第 k 个波束下第 l 个用户的有效全向辐射功率，Gt_{ijkl} 和 P_{ijkl} 分别表示该用户的发送天线增益和发送功率。Gr_{ijk} 表示第 i 个星群中第 j 颗卫星下第 k 个波束天线的接收增益。$L_{ijk}^{\text{FSU}} = \left(\dfrac{4\pi d_{ijk}}{\lambda}\right)^2$ 为上行路径损耗，$A^{ijkl}(n)$ 为用户在时隙 n 时的雨衰值，N_0 为噪声功率值。$\left(\dfrac{C}{N_0}\right) = \dfrac{1}{T_b}\left(\dfrac{E_b}{N_0}\right)$，设波束 k 的接收天线的接收门限为 $\left(E_b / N_0\right)_{ijk}^{\text{th}}$，且发射功率必须小于其最大发射功率 P_{ijkl}^M，因此，初始发射功率必须满足

$$\frac{L_{ijk}^{\text{FSU}} A^{ijkl}(n)N_0\left(E_b / N_0\right)_{ijk}^{\text{th}}}{\text{Gr}_{ijk}\text{Gt}_{ijkl}} \leqslant P_{ijkl} \leqslant P_{ijkl}^M \tag{3-6}$$

同时，对于认知用户，其发射功率必须满足产生的聚合干扰低于主用户的门限值，根据上一节的聚合干扰矩阵，可以得到

$$\sum_{l'=1}^{L'} P_{ijkl'} g_{l'v}^{ijk}(n) \leqslant I_{\text{th}}, \forall v \tag{3-7}$$

同时，每个用户的可达速率为

$$r_{ijkl} = B_{ijkl}\text{lb}\left(1+\left(\frac{C}{N_0}\right)_{U,ijkl}\frac{1}{B_{ijkl}}\right) \tag{3-8}$$

　　针对实时类业务与非实时类业务的分类，考虑时延和数据速率作为 QoS 约束条件，则同一业务类型内的业务具备竞争关系，如实时类业务都希望更快分配到时隙，非实时类业务都希望获得更高的传输速率。为了保证相同业务类型的用户间能够更公平地享有资源，公平性分配是需要考虑的问题，然而采用公平性指标时，针对多用户之间的资源配置完全由 NCC 完成计算，求解最优解的过程可能涉及多步迭代，其运算时间可能会超出实时性用户的时延需求。故本书采取中心-分布式的资源配置策略构建广义纳什议价博弈模型，用户估计最低资源需求上报 NCC，NCC 根据收集的认知信息中的资源可用度计算每个用户的资源可以占用的最大值（认知用户功率受限于式（3-7）、其他用户的功率受限于最大发射功率，所有用户的带宽受限

于可用带宽），之后用户轮流（按用户优先级加权的业务产生时间排序）上报 NCC 关于全网的资源分配方式，当全网其他用户同意后则分配结果通过，只要有一个用户不同意，则由下一用户重复该过程。

例如，对于两个用户的广义纳什议价博弈，设用户 1 提出的资源占用为 $[(p_1, x_1), (p_2, 1-x_1)]$，即用户 1 发射功率为 p_1，占用带宽比例为 x_1，用户 2 发射功率为 p_2，占用带宽比例为 $1-x_1$。若覆盖区域不是星地同频区域，那么不存在认知接入，则功率之间不存在竞争关系，用户 2 可以提高或降低发射功率，但式（3-8）中的可达速率必须满足其 QoS 需求，此时，只要用户 2 同意其带宽分配结果，则博弈结束。若覆盖区域为星地同频区域，则两者均为认知用户，那么双方的功率存在竞争关系（只考虑对一个主用户的干扰，且设两个用户到主用户的链路增益为 g_1 和 g_2，则最大发射功率满足 $g_1 p_{M1} + g_2 p_{M2} = I_{th}$，即 $p_{M2} = (I_{th} - g_1 p_{M1})/g_2$），则用户 2 必须同时对功率和带宽分配结果满意才算博弈结束。若没形成一致意见，则用户 2 重复上述过程。为了保证博弈过程不会无休止进行，引入用户 1 最大可占用的带宽 x_M，每一轮议价过程结束（两者都完成一次出价）后资源效用折损为 φ，即用户在第二轮议价中可获得的最大资源为 $(p_{M1}, \varphi x_1)$〔两者都为认知用户则最大资源为 $\varphi(p_{M1}, x_1)$〕。那么第一轮议价中用户 2 提供的任何高于 $(p_{M1}, \varphi x_1)$ 或 $\varphi(p_{M1}, x_1)$ 的分配结果都会被用户 1 接受。而在第二轮议价中，用户 2 能获得的最小资源为 $(p_{M2}, \varphi - \varphi^2 x_1)$ 或 $(\varphi(I_{th} - \varphi g_1 p_{M1})/g_2, \varphi - \varphi^2 x_1)$，那么在第一轮议价中，任何低于这个值的用户 1 的出价都会被用户 2 否决。因此可以得到如下子博弈纳什均衡。

两者并非都为认知用户时，有

$$\left(p_{M1}, x_M\right) = \left(p_1, 1 - \left(\varphi - \varphi^2 x_M\right)\right) = \left(p_1, \frac{1}{1+\varphi}\right) \tag{3-9}$$

两者都是认知用户时，有

$$\left(p_{M1}, x_M\right) = \left(\frac{(1-\varphi)I_{th} + \varphi^2 g_1 p_{M1}}{g_1}, 1 - \left(\varphi - \varphi^2 x_M\right)\right) = \left(\frac{I_{th}}{(1+\varphi)g_1}, \frac{1}{1+\varphi}\right) \tag{3-10}$$

两个用户的情况可以推广到多用户博弈的情况，通过推导子博弈纳什均衡的存在，根据业务类型合理选取 φ 的值，从而完成基于公平性的功率控制与最佳分配。此外，解决这一问题还需要完善对队列预测建模、雨衰的建模和预测等工作，结合认知信息预测当前的链路状态与资源需求，实现资源实时匹配。后续研究中，将采用合作博弈的思想、公平性分配指标、雨衰预测等方式，对 SIN 的认知区域功率与带宽分配、功率控制等方面展开研究。

3.4.2　SIN 的呼叫接纳控制

在 3.4.1 节的博弈模型下，假设已有 N 个用户在网运行后，第 $N+1$ 个新用户请求入网。用户向卫星上管控器发送入网申请和资源申请后，管控器计算新的资源配置，下发给各个在网运行的用户，用户根据自己的当前信道条件和 QoS 需求计算新的资源配置是否能够接受，即新用户是否被接纳。

假设 N 用户博弈时，任一用户 i 的纳什均衡（最佳分配）为

$$\left(p_{Mi}^{N}, x_{Mi}^{N}\right) = \left(f(\varphi, N), g(\varphi, N)\right), i = 1, 2, \cdots, N \tag{3-11}$$

新用户入网时，已入网的所有用户均需要将自己的资源分配给新的用户（同类业务之间用户竞争资源）。若接入用户为普通用户，则只针对带宽具有竞争。那么新用户入网后的纳什均衡为

$$\left(p_{Mi}^{N+1}, x_{Mi}^{N+1}\right) = \left(f(\varphi, N), g(\varphi, N+1)\right), i = 1, 2, \cdots, N \tag{3-12}$$

若新入网用户为认知用户，新用户入网后的纳什均衡为

$$\left(p_{Mi}^{N+1}, x_{Mi}^{N+1}\right) = \left(f(\varphi, N+1), g(\varphi, N+1)\right), i = 1, 2, \cdots, N \tag{3-13}$$

根据式（3-8）可以计算带宽是否满足资源需求 x_{Ri}，根据式（3-6）和式（3-7）计算功率是否满足需求，即当

$$\left(p_{Mi}^{N+1}, x_{Mi}^{N+1}\right) \succ \left(\frac{L_{ijk}^{\text{FSU}} A^{ijkl}(n) N_0 \left(E_{\text{b}} / N_0\right)_{ijk}^{\text{th}}}{\text{Gr}_{ijk} \text{Gt}_{ijkl}}, x_{Ri}\right) \tag{3-14}$$

用户 i 可以接受当前的资源分配，即接纳第 $N+1$ 个新用户入网。

式（3-14）的深层意义在于，各个用户根据下发的认知信息和管控指令，在星上管控器的辅助下，利用对链路（无线约束空间）、资源需求（用户约束空间）的感知信息，完成分布式的呼叫接纳过程。此外，利用对雨衰值的感知与预测模型，实际上可以获得一个关于雨衰的统计概率函数，根据统计概率函数结合式（3-14）可以推导出呼叫接纳概率和呼叫阻塞概率，通过接收门限边界条件和认知接入时发射功率关于干扰门限的边界值，可以推导出呼叫阻塞概率边界，从而可以通过该边界判断在不同信道条件下，不同业务的资源配置边界、支持用户数量等关键性能。由于呼叫接纳与切换算法方面的研究在卫星通信领域已经相对成熟，因此，这一关

键技术在本书中只介绍上述问题模型，不展开具体研究。

|3.5 SIN 的下行无线资源优化 |

3.5.1 基于下行网络整体性能优化的资源分配

针对空间信息网络的骨干卫星网络下行，上行数据包通过星上交换和处理载荷转换为下行数据包，并且按时间顺序进入下行队列中。对于采用多波束 TDM 的空间信息网络下行，假设每个波束下对于不同的目的站均有一个有限的队列缓存区（临时分配或预留）。用 $Q_{ijkl}(t)$ 表示第 t 个分配周期开始前，用户 l 的队列长度，则队列长度可以表示为

$$Q_{ijkl}(t) = Q_{ijkl}(t-1) + \mathrm{Pa}_{ijkl}^{t-1} - \mathrm{Pl}_{ijkl}^{t-1} \tag{3-15}$$

为保证系统稳定，队列满足

$$\lim_{x \to \infty} \lim_{T \to \infty} \inf \Pr\left\{ \sum_{t=1}^{T} \left(\mathrm{Pa}_{ijkl}^{t} - \mathrm{Pl}_{ijkl}^{t} \right) < x \right\} = 1 \tag{3-16}$$

其中，Pa_{ijkl}^{t} 为 t 时隙内到达缓存区的数据包个数，Pl_{ijkl}^{t} 为 t 时隙内离开缓存区（被发送或因为超时等被从队列中丢弃）的数据包个数。队列长度和其 QoS 需求构成了对资源的需求量，则在资源需求和总的资源约束条件下，如何将星上有限的资源分给用户使全网获得较高的综合收益是一个值得研究的问题。同时，针对采用 Ka 以上频段的 GEO 卫星，雨衰对卫星链路造成了严重的影响，而雨衰值具有较强的时变性，如何有效估计实时雨衰值 $A_{ijkl}(t)$ 从而获取雨衰值关于资源预留余量的函数 $R(A_{ijkl}(t))$ 也是准确的资源配置必须解决的问题。

星上有限的传输资源主要考虑功率和带宽（TDM 时隙）两种有限的星上资源，而对于全网的综合收益的考量主要集中在资源节约和效率提升上。由于星上采用太阳能功能，电能与工作时间息息相关，同时，全网吞吐量也是衡量网络性能的重要指标，因此本书主要考虑最小化能耗和最大化总吞吐量作为资源分配的优化目标，后续将针对 SIN 的能耗均衡和系统容量提升对 SIN 下行的无线资源全局优化策略展开深入研究。

3.5.2　面向用户的 SIN 下行无线资源优化

对 SIN 这样的层次化、分布式的复杂网络，全局的最优不一定适用于所有的通信场景，尤其针对单个用户来说，全局最优并不一定能保证个体最优。同时，针对无线资源节约和系统收益的折中通常应用在一些特殊场景之下（资源紧张阶段，如日食时卫星仅能通过电池供电，链路状态恶劣需要大量额外资源进行补偿时等）。在日常通信情况下，网络资源管理应该尽可能保证所有用户有较好的性能。同时，任一接入用户都具有贪婪性，都希望占据更多的网络资源获取更好的通信性能。因此，本节从用户性能优化的角度，展开面向用户层面的资源分配研究。

在下行网络中，主要考虑主用户基站下行对认知接入区域用户的干扰以及链路损耗（路径损耗与雨衰）。则根据 3.2 节给出的干扰矩阵，可以获得下行每个用户的信干噪比为

$$\text{SINR}_{ijk}(l,t) = \frac{P_{ijkl}(t)\text{Gt}_{ijk}\text{Gr}_{ijkl}\lambda}{(4\pi d)^2 A_{ijkl}(t)(I_D^{ijkl}(t) + I_{\text{co}} + \sigma^2)} \tag{3-17}$$

其中，I_{co} 为波束频率复用产生的同信道干扰，由于星地传播时延、数据包排队、等待和处理时延的存在，实时 SINR 信息无法获取，且 SINR 随时间变化的函数难以获得统一的解析表达式，为了正确认知各用户的实时下行链路的 SINR 信息，需要对从收集的信道状态信息中解析出的当前 SINR 信息进行主动预测。可构建预测函数如下

$$\text{SINR}_{ijk}(l,t) = f\left(\sum_{\tau=t_0}^{t-1}\text{SINR}_{ijk}(l,\tau), \zeta\right) \tag{3-18}$$

其中，$f(\cdot)$ 为 SINR 预测函数，主要作用为通过过去的本地信道状态信息，完成现有的 SINR 值的预测，由于 SINR 涉及参数众多，直接用统计理论方法可能难以在多项式时间内获得，可以采用一定的学习算法，通过一定的训练集强化学习实现信息预测。t_0 为本地信道状态信息起始时间，ζ 为预测修正参数。将 SINR 信息按照一帧时长和用户数两个维度表示为矩阵，则有

$$\mathbf{SINR}_{ijk} = \begin{pmatrix} \text{SINR}_{ijk}(1,1) & \cdots & \text{SINR}_{ijk}(1,T) \\ \vdots & \ddots & \vdots \\ \text{SINR}_{ijk}(L,1) & \cdots & \text{SINR}_{ijk}(L,T) \end{pmatrix} \tag{3-19}$$

用时隙状态矩阵 $\delta_{ijk}(1,1) \in \{0,1\}$ 表示某一时隙是否分配给该用户，时隙状态构成

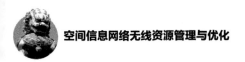

时隙状态矩阵为

$$\mathbf{\Delta}_{ijk} = \begin{pmatrix} \delta_{ijk}(1,1) & \cdots & \delta_{ijk}(1,T) \\ \vdots & \ddots & \vdots \\ \delta_{ijk}(L,1) & \cdots & \delta_{ijk}(L,T) \end{pmatrix} \qquad (3\text{-}20)$$

站在用户的角度，每个用户都希望自己能在满足 QoS 和资源限制等约束条件下，获得更高的传输速率（贪婪性），那么可以构建优化函数为

$$\max_{\mathbf{\Delta},\mathbf{P}} \mathbf{\Delta}_{ijk} \odot \mathbf{R}(\mathrm{SINR}_{ijk}) \qquad (3\text{-}21)$$

$$\mathrm{s.t.} \sum_{t=1}^{T} \mathbf{\Delta}_{ijk} \odot \mathbf{R}(\mathrm{SINR}_{ijk}) \geqslant \mathbf{Q}_{ijk}^{\mathrm{Req}} \odot (1+\mathbf{R}_{ijk})$$

$$\sum_{k=1}^{K}\sum_{l=1}^{L} P_{ijkl}(t) \leqslant P_{ij}^{\mathrm{total}}, \forall i,j$$

$$\sum_{l=1}^{L} \delta_{ijk}(l,t) \leqslant 1, \forall i,j,k,t \qquad (3\text{-}22)$$

其中，⊙ 表示矩阵点乘，即两个矩阵对应元素相乘。根据分析可知，面向用户研究 SIN 的无线资源分配问题，主要面临的是 QoS 指标在信道约束条件下的满足问题，后续将根据 SIN 的信道特征建模，基于卫星子网络的信道状态信息研究面向用户的无线资源优化调整方案。

| 3.6   本章小结 |

本章主要结合多域认知技术中对网络约束空间的全新划分，对 SIN 模型的无线资源约束空间进行了分析和描述，在约束空间的基础上，针对 SIN 中存在的主要场景和科学问题，展开论述了 SIN 中的无线资源共享与调度、SIN 的上行资源配置、SIN 的下行资源优化等关键研究点和主要技术手段，用数学模型展示和分析了各个研究点中的主要关键问题，为后续研究内容奠定理论基础。

| 参考文献 |

[1]   MITOLA J, MAGUIRE G Q. Cognitive radio: making software radios more personal[J].

IEEE Personal Communications, 1999, 6(4): 13-18.

[2] LEE W Y, AKYILDIZ I F. Optimal spectrum sensing framework for cognitive radio networks[J]. IEEE Transactions on Wireless Communications, 2008, 7(10): 3845-3857.

[3] ZHAO Y P, MAO S W, NEEL J O, et al. Performance evaluation of cognitive radios: metrics, utility functions, and methodology[J]. Proceedings of the IEEE, 2009, 97(4): 642-659.

[4] 王金龙, 龚玉萍, 李玉川. 认知无线网络中的多域认知[J]. 解放军理工大学学报(自然科学版), 2008, 9(6): 565-568.

[5] NUNES B A A, MENDONCA M, NGUYEN X N, et al. A survey of software-defined networking: past, present, and future of programmable networks[J]. IEEE Communications Surveys & Tutorials, 2014, 16(3): 1617-1634.

[6] BERTAUX L, MEDJIAH S, BERTHOU P, et al. Software defined networking and virtualization for broadband satellite networks[J]. IEEE Communications Magazine, 2015, 53(3): 54-60.

[7] DONG F, WANG J J, CAI C. Distributed satellite cluster network: a survey[J]. Journal of Donghua University, 2015, 32(2): 100-104.

[8] JAHN A. Resource management model and performance valuation of satellite communications[J]. International Journal of Satellite Communications, 2001, 19(2): 169-203.

[9] CAMARDA P, CASTELLANO M, PISCITELLI G, et al. A dynamic bandwidth resource allocation based on neural network satellite system[J]. International Journal of Communication Systems, 2003, 16(1): 23-45.

[10] PRISCOLI F D, PIETRABISSA A. Resource management of ATM-based geostationary satellite network switch: on-board processing[J]. Computer Networks, 2002, 39(1): 43-60

[11] GLOBUS A, CRAWFORD J, LOHN J, et al. A comparison of techniques for scheduling earth observing satellites[C]//The 16th Conference on the Innovative Applications of Artificial Intelligence. New Jersey: John Wiley and Sons, 2004: 836-843.

[12] FRANK J, JONSSON A, MORRIS R, et al. Planning and scheduling for fleets of earth observing satellites[C]//The 6th International Symposium on Artificial Intelligence. Bellingham: SPIE Press, 2002: 1-7.

[13] LEMAITRE M, VERFAILLIE G. Daily management of an earth observation satellite: comparison of ILOG solver with dedicated algorithms for valued constraint satisfaction problems[C]//Third ILOG International Users Meeting. 1997: 1-9.

[14] TSAI K, MAR P. Darting: a cost-effective routing alternative for large space-based dynamic-topology networks[C]//The 1995 Military Communications Conference. Piscataway: IEEE Press, 1995: 682-686.

[15] PAPAPETROU E, KARAPANTAZIS S, PAVLIDOU F N. Distributed on-demand routing for LEO satellite systems[J]. Computer Networks, 2007: 4356-4376.

[16] CLAUSENT J. Optimized link state routing protocol(OLSR): IETF RFC3626[R]. 2003.

[17] BARBULESCU L, HOWE A E, WHITLEY L D, et al. Trading places: how to schedule more in a multi-resource oversubscribed scheduling problem[C]//Fourteenth International Conference on Automated Planning & Scheduling. Saarland: DBLP, 2004: 227-234.

第 4 章

空间信息网络模型与骨干网络负载优化

空间信息网络中的骨干卫星既作为空间基站，也作为数据中继卫星实现跨系统、跨网络、长距离的中继传输。由于骨干卫星的分布式特征，协同中继传输是提升中继容量和数据传输效率的有效手段。本章以基于分布式星群网络作为骨干网络的空间信息网络为模型，通过建模分析其特性，建立了分布式与中心式结合的无线资源管理架构，并在此基础上，建立了非骨干卫星和骨干卫星分别作为源节点的两种多卫星协同中继场景模型，分析了其中继负载优化问题，通过比例公平性理论建立多星中继负载优化函数，利用凸优化理论分析并设计负载优化算法，有效提升中继容量和实现负载均衡。

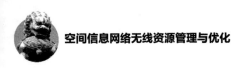
| 4.1 引言 |

随着无线通信技术的发展，各类通信平台组成了自成体系的通信系统以应对不同的通信场景和网络服务需求。然而，各类通信系统结构异构，通信体制、传输介质、协议体系、硬件平台等方面的不同导致它们之间的信息难以交互和共享，同时，由于信息传输空间的无线资源十分有限，各类通信平台的通信容量能力受到香农极限的限制，逐渐达到"瓶颈"[1]。为了整合不同的通信平台，提供天地一体化综合网络服务，利用跨系统、跨平台间的资源共享实现高传输速率，进一步提高无线资源的利用率，SIN 的概念应运而生[2-3]。

SIN 的骨干网由空间分布的卫星组网提供服务，骨干网络建设的首要目标是能够具备高稳定性，并能应对物理毁伤、网络失效等从而具备高度的网络抗毁性。为了获取稳定的、抗空间摧毁的骨干网络服务，DSC[4-6]的概念被引入空间信息网络中，通过多星共轨、协同传输等方式实现 SIN 的骨干网络接入。DSC 通过多个功能可定义的同步轨道小卫星组成星群，协同工作替代一颗大卫星，各个小卫星的逻辑结构对等，功能模块可定义，可在单颗卫星损毁的时候，通过功能重构和星群组网连接重构实现该星群节点功能的在轨自愈，而星群间同样采用分布式组网的方式，进一步提高整个骨干网络的抗毁性能。由 DSC 构成的骨干网中的卫星既可以作为空间基站提供卫星上下行服务，又可以作为 DRS 实现跨系统、跨网络、长距离的中继传输。

同时，由于 DSC 中的卫星分布式特性，可通过多卫星协同中继有效提升中继容量和数据传输效率[7]。

在 SIN 中存在两类需要中继的场景，即跨星群数据传输与其他平台的数据通过骨干网回传。在第一种场景中，跨星群的数据在无法一跳直接到达目的卫星时，需要与目的卫星存在直连链路中的 DRS 实现传输；在第二种场景中，其他平台由于其轨道位置导致的对地移动特性，对地无法建立稳定的数据连接，当其与地面接收设备不在可见通信时间内时，需要通过 DRS 与地面设备可见的目的卫星建立连接实现传输[7]。在这两种骨干网络协同中继传输场景下，资源的协同共享机制和多中继卫星的资源优化配置方式是提升系统中继能力需要解决的首要问题。然而，关于 DRS 系统中资源分配的研究主要集中于单星中继模型，无法适用于 SIN 中的多星协同中继传输模型[8]。

针对上述两种中继场景，本章研究多星中继条件下的 SIN 中骨干网络负载优化问题。本章的主要工作可以总结为如下三点。

（1）根据 SIN 的定义给出合理的基于 DSC 的 SIN 模型，总结 SIN 的主要特征，并在此基础上设计一种混合式资源管理架构，以实现 SIN 的无线资源的灵活配置与管理。

（2）针对 SIN 中主卫星通过多个 DRS 传输跨星群数据和其他平台作为源节点通过多个 DRS 回传数据两种多星中继场景，在 SIN 模型的基础上构建了合理的多星中继系统模型，并根据比例公平性（Proportional Fairness，PF）准则构建了两种场景下的多中继卫星负载优化问题。

（3）根据凸优化理论，证明了本章研究的两个优化问题均为凸优化问题，并通过对偶变换求解了本章研究的两个场景下的优化问题的最佳带宽配置和功率分配值的闭合解，通过仿真验证，证明了多星中继方式可以有效提升中继容量。同时，本章提出的负载优化算法可以在保证系统处于合理的容量的前提下，有效均衡多个 DRS 之间的负载。

4.2　空间信息网络与资源管理架构

SIN 是联合不同的空间通信平台实现空天地一体化综合业务的综合信息网络。根据文献[2-3]，SIN 的定义如下。

定义 4.1　SIN 是由分布在不同高度、携带探测、通信等载荷的卫星和其他空间节点（如空间飞行器、空中和地面站点、移动和固定设备端等）构成的，通过动

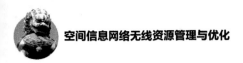

态建链组网，实时获取、传输、处理海量数据，实现空间信息体系化应用的综合信息基础设施。本节将根据上述定义，给出基于 DSC 的 SIN 模型，并设计高效的 SIN 资源管理架构。

4.2.1　基于 DSC 的空间信息网络

由于 SIN 的相关技术尚在研究阶段，没有形成统一的网络模型和结构设计标准，因此，合理地设计 SIN 是研究其资源分配技术首要解决的问题。参照现有的研究[4-6]和定义 4.1，本章提出一种基于 DSC 的 SIN 架构，如图 4-1 所示。SIN 按照网络分层可以分为两个部分：骨干网和接入网。其中，骨干网采用 DSC 结构，DSC 由多个星群通过星群间链路实现组网，每个星群由多颗共轨的 GEO 卫星通过星间链路组成，ISL 和 ICL 均为激光链路。接入网由分布于中轨、低轨、邻近空间、高空、低空和地面的多个通信平台构成，这些通信平台通过 DSC 组成的骨干网实现互联互通，完成异构通信平台、异构网络的组网和多平台、多网络的融合。接入网中的通信平台按照功能可以划分为三个部分：空天任务平台、卫星通信平台和地面网络控制中心。此外，由于频谱资源有限，且作为高通量卫星采用的 Ka/Ku 频段，未来将与地面 5G、6G 等波段频率存在部分重合，为了在部分频谱紧张区域实现网络覆盖，波段重叠覆盖采用认知接入寻找空闲频谱和频谱接入机遇的认知无线接入技术成为首选。为了保证地面网络不受影响，在这些区域采用认知接入方式，称之为认知区域。下面将具体对 DSC、空天任务平台、卫星通信平台、地面 NCC 和认知区域等概念分别进行说明。

（1）DSC

不同于传统的多星组网方式，DSC 采用多颗卫星组成的星群代替一颗大卫星实现其综合在轨功能，单个星群中的多个多波束卫星可以通过搭载对等的软件定义功能模块，通过功能软件化定义和重构来实现不同的功能，也可以灵活搭载不同的载荷模块以实现不同的功能，卫星间通过分布式协同实现原本由单颗大卫星提供的在轨综合任务和服务，从而提升网络在卫星损毁和卫星链路失效时的网络抗毁性，通过软件化功能重构、补充发射卫星、在轨连接组网方式重构等方法提高网络的自愈能力，同时，多颗卫星通过波束重叠覆盖、协同传输等方式，可以在有限的无线资源条件下有效提高整个网络的系统容量。本书后续内容正是在多星重叠覆盖的假设下对

SIN 的无线资源进行优化。ISL 分为稳态链路和替代链路，稳态链路为卫星间的固定链路，卫星在网络连接状态正常时采用稳态链路组网实现网络各项连接；替代链路为卫星间的备用激光通信链路，为了减少网络开销和计算资源的负荷，替代链路在网络连接状态正常时处于断开状态。卫星可以根据网络需要，通过激活替代链路成为稳态链路或将稳态链路断开成为替代链路从而灵活地构成线状网、星形网络、环状网络和Mesh 网络结构。在每个通信周期（资源分配周期）内，各个星群选择一颗通信资源最为空闲、计算资源最为充足的卫星作为主卫星，主卫星负责星群间数据的传递和反馈信令等指令的交互，通过各主卫星之间建立的 ICL 实现星群间的互联互通。为了隔离上下行链路影响，提高通信性能，卫星搭载星上处理载荷实现数据的星上处理转发，通过星上多波束交换和数据包分类将卫星上下行解耦。同时，卫星搭载星上路由载荷实现多星间、星群间的快速路由。为了提高网络无线资源的灵活配置，获得较高的频谱效用，DSC 中卫星上行采用多波束多频时分多址接入方式，波束间通过多色频率复用方式（将卫星工作频段划分为多个可用频段，每个频段由多个地理位置隔离的波束复用）提高频率利用效率。下行采用多波束时分复用方式简化下行数据包分发模型，降低计算复杂度，从而减少下行分发的处理等待时延。每个波束通过 TDM 方式可以有效支持多播、广播等方式实现下行通信。所有卫星均具备网管功能，即具有星上NCC，可以独立地对其覆盖区域构成的子网络进行网络管理。

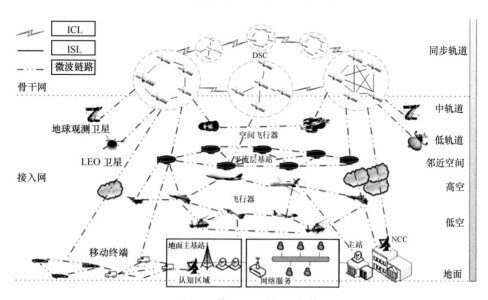

图 4-1　基于 DSC 的 SIN 架构

（2）空天任务平台

空天任务平台是指空间分布的功能相对单一、独立的平台，包括位于 LEO 和 MEO 上的移动通信卫星、地面资源卫星、地面观测和空间观测卫星、空间飞行器、位于平流层的高空基站等。它们可以独立组网完成各自的空间任务，同时可以接入骨干网实现与其他通信系统和平台间的数据共享和传递。平流层基站采用微波链路接入骨干卫星网络，而其他平台采用激光链路接入骨干卫星，因此，在本书的后续内容中，平流层基站与卫星通信平台均被看作骨干网的卫星接入用户，其他平台则被看作多星中继数据传递过程中的源节点。

（3）卫星通信平台

卫星通信平台可以被划分为移动平台和固定平台，其中移动平台包括高低空飞行器、地面车辆、船只等上搭载的卫星通信设备以及各类用户使用的卫星手持设备等，固定平台包括地面卫星站、信关站（主站）等。移动平台之间和固定平台之间分别可以通过微波链路和地面光纤链路实现互联互通，构成独立的通信系统，也可以通过与骨干网卫星之间的卫星微波链路实现直连，从而接入骨干网获得空间综合业务和综合数据服务。由于本书重点考虑空间信息网络的无线资源优化，因此，不对单个独立的通信系统进行研究，在本书后续内容中，这些卫星通信平台在整个 SIN 中考虑作为骨干网的卫星接入用户处理。

（4）地面 NCC

地面 NCC 负责 SIN 全网的地面管理，它与每个骨干网卫星覆盖区域的信关站（主站）通过地面光缆实现通信和交互，各主站与骨干网卫星通过星地微波链路实现互联互通，地面 NCC 可以通过各个主站的中继和辅助为骨干网的各个卫星上传在轨控制指令、软件定义模块的更新代码、星载 NCC 的网络管控算法程序，从而实现卫星姿态的控制、星群内组网方式重构控制和卫星功能重构控制等功能。地面 NCC 主要用于实现 SIN 中网络的人工干预功能。网络的优化控制主要由各骨干网的星载 NCC 根据上传的网络管控算法自动完成。在无线资源管理过程中，多个星载 NCC 的计算单元通过协作方式计算网络资源配置，而地面 NCC 只负责对无线资源优化算法的更新和调整，进行程序代码维护和漏洞修复。

（5）认知区域

如第 1 章所述，由于频谱资源的有限性，未来多种通信平台间在频率资源上呈现竞争的态势，尤其在部分区域和国家，可用频带资源紧张，加之国家政策法规的约束，骨干卫星无法被分配固有频段，或卫星采用的固有频段与该区域其他网络使用的法定固有频段存在部分重合，在这些区域，骨干卫星需要与地面网络使用同一频段。同频区域内，卫星网络和地面网络构成星地混合网络，共用同一频段，为了保证法定频段的主用户的性能不受到干扰，骨干网卫星用户作为次级用户，其接入只能采用空闲频段的随遇接入或者在采用不对主用户造成高于其解析解调信号的干扰门限的发射功率使用该频段。这类接入方式需要对网络频谱机遇和网络频谱干扰进行感知和认知，通过认知无线接入技术，实现频谱复用。因此，这类区域在 SIN 中被称为认知接入区域，简称为认知区域。对于单星覆盖下的认知区域，可以看作一个 CSN 模型。为了保证骨干网络接入性能的同时使地面网络尽可能不受到干扰，需要对无线资源进行优化。

采用 DSC 作为骨干网的 SIN 中，接入网各平台和系统接入骨干网络获取数据服务，均可认为是骨干网卫星的接入用户，因此，骨干网与接入网各类平台间的连接可以描述为 DSCN 模型。根据骨干网卫星载荷特性和卫星到各类接入用户的链路特征，该模型主要具有以下特性[6]。

（1）异构性

接入骨干网的各平台及其组成的系统之间在逻辑功能结构、系统构成、采用的通信体制和调制方式等方面是异构的，各个星群间、每个星群内骨干卫星的组网方式也是异构的。同时，卫星覆盖链路的广域特性带来的链路状态和条件的时空差异，网络连接采用不同的传输介质（激光和微波）来为具有不同需求用户提供不同类型的服务（视频、话音、数据等），这些导致不同的接入服务之间的信道条件和 QoS 需求存在高度差异。

（2）高动态性

DSCN 的拓扑结构随着网络需求、网络连接条件和信道状态等动态变化，多用户的服务需求和资源需求是不断变化的，整个网络的资源可用度也在不断地变化之中。

（3）长时延

DSCN 中采用 GEO 卫星作为骨干卫星，来为多用户、多系统的接入提供稳定的链路。因此，GEO 卫星到地面的时延是不可忽视的，同时，在多星中继场景下，在星群间和星间分发的路由数据包在多星间存在多跳通信，这样的转发模式进一步增加了网络时延。

从上述特性可以看出，DSCN 的无线资源优化主要需要解决异构网络的资源共享与优化、动态网络资源的规划配置和需求匹配、时延优化等问题，上述问题仅通过设计优化算法无法得到根本上的解决，且各类算法只能针对性地解决某一无线资源优化问题。SIN 的无线资源优化需要有一个统一的资源管理架构来描述和规划资源，以此适应 SIN 的分布式异构组网带来的各类特性。因此，在对 SIN 进行资源优化之前，需要根据 DSCN 的网络特性设计合理的资源管理模型来适应网络控制的需求。

4.2.2　DSCN 资源管理架构

4.2.1 节将 SIN 描述为一个 DSCN，并给出了 SIN 的主要特点，对这样一个复杂的综合信息业务网络进行资源优化与管理，需要设计合理的资源管理架构。为了适应 SIN 的异构性、高动态和长时延等特性，实现对全网资源的快速发现和计算，对局域资源的重构和配置，以及 SIN 的中心调度能力，SIN 需要具备中心管控无线资源的能力。同时为了针对某些应用场景，提高资源的配置效率，降低无线资源分配的处理时延，SIN 的资源管控模型需要具备分布式资源优化和配置的能力。为了实现资源的中心可控、分布式优化以满足 SIN 的各类综合业务需求，本小节根据 SIN 的主要特性，针对上述问题提出一种分布式与中心式结合的混合式资源管理架构，如图 4-2 所示。

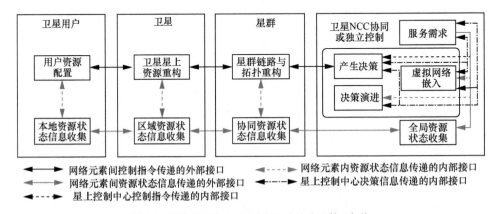

图 4-2　分布式与中心式结合的混合式资源管理架构

从图 4-2 可以看出，全网资源状态信息被划分为本地资源状态信息、区域资源状态信息、协同资源状态信息和全局资源状态信息，通过用户层面、卫星层面、星群层面和 DSCN 全局层面形成层次式结构。资源状态信息包含资源类别、资源数目和可用度、链路条件等参数，通过软件定义接口可以加注相关应用协议和软件，以实现信息共享和指令传递。

为了缩短星上到各类接入卫星平台之间的控制信令传输时延，将主要的网络管控功能交由星载 NCC 执行，地面 NCC 则只通过信关站向卫星注入必要的更新信息、代码、数据和人工干预指令来实现网络维护。网络采用中心–分布式的混合结构，任一骨干卫星载荷中均搭载一个星载 NCC，星间的数据传递由主卫星承担，主卫星是在星群卫星中选出的，多个星群主卫星的星载 NCC 通过分布式协同可以实现全网资源的多中心分布式协同管理，同时，任意卫星的星载 NCC 也可以独立工作，对其覆盖区域的子网络进行中心式的资源优化配置。在 SIN 全网执行分布式协同资源管理时，各个骨干卫星下的卫星用户通过本地感知资源状态信息，通过信令信道与提供服务的骨干卫星进行交互，与卫星星上资源状态信息汇聚形成区域资源状态信息。区域资源状态信息通过星群内的 ISL 汇聚形成各个星群内的协同资源状态信息，各个星群主卫星通过彼此之间的 ICL 汇聚形成全局的资源状态信息，并共享给全网作为资源配置计算的参考。各个子网和 SIN 全网根据全局资源状态信息（包括网络需求、网络能力等）启动各自的星载 NCC，采用多方分布式计算以降低计算资源消耗，采用地面站通过虚拟网络嵌入和软件定义技术预先注入星载 NCC 的资源分配算法，根据综合业务的服务需求，计算产生各自的资源配置策略。资源配置策略指导卫星用户的资源配置、骨干卫星的星上资源重构、星群链路的拓扑重构等以实现网络优化，同时资源配置与重构后，资源配置与重构结果通过内部信息接口进行交互共享，以实现各个层面资源状态信息的更新。与此同时，星载 NCC 的决策生成和计算算法可以通过地面更新指令和代码，形成星载 NCC 的内部控制指令，实现网络的全局和局域的决策演进，保证网络具备根据网络条件、用户行为、电磁环境等的变化而动态演进的能力。通过多方分布式计算和中心决策方式的结合，采用虚拟网络嵌入方式，通过软件定义实现不同的功能，可以有效提升资源的计算效率和资源管理的灵活性。同时，上述架构中的各个网络元素可以根据组网的需要实现解耦和协同，以应对 SIN 中多场景、非对称的资源优化需求。

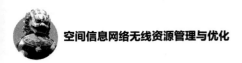

|4.3 骨干网负载优化 |

4.2 节简要描述了基于 DSC 的 SIN 中的一些基本概念,给出了 SIN 的主要特点,并在此基础上设计了一种中心–分布式结合的混合式资源管理架构。在该架构下,远距离的骨干网数据中继可以通过多卫星协同传输实现,骨干网多星协同传输由骨干网各星群主卫星控制,通过多颗骨干卫星作为 DRS 实现数据中继,采用协作方式能实现多颗骨干卫星的传输资源共享,有效提升资源的利用效率。骨干卫星作为 DRS 时,为了提高中继能力的同时,避免骨干卫星过载,需要对 SIN 的骨干网进行负载优化[9]。

4.3.1 多星中继模型

在 4.2 节提出的中心–分布式结合的混合式资源管理架构的基础上,考虑 SIN 中存在的两种多骨干卫星中继场景,其模型如图 4-3 所示。其中,对于场景 1,数据中继的源节点为运行在非地球静止轨道的通信平台(如 LEO、MEO 卫星等),该场景表示非对地静止的其他通信平台通过骨干卫星中继,将中继数据包传送给目的节点的场景;对于场景 2,数据中继的源节点为该星群的主卫星,它表示星群主卫星接收到其他星群的主卫星发送的目的节点卫星为本星群卫星的数据包后,中继转发给本星群目的节点的场景[7]。

在以上两种场景下,源节点的数据包需要发送给该星群的目的节点卫星,只能通过两种方式:一是源节点与目的节点卫星建立稳态链路实现直联;二是源节点通过星群内其他与目的节点卫星间存在稳态链路的卫星建立中继链路,从而将数据包中继转发到目的节点卫星。假设该源节点与目的节点卫星的 ISL 失效或不存在直联的稳态 ISL 的情况下(如图 4-3 中浅灰色链路所示),但存在 M 个与目的节点卫星间具备稳态 ISL(如图 4-3 中深灰色链路所示)的骨干卫星,数据包则可将这 M 个与目的卫星存在稳态 ISL 的骨干卫星作为 DRS 进行中继转发,单一卫星的中继信道有限,因此数据中继转发能力有限。为了提高中继传输的效率,尽可能缩小数据中继的时延,这 M 个 DRS 可以通过协同传输方式实现中继传输带宽的共享,从而有效缩短传输时延。由于星群内卫星通过 ISL 实现通联,空间的 ISL 采用激光链路,通过星群内轨位的调整和姿态控制,可以实现星群内卫星间不存在物理遮蔽和阻挡。因此,可以将视距直联 ISL 激光链路信道建模为带有加性白高斯噪声(Additive White Gaussian Noise,AWGN)的莱斯衰落(Rician Fading)信道。在该模型下,各个 DRS 在 t 时刻接收到的数据信号可以表示为[7-8]

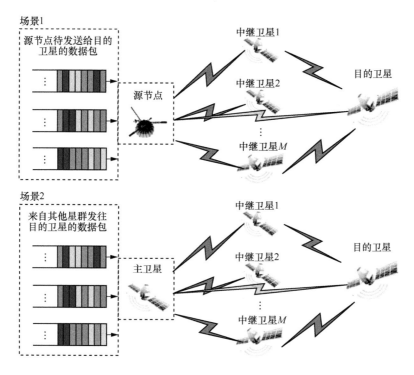

图 4-3　SIN 中的两种多骨干卫星中继场景

$$y_{s,m,t} = \sqrt{P_{s,m,t}d_{s,m}^{-\gamma}}h_{s,m,t}x_{s,m,t} + n_{s,m,t} \qquad (4\text{-}1)$$

其中, $y_{s,m,t}$ 为第 m 颗 DRS 在 t 时刻接收到的源节点 s 的信号; $P_{s,m,t}$ 为源节点 s 在 t 时刻发送给第 m 颗 DRS 数据信号的发射功率; $d_{s,m}$ 为源节点 s 到第 m 颗 DRS 的通信视距直线距离; γ 为路径衰落系数; $n_{s,m,t}$ 为源节点 s 到第 m 颗 DRS 的 ISL 上在 t 时刻的 AWGN, $n_{s,m,t}$ 在源节点 s 到 M 个 DRS 的 ISL 上是独立同分布的,其均值为 0,方差为 N_0; $h_{s,m,t}$ 为源节点 s 到第 m 颗 DRS 的 ISL 上在 t 时刻的信道衰落系数,它为一个循环对称复高斯随机变量,信道衰落值 $|h_{s,m,t}|^2$ 服从非中心卡方分布,它在源节点 s 到 M 个 DRS 的 ISL 上也是独立同分布的,其概率密度函数(Probability

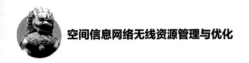

Density Function，PDF）可表示为[10-11]

$$f_{\left|h_{s,m,t}\right|^2}(h) = \frac{1}{\sigma^2}\exp\left\{-\frac{s^2+h}{\sigma^2}\right\}I_0\left(2\sqrt{\frac{s^2 h}{\sigma^4}}\right) \tag{4-2}$$

其中，s^2 为 LoS 信号功率，σ^2 为散射信号功率，$I_0(\cdot)$ 为第一类零阶修正贝塞尔函数。

因此，源节点 s 到第 m 颗 DRS 的 ISL 上在 t 时刻的信道增益与噪声功率比 $r_{s,m,t}$ 可表示为

$$r_{s,m,t} = \frac{\left|h_{s,m,t}\right|^2 d_{s,m}^{-\gamma}}{N_0} \tag{4-3}$$

各个 DRS 接收到的信号必须大于其信噪比（Signal to Noise Ratio，SNR）门限 th_m[12]，否则信号将无法正确获取和转发，即有如下约束条件

$$P_{s,m,t}r_{s,m,t} = \frac{P_{s,m,t}\left|h_{s,m,t}\right|^2 d_{s,m}^{-\gamma}}{N_0} \geqslant \text{th}_m \tag{4-4}$$

对于图 4-3 中的场景 1，由于轨道的不同，运行周期和轨道运行差异带来的视距可见性，处于非静止轨道的源节点 s 与在静止轨道的骨干卫星 DRS 之间存在视距可见周期。因此，源节点 s 与 M 个 DRS 的可见时间是有限的，即中级传输存在窗口时间。设可见时间为 T_a，将源节点 s 激光 ISL 的带宽划分为 T_a 个时隙，用 $\delta_{s,m,t}$ 表示第 m 颗中继卫星对源节点 s 的第 t 个时隙的占用情况，其中，$\delta_{s,m,t}=1$ 和 $\delta_{s,m,t}=0$ 分别表示第 m 颗中继卫星占用和不占用源节点的第 t 个时隙。根据香农容量公式[10, 13]，在 T_a 个时隙内，第 m 颗中继卫星从源节点 s 可接收到的中继数据容量 $C_{s,m}$ 可表示为

$$C_{s,m} = \frac{1}{T_a}\sum_{t=1}^{T_a}\delta_{s,m,t}\text{lb}(1+P_{s,m,t}r_{s,m,t}) \tag{4-5}$$

对于图 4-3 中的场景 2，源节点 s 与 M 个 DRS 均处于静止轨道，其相对位置不变，因此，源节点 s 与 M 个 DRS 不受通信节点间的由于运行周期和轨道运行差异带来的视距可见性限制，但为了保证源节点卫星队列稳定，防止排队队列过长导致队列缓存区拥塞，可以设定一个中继周期 T_b，在每个周期开始前到达的数据包若在该周期内没有发送，则被删除，由主卫星（源节点）通过 ISL 反馈相关指令告知数

据包来源星群的主卫星进行重发。相对于图 4-3 的场景 1 中的其他轨位的平台，主卫星的 ISL 的可用带宽 B 较宽，可将该带宽划分为多个子带宽按需分配给各中继卫星实现资源的共享，用 $B_{s,m,t}$ 表示第 t 个时隙源节点 s 分给第 m 颗 DRS 的带宽。同理，根据香农容量公式，在中继周期 T_b 内，第 m 颗中继卫星从源节点 s 可接收到的中继数据容量 $C_{s,m}$ 可表示为

$$C_{s,m} = \frac{1}{T_b B} \sum_{t=1}^{T_b} B_{s,m,t} \, \mathrm{lb}(1 + P_{s,m,t} r_{s,m,t}) \tag{4-6}$$

4.3.2　多星中继负载优化问题

由于场景 1 中源节点为其他轨道卫星和空中通信平台等，由于主要功能并非通信传输，一般受到载荷限制，其通信传输能力较弱。因此，对于场景 1，可以合理假设其源节点只有一个激光束，在每个时隙只能对准一颗卫星，假设切换对准卫星的方法由独立的软件模块采用独立计算单元与发射同步完成，切换时间相对于时隙时长可考虑忽略不计。因此，在上述假设下，为了尽可能地在可见时间 T_a 内多传数据，需要根据待传输的队列中的数据大小和源节点与各个 DRS 之间的 ISL 条件，对各个 DRS 的时隙占用情况进行优化。

对于场景 2，由于骨干网卫星的载荷能力较强，可合理假设源节点的激光束个数大于 M 个，即源节点可以同时调整不同的激光束指向不同的 DRS，同理，为了在中继周期 T_b 内尽可能多地传输数据，需要根据待传输的队列中的数据大小和源节点与各个 DRS 之间的 ISL 条件，对各个中继卫星占用的带宽进行优化。

此外，对于上述两个场景，在不同的链路条件下，均需要合理地调整发射功率以满足待发送队列中的数据容量需求和 DRS 的接收门限约束条件。同时，在大量数据包到达的情况下，各个中继卫星中继的数据包量级不能过大，因为数据包量级过大会导致 DRS 容量过载，从而使部分 DRS 拥塞，最终产生中继过程中丢包的情况。因此，需要均衡各个中继卫星的负载。实际上，可以将多颗卫星中继情况下的负载均衡问题考虑为一个公平性问题，即多 DRS 之间获得的传输数据容量的公平性问题。本节采用 PF 原则对多 DRS 之间的传输数据容量的公平性问题进行建模，基于 PF 原则的负载均衡优化模型可以表示为[10]

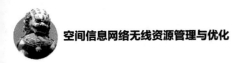
$$\max \sum_{m=1}^{M} \ln(U_m) \tag{4-7}$$

其中，U_m 为第 m 颗中继卫星的效用函数。

为了满足待传输队列中的数据容量需求，令 $U_m = C_{s,m}$，因此，对于本节的两个中继传输场景，可针对带宽（时隙）资源和发射功率进行联合优化建模，构建以下两个优化问题。

场景 1

$$\max \sum_{m=1}^{M} \ln \left(\frac{1}{T_a} \sum_{t=1}^{T_a} \delta_{s,m,t} \, \mathrm{lb} \left(1 + P_{s,m,t} r_{s,m,t} \right) \right) \tag{4-8}$$

$$\text{s.t.} \; \text{C1}: \frac{1}{T_a} \sum_{m=1}^{M} \sum_{t=1}^{T_a} \delta_{s,m,t} \, \mathrm{lb} \left(1 + P_{s,m,t} r_{s,m,t} \right) \leqslant C_{s1}$$

$$\text{C2}: P_{s,m,t} r_{s,m,t} \geqslant \mathrm{th}_m, \forall m,t$$

$$\text{C3}: P_{s,m,t} \leqslant P_{1,\text{total}}, \forall m,t$$

$$\text{C4}: \sum_{m=1}^{M} \delta_{s,m,t} \leqslant 1, \forall t \tag{4-9}$$

其中，C_{s1} 为场景 1 下源节点 s 与 M 个 DRS 在可见时间 T_a 内，源节点 s 的数据队列中待发送的数据包总量。式（4-9）中约束条件 C1 为总容量约束条件，表示分配给 M 个 DRS 的容量不大于队列中待发送的数据包总量 C_{s1}，从而保证无线资源不被浪费；C2 为 DRS 的接收门限约束条件，即发射功率能够大于或等于 DRS 的最低接收门限；C3 为源节点 s 的发送功率约束条件，确保每个时隙的发送功率小于或等于源节点 s 的可用总发射功率 $P_{1,\text{total}}$；C4 为时隙占用约束条件，确保每个时隙只被一颗 DRS 占用，即每个时隙内源节点 s 的激光束只能对准一颗 DRS。

场景 2

$$\max \sum_{m=1}^{M} \ln \left(\frac{1}{T_b B} \sum_{t=1}^{T_b} B_{s,m,t} \, \mathrm{lb} \left(1 + P_{s,m,t} r_{s,m,t} \right) \right) \tag{4-10}$$

$$\text{s.t.} \; \text{C1}: \frac{1}{T_b B} \sum_{m=1}^{M} \sum_{t=1}^{T_b} B_{s,m,t} \, \mathrm{lb} \left(1 + P_{s,m,t} r_{s,m,t} \right) \leqslant C_{s2}$$

$$\text{C2}: P_{s,m,t} r_{s,m,t} \geqslant \mathrm{th}_m, \forall m,t$$

$$\text{C3}: \sum_{m=1}^{M} P_{s,m,t} \leqslant P_{2,\text{total}}, \forall t$$

$$\text{C4}: \sum_{m=1}^{M} B_{s,m,t} \leqslant B, \forall t \tag{4-11}$$

与场景 1 类似，C_{s2} 为场景 2 下主卫星 s 与 M 个 DRS 在中继周期 T_b 内，主卫星 s 待发送的数据包总量。式（4-11）中约束条件 C1 为总容量约束条件，表示分配给 M 个 DRS 的容量不大于队列中待发送的数据包总量 C_{s2}，从而保证无线资源不被浪费；C2 为 DRS 的接收门限约束条件，即发射功率能够大于或等于 DRS 的最低接收门限；C3 为主卫星 s 的发送功率约束条件，确保每个时隙的发送功率小于或等于源节点 s 的可用总发射功率 $P_{2,\text{total}}$；C4 为带宽占用约束条件，确保主卫星 s 分配给 M 个 DRS 的带宽总和不大于总带宽 B。

4.4　基于对偶迭代的多星负载均衡优化算法

4.3 节在中心-分布式结合的混合式资源管理架构下，分析了 SIN 中存在的两种典型的多 DRS 中继场景，指出由于资源共享协同传输和轨道特性带来的带宽（时隙）与功率资源优化配置问题和多 DRS 之间的负载均衡问题是这两个中继传输场景下需要的解决的主要问题。该问题实际上可以考虑为一个分配容量的公平性问题。在此基础上，考虑容量约束条件、DRS 接收门限约束条件、源节点发送功率约束条件和带宽（时隙）占用约束条件等，对这两种典型的多星中继场景进行了负载均衡优化问题的建模。为了解决这两个负载均衡优化问题，需要对这两个问题的数学特性进行研究，通常，可以考虑分析优化问题的凹凸特性，从而探索问题是否可以通过凸优化方法解决，或转化为凸优化问题解决。通过简单的数学分析，两个优化问题中的目标函数的凹凸特性，可由定理 4.1 给出。

定理 4.1　场景 1 下和场景 2 下的负载均衡优化问题的目标函数，即式（4-8）中的目标函数 $f_1\left(\delta_{s,m,t}, P_{s,m,t}\right) = \dfrac{1}{T_a}\displaystyle\sum_{t=1}^{T_a}\delta_{s,m,t}\,\mathrm{lb}\left(1 + P_{s,m,t}r_{s,m,t}\right)$ 和式（4-10）中的目标函数

$$f_2\left(B_{s,m,t}, P_{s,m,t}\right) = \frac{1}{T_b B}\sum_{t=1}^{T_b} B_{s,m,t}\,\mathrm{lb}\left(1 + P_{s,m,t}r_{s,m,t}\right)$$ 为凹函数。

定理 4.1 可通过如下证明获得。

证明　对于场景 1 下的负载均衡问题优化目标函数 $f_1\left(\delta_{s,m,t}, P_{s,m,t}\right)$，由于 $\delta_{s,m,t}=0$ 时，$f_1\left(\delta_{s,m,t}, P_{s,m,t}\right)=0$，因此，若考虑 $\delta_{s,m,t}=1$ 的情况，将 $f_1\left(1, P_{s,m,t}\right)$ 对 $P_{s,m,t}$ 求一阶偏导数，可得

$$\frac{\partial f_1\left(1, P_{s,m,t}\right)}{\partial P_{s,m,t}} = \frac{r_{s,m,t}}{T_a\left(1 + P_{s,m,t}r_{s,m,t}\right)\ln 2} \tag{4-12}$$

明显上述公式大于 0，因此，$f_1\left(1, P_{s,m,t}\right)$ 随 $P_{s,m,t}$ 单调递增。

将 $f_1\left(1, P_{s,m,t}\right)$ 对 $P_{s,m,t}$ 求二阶偏导数，可得

$$\frac{\partial f_1\left(1, P_{s,m,t}\right)}{\partial P_{s,m,t}} = \frac{r_{s,m,t}^2}{T_a\left(1 + P_{s,m,t}r_{s,m,t}\right)^2\ln 2} \tag{4-13}$$

上述公式也是大于 0 的，因此，根据数学函数相关理论中的凹函数基本定义可知，$f_1\left(\delta_{s,m,t}, P_{s,m,t}\right)$ 为凹函数。

对于场景 2 下的负载均衡问题优化目标函数 $f_2\left(B_{s,m,t}, P_{s,m,t}\right)$，在带宽和功率资源的分配过程中，考虑 $B_{s,m,t}\text{lb}\left(1 + P_{s,m,t}r_{s,m,t}\right) = C_0$ 时，有

$$P_{s,m,t} = 2^{\frac{C_0}{B_{s,m,t}}} - 1 \tag{4-14}$$

将式（4-14）代入 $f_2\left(B_{s,m,t}, P_{s,m,t}\right)$ 中，可得

$$f_2\left(B_{s,m,t}, 2^{\frac{C_0}{B_{s,m,t}}} - 1\right) = \frac{1}{T_b B}\sum_{t=1}^{T_b} B_{s,m,t}\,\text{lb}\left(1 + \left(2^{\frac{C_0}{B_{s,m,t}}} - 1\right)r_{s,m,t}\right) \tag{4-15}$$

将 $f_2\left(B_{s,m,t}, 2^{\frac{C_0}{B_{s,m,t}}} - 1\right)$ 对 $B_{s,m,t}$ 求一阶偏导数，可得

$$f_2\left(B_{s,m,t}, \frac{\text{th}_m}{r_{s,m,t}}\right) = \frac{1}{B}\text{lb}\left(1 + \left(2^{\frac{C_0}{B_{s,m,t}}} - 1\right)r_{s,m,t}\right)\left(1 + \frac{2^{\frac{C_0}{B_{s,m,t}}}r_{s,m,t}}{\left(1 + \left(2^{\frac{C_0}{B_{s,m,t}}} - 1\right)r_{s,m,t}\right)\ln 2}\right) \tag{4-16}$$

通过简单的数学分析可知，式（4-16）大于 0，因此，$f_2\left(B_{s,m,t}, 2^{\frac{C_0}{B_{s,m,t}}} - 1\right)$ 随 $B_{s,m,t}$ 单调递增。

将 $f_2\left(B_{s,m,t}, 2^{\frac{C_0}{B_{s,m,t}}} - 1\right)$ 对 $B_{s,m,t}$ 求二阶偏导数，可得

$$f_2\left(B_{s,m,t}, \frac{\text{th}_m}{r_{s,m,t}}\right) = \frac{1}{B} \frac{2^{\frac{C_0}{B_{s,m,t}}} r_{s,m,t}}{\left(1 + \left(2^{\frac{C_0}{B_{s,m,t}}} - 1\right) r_{s,m,t}\right) \ln 2} \times$$

$$\left(1 + \frac{1}{\left(1 + \left(2^{\frac{C_0}{B_{s,m,t}}} - 1\right) r_{s,m,t}\right)} \left(\frac{2^{\frac{C_0}{B_{s,m,t}}} r_{s,m,t}}{\ln 2} + \frac{C_0}{B_{s,m,t}^2} \text{lb}\left(1 + \left(2^{\frac{C_0}{B_{s,m,t}}} - 1\right) r_{s,m,t}\right)\right)\right) \quad (4\text{-}17)$$

同样，通过简单的数学分析，可证式（4-17）大于 0，根据数学函数相关理论中的凹函数基本定义可知，$f_2\left(B_{s,m,t}, P_{s,m,t}\right)$ 为凹函数。证毕。

　　同时，易证本章研究的两个场景下的负载均衡优化问题的约束条件构成的可行解空间为凸空间。由于本章建立的优化问题为上述两个目标函数取对数后的累加和，且目标函数在其定义域的投影均为凹的，因此，其取对数后的累加和也是凹的。那么，根据凸优化理论[14]，这两个多星负载优化问题为简单的凸优化问题，其对偶问题与原问题的解之间的距离可以视为 0[15]，即对偶问题与原问题可视为等效。因此，可以将其转化为对偶问题，在其对偶域求解。接下来，将具体给出求解推导过程，并设计相关算法求解本章的两个负载均衡优化问题。

4.4.1　场景 1 下的对偶域闭合解

　　根据定理 4.1 可以得知，场景 1 下的多星负载优化问题为一个凸优化问题，其对偶问题与原问题等效。为了将原问题转化为对偶问题求解，首先需要将优化目标函数转化到对偶域。根据凸优化理论，引入拉格朗日乘因子 λ_1、$\{\alpha_{1,m,t}\}$ 和 $\{\beta_{1,t}\}$，可以得到如下拉格朗日方程[14-15]。

$$L_1\left(\lambda_1, \boldsymbol{\alpha}_1, \boldsymbol{\beta}_1, \boldsymbol{P}_1, \boldsymbol{\delta}_1\right) = \sum_{m=1}^{M} \ln\left(\frac{1}{T_a} \sum_{t=1}^{T_a} \delta_{s,m,t} \text{lb}\left(1 + P_{s,m,t} r_{s,m,t}\right)\right) +$$

$$\lambda_1\left(\frac{1}{T_a} \sum_{m=1}^{M} \sum_{t=1}^{T_a} \delta_{s,m,t} \text{lb}\left(1 + P_{s,m,t} r_{s,m,t}\right) - C_{s1}\right) -$$

$$\sum_{m=1}^{M} \sum_{t=1}^{T_a} \alpha_{1,m,t}\left(P_{s,m,t} r_{s,m,t} - \text{th}_m\right) - \sum_{t=1}^{T_a} \beta_{1,t}\left(\sum_{m=1}^{M} \delta_{s,m,t} - 1\right) \quad (4\text{-}18)$$

其中，$\lambda_1 \geqslant 0$，$\alpha_{1,m,t} \geqslant 0, \forall m,t$，$\beta_{1,t} \geqslant 0, \forall t$；$\boldsymbol{P}_1 = \left[P_{s,m,t}\right]_{M \times T_a}$ 为场景 1 下的功率分配矩阵，表示源节点到每个 DRS 的 ISL 上在各个时隙内分配到的功率值；$\boldsymbol{\delta}_1 = \left[\delta_{s,m,t}\right]_{M \times T_a}$ 为场景 1 下的时隙分配矩阵，表示源节点到每个 DRS 的 ISL 上在对可见时间内的各个时隙的占用情况。通过对式（4-18）取最大值可以获得如下对偶函数。

$$D_1\left(\lambda_1, \boldsymbol{\alpha}_1, \boldsymbol{\beta}_1\right) = \max_{\boldsymbol{P}_1, \boldsymbol{\delta}_1} L_1\left(\lambda_1, \boldsymbol{\alpha}_1, \boldsymbol{\beta}_1, \boldsymbol{P}_1, \boldsymbol{\delta}_1\right) \tag{4-19}$$

由此，原问题可以转化为如下对偶问题[16-17]。

$$\begin{cases} \min\limits_{\lambda_1, \boldsymbol{\alpha}_1, \boldsymbol{\beta}_1} D_1\left(\lambda_1, \boldsymbol{\alpha}_1, \boldsymbol{\beta}_1\right) = \min\limits_{\lambda_1, \boldsymbol{\alpha}_1, \boldsymbol{\beta}_1} \max\limits_{\boldsymbol{P}_1, \boldsymbol{\delta}_1} L_1\left(\lambda_1, \boldsymbol{\alpha}_1, \boldsymbol{\beta}_1, \boldsymbol{P}_1, \boldsymbol{\delta}_1\right) \\ \text{s.t. } \lambda_1 \geqslant 0; \alpha_{1,m,t} \geqslant 0, \forall m,t; \beta_{1,t} \geqslant 0, \forall t; P_{s,m,t} \leqslant P_{1,\text{total}}, \forall m,t \end{cases} \tag{4-20}$$

对式（4-18）进行化简、分解和合并等，可以重写为

$$L_1\left(\lambda_1, \boldsymbol{\alpha}_1, \boldsymbol{\beta}_1, \boldsymbol{P}_1, \boldsymbol{\delta}_1\right) = L_1^*\left(\lambda_1, \boldsymbol{\alpha}_1, \boldsymbol{\beta}_1, \boldsymbol{P}_1, \boldsymbol{\delta}_1\right) - \lambda_1 C_{s1} + \sum_{m=1}^{M}\sum_{t=1}^{T_a}\alpha_{1,m,t}\text{th}_m + \sum_{t=1}^{T_a}\beta_{1,t} \tag{4-21}$$

其中，$L_1^*\left(\lambda_1, \boldsymbol{\alpha}_1, \boldsymbol{\beta}_1, \boldsymbol{P}_1, \boldsymbol{\delta}_1\right)$ 为包含 $\boldsymbol{P}_1$ 和 $\boldsymbol{\delta}_1$ 的分量，可以表示为

$$\begin{aligned} L_1^*\left(\lambda_1, \boldsymbol{\alpha}_1, \boldsymbol{\beta}_1, \boldsymbol{P}_1, \boldsymbol{\delta}_1\right) = &\sum_{m=1}^{M}\ln\left(\frac{1}{T_a}\sum_{t=1}^{T_a}\delta_{s,m,t}\text{lb}\left(1+P_{s,m,t}r_{s,m,t}\right)\right) + \\ &\frac{\lambda_1}{T_a}\sum_{m=1}^{M}\sum_{t=1}^{T_a}\delta_{s,m,t}\text{lb}\left(1+P_{s,m,t}r_{s,m,t}\right) - \\ &\sum_{m=1}^{M}\sum_{t=1}^{T_a}\alpha_{1,m,t}P_{s,m,t}r_{s,m,t} - \sum_{m=1}^{M}\sum_{t=1}^{T_a}\beta_{1,t}\delta_{s,m,t} \end{aligned} \tag{4-22}$$

$\max\limits_{\boldsymbol{P}_1, \boldsymbol{\delta}_1} L_1\left(\lambda_1, \boldsymbol{\alpha}_1, \boldsymbol{\beta}_1, \boldsymbol{P}_1, \boldsymbol{\delta}_1\right)$ 实际上等效于对 $L_1\left(\lambda_1, \boldsymbol{\alpha}_1, \boldsymbol{\beta}_1, \boldsymbol{P}_1, \boldsymbol{\delta}_1\right)$ 中含有 $\boldsymbol{P}_1$ 和 $\boldsymbol{\delta}_1$ 的分量最大化，因此，有

$$\min_{\lambda_1, \boldsymbol{\alpha}_1, \boldsymbol{\beta}_1} D_1\left(\lambda_1, \boldsymbol{\alpha}_1, \boldsymbol{\beta}_1\right) \cong \min_{\lambda_1, \boldsymbol{\alpha}_1, \boldsymbol{\beta}_1} \max_{\boldsymbol{P}_1, \boldsymbol{\delta}_1} L_1^*\left(\lambda_1, \boldsymbol{\alpha}_1, \boldsymbol{\beta}_1, \boldsymbol{P}_1, \boldsymbol{\delta}_1\right) \tag{4-23}$$

根据式（4-22），M 个 DRS 的分量累加与最大化对偶函数之间的关系是完全解耦的，因此，上述对偶问题可分解为 M 个独立的子问题。在给定 λ_1、$\{\alpha_{1,m,t}\}$ 和 $\{\beta_{1,t}\}$ 的假设下（即将三组拉格朗日参数考虑为已知参数），对 $L_1^*\left(\lambda_1, \boldsymbol{\alpha}_1, \boldsymbol{\beta}_1, \boldsymbol{P}_1, \boldsymbol{\delta}_1\right)$ 求关于 $P_{s,m,t}$ 的一阶偏导数，可得

$$\frac{\partial L_1^*\left(\lambda_1, \boldsymbol{\alpha}_1, \boldsymbol{\beta}_1, \boldsymbol{P}_1, \boldsymbol{\delta}_1\right)}{\partial P_{s,m,t}} = \frac{\delta_{s,m,t} r_{s,m,t}}{\left(\dfrac{\delta_{s,m,t}}{T_a} \mathrm{lb}\left(1+P_{s,m,t} r_{s,m,t}\right)\right)\left(1+P_{s,m,t} r_{s,m,t}\right)\ln 2} +$$

$$\frac{\lambda_1 \delta_{s,m,t}}{T_a\left(1+P_{s,m,t} r_{s,m,t}\right)\ln 2} - \alpha_{1,m,t} r_{s,m,t} \tag{4-24}$$

对 $L_1^*\left(\lambda_1, \boldsymbol{\alpha}_1, \boldsymbol{\beta}_1, \boldsymbol{P}_1, \boldsymbol{\delta}_1\right)$ 求关于 $\delta_{s,m,t}$ 的一阶偏导数，可得

$$\frac{\partial L_1^*\left(\lambda_1, \boldsymbol{\alpha}_1, \boldsymbol{\beta}_1, \boldsymbol{P}_1, \boldsymbol{\delta}_1\right)}{\partial \delta_{s,m,t}} = \frac{1}{\delta_{s,m,t}} + \frac{\lambda_1}{T_a}\mathrm{lb}\left(1+P_{s,m,t} r_{s,m,t}\right) - \beta_{1,t} \tag{4-25}$$

对于式（4-24）$\delta_{s,m,t}$ 取 0 时，式（4-24）右端没有意义，这是因为在时隙与功率存在耦合关系，时隙不被某一 DRS 占用时，分配给该 DRS 的 ISL 上的发射功率在该时隙为 0。因此，仅考虑 $\delta_{s,m,t}=1$ 的情况，根据凸优化理论中的 Karush-Kuhn-Tucker（KKT）条件[18]，令 $\dfrac{\partial L_1^*\left(\lambda_1, \boldsymbol{\alpha}_1, \boldsymbol{\beta}_1, \boldsymbol{P}_1, \boldsymbol{\delta}_1\right)}{\partial P_{s,m,t}}=0$，可得

$$\frac{T_a r_{s,m,t} + \lambda_1 \mathrm{lb}\left(1+P_{s,m,t} r_{s,m,t}\right)}{T_a \mathrm{lb}\left(1+P_{s,m,t} r_{s,m,t}\right)\left(1+P_{s,m,t} r_{s,m,t}\right)\ln 2} = \alpha_{1,m,t} r_{s,m,t} \tag{4-26}$$

对上式移项，整理后可得

$$\left(\alpha_{1,m,t} r_{s,m,t} T_a \ln 2\left(1+P_{s,m,t} r_{s,m,t}\right) - \lambda_1\right)\mathrm{lb}\left(1+P_{s,m,t} r_{s,m,t}\right) = T_a r_{s,m,t} \tag{4-27}$$

对式（4-27）的等式两边同时取 2 的指数，可得

$$\left(1+P_{s,m,t} r_{s,m,t}\right)^{\left(\alpha_{1,m,t} r_{s,m,t} T_a \ln 2\left(1+P_{s,m,t} r_{s,m,t}\right) - \lambda_1\right)} = 2^{T_a r_{s,m,t}} \tag{4-28}$$

令 $\varphi = 1 + P_{s,m,t} r_{s,m,t}$，式（4-28）可写为

$$\varphi^{\left(\alpha_{1,m,t} r_{s,m,t} T_a \ln 2 \varphi - \lambda_1\right)} = 2^{T_a r_{s,m,t}} \tag{4-29}$$

对于 λ_1，在数据包总量大于多星中继能力总和时，场景 1 的约束条件 C1 总是满足的；此时可以考虑 $\lambda_1 = 0$，在数据包总量小于多星中继能力总和时，根据凸优化理论，λ_1 满足以下互补松弛条件[19]。

$$\begin{cases} \dfrac{1}{T_a}\displaystyle\sum_{m=1}^{M}\sum_{t=1}^{T_a}\delta_{s,m,t}^* \mathrm{lb}\left(1+P_{s,m,t}^* r_{s,m,t}\right) = C_{s1}, \lambda_1 > 0 \\[4mm] \dfrac{1}{T_a}\displaystyle\sum_{m=1}^{M}\sum_{t=1}^{T_a}\delta_{s,m,t}^* \mathrm{lb}\left(1+P_{s,m,t}^* r_{s,m,t}\right) \leqslant C_{s1}, \lambda_1 = 0 \end{cases} \tag{4-30}$$

其中，$P_{s,m,t}^*$ 和 $\delta_{s,m,t}^*$ 为最优解，因此，在满足约束条件的情况下，取 $\lambda_1 > 0$，若将 $\delta_{s,m,t}$ 松弛为 0 到 1 之间的连续数，则 $\dfrac{\partial L_1^*\left(\lambda_1, \boldsymbol{\alpha}_1, \boldsymbol{\beta}_1, \boldsymbol{P}_1, \boldsymbol{\delta}_1\right)}{\partial \delta_{s,m,t}} = 0$ 时，$\delta_{s,m,t}$ 取得最大值 1，因此，可以根据式（4-25）得到

$$\lambda_1 = \frac{T_a\left(\beta_{1,t} - 1\right)}{\mathrm{lb}\left(1 + P_{s,m,t} r_{s,m,t}\right)} \tag{4-31}$$

代入式（4-29），可得

$$\varphi^\varphi = 2^{\frac{\beta_{1,t} + r_{s,m,t} - 1}{\alpha_{1,m,t} r_{s,m,t} \ln 2}} \tag{4-32}$$

上式左边部分为一个 x^x，根据该函数形式的特征，可以利用 Lambert-W 函数[19]来进一步求解，φ 可以表示为

$$\varphi = \exp\left(W\left(\ln\left(2^{\frac{\beta_{1,t} + r_{s,m,t} - 1}{\alpha_{1,m,t} r_{s,m,t} \ln 2}}\right)\right)\right) \tag{4-33}$$

其中，$W(\cdot) = \sum\limits_{i=1}^{+\infty}\left((-i)^{i-1} / i!\right)(\cdot)^i$ 为 Lambert-W 函数[19]。将 $\varphi = 1 + P_{s,m,t} r_{s,m,t}$ 代入式（4-33），通过移项等基本运算，可得最佳发射功率分配值 $P_{s,m,t}^*$ 在对偶域的闭合解，由于发射功率必须大于或等于 0，因此，$P_{s,m,t}^*$ 表示为

$$P_{s,m,t}^* = \begin{cases} \dfrac{1}{r_{s,m,t}}\left(\exp\left(W\left(\ln\left(2^{\frac{\beta_{1,t} + r_{s,m,t} - 1}{\alpha_{1,m,t} r_{s,m,t} \ln 2}}\right)\right)\right) - 1\right)^+, & \delta_{s,m,t}^* = 1 \\ 0, & \delta_{s,m,t}^* = 0 \end{cases} \tag{4-34}$$

其中，$(x)^+ = \max(0, x)$。

式（4-25）随 $\delta_{s,m,t}$ 递减，在 $\delta_{s,m,t}$ 松弛为 0 到 1 之间的连续参量时，1 为 $\delta_{s,m,t}$ 的定义域上限值。因此，在 $\delta_{s,m,t}^* = 1$ 时，式（4-25）取得最小值，那么通过等式逆变换特性，可得最佳时隙分配系数 $\delta_{s,m,t}^*$ 在对偶域的闭合解，表示为

$$\delta_{s,m,t}^* = \begin{cases} 1, (m,t) = \arg\min \dfrac{\lambda_1}{T_a} \mathrm{lb}\left(1 + P_{s,m,t}^* r_{s,m,t}\right) - \beta_{1,t} \\ 0, (m,t) \neq \arg\min \dfrac{\lambda_1}{T_a} \mathrm{lb}\left(1 + P_{s,m,t}^* r_{s,m,t}\right) - \beta_{1,t} \end{cases} \tag{4-35}$$

4.4.2　场景 2 下的对偶域闭合解

对于场景 2 下的优化问题，与 4.4.1 节类似，根据凸优化理论，对其约束条件构成的函数定义域空间引入拉格朗日乘因子 λ_2、$\{\alpha_{2,m,t}\}$、$\{\beta_{2,t}\}$ 和 $\{\pi_{2,t}\}$，可以得到如下拉格朗日方程[14-15]

$$L_2\left(\lambda_2,\boldsymbol{\alpha}_2,\boldsymbol{\beta}_2,\boldsymbol{P}_2,\boldsymbol{\delta}_2\right)=$$

$$L_2^*\left(\lambda_2,\boldsymbol{\alpha}_2,\boldsymbol{\beta}_2,\boldsymbol{P}_2,\boldsymbol{\delta}_2\right)-\lambda_2 C_{s2}+\sum_{m=1}^{M}\sum_{t=1}^{T_b}\alpha_{2,m,t}\mathrm{th}_m+\sum_{t=1}^{T_b}\beta_{2,t}B+\sum_{t=1}^{T_b}\pi_{2,t}P_{2,\mathrm{total}}\quad(4\text{-}36)$$

其中，$\lambda_2\geqslant 0$，$\alpha_{2,m,t}\geqslant 0,\forall m,t$，$\beta_{2,t}\geqslant 0,\forall t$，$\pi_{2,t}\geqslant 0,\forall t$。$L_2^*\left(\lambda_2,\boldsymbol{\alpha}_2,\boldsymbol{\beta}_2,\boldsymbol{P}_2,\boldsymbol{B}_2\right)$ 为包含 $\boldsymbol{P}_2$ 和 $\boldsymbol{B}_2$ 的分量，可以表示为

$$L_2^*\left(\lambda_2,\boldsymbol{\alpha}_2,\boldsymbol{\beta}_2,\boldsymbol{P}_2,\boldsymbol{\delta}_2\right)=\sum_{m=1}^{M}\ln\left(\frac{1}{T_b B}\sum_{t=1}^{T_b}B_{s,m,t}\mathrm{lb}\left(1+P_{s,m,t}r_{s,m,t}\right)\right)+$$

$$\frac{\lambda_2}{T_b B}\sum_{m=1}^{M}\sum_{t=1}^{T_b}B_{s,m,t}\mathrm{lb}\left(1+P_{s,m,t}r_{s,m,t}\right)-$$

$$\sum_{m=1}^{M}\sum_{t=1}^{T_b}\alpha_{2,m,t}P_{s,m,t}r_{s,m,t}-\sum_{m=1}^{M}\sum_{t=1}^{T_b}\pi_{2,t}P_{s,m,t}-\sum_{m=1}^{M}\sum_{t=1}^{T_b}\beta_{2,t}B_{s,m,t}\quad(4\text{-}37)$$

其中，$\boldsymbol{P}_2=\left[P_{s,m,t}\right]_{M\times T_b}$ 为场景 2 下的功率分配矩阵，表示源节点到每个 DRS 的 ISL 上在各个时隙内分配到的功率值，$\boldsymbol{B}_2=\left[B_{s,m,t}\right]_{M\times T_b}$ 为场景 2 下的带宽分配矩阵，表示源节点到每个 DRS 的 ISL 上在各个时隙内分配到的带宽大小，通过上述两个公式可以获得如下对偶函数

$$D_2\left(\lambda_2,\boldsymbol{\alpha}_2,\boldsymbol{\beta}_2\right)=\max_{\boldsymbol{P}_2,\boldsymbol{\delta}_2}L_2\left(\lambda_2,\boldsymbol{\alpha}_2,\boldsymbol{\beta}_2,\boldsymbol{P}_2,\boldsymbol{B}_2\right)\quad(4\text{-}38)$$

因此，原问题可以转化为如下对偶问题[16-17]

$$\begin{cases}\min\limits_{\lambda_2,\boldsymbol{\alpha}_2,\boldsymbol{\beta}_2}D_2\left(\lambda_2,\boldsymbol{\alpha}_2,\boldsymbol{\beta}_2\right)=\min\limits_{\lambda_2,\boldsymbol{\alpha}_2,\boldsymbol{\beta}_2}\max\limits_{\boldsymbol{P}_2,\boldsymbol{\delta}_2}L_2^*\left(\lambda_2,\boldsymbol{\alpha}_2,\boldsymbol{\beta}_2,\boldsymbol{P}_2,\boldsymbol{B}_2\right)\\\mathrm{s.t.}\ \lambda_2\geqslant 0;\alpha_{2,m,t}\geqslant 0,\forall m,t;\beta_{2,t}\geqslant 0,\forall t;\pi_{2,t}\geqslant 0,\forall t\end{cases}\quad(4\text{-}39)$$

根据式（4-37）和式（4-39），上述对偶问题可分解为 M 个独立的子问题，给定 λ_2、$\{\alpha_{2,m,t}\}$ 和 $\{\beta_{2,t}\}$，与 4.4.1 节同理，根据 KKT 条件[18]，令 $\dfrac{\partial L_2^*\left(\lambda_2,\boldsymbol{\alpha}_2,\boldsymbol{\beta}_2,\boldsymbol{P}_2,\boldsymbol{B}_2\right)}{\partial P_{s,m,t}}=0$ 和 $\dfrac{\partial L_2^*\left(\lambda_2,\boldsymbol{\alpha}_2,\boldsymbol{\beta}_2,\boldsymbol{P}_2,\boldsymbol{B}_2\right)}{\partial B_{s,m,t}}=0$，可分别得到式（4-40）和式（4-41）。

$$\frac{T_b B r_{s,m,t} + \lambda_2 B_{s,m,t} \text{lb}(1+P_{s,m,t}r_{s,m,t})}{T_b B \text{lb}(1+P_{s,m,t}r_{s,m,t})(1+P_{s,m,t}r_{s,m,t})\ln 2} = \alpha_{2,m,t}r_{s,m,t} + \pi_{2,t} \tag{4-40}$$

$$\frac{1}{B_{s,m,t}} = \beta_{2,t} - \frac{\lambda_2}{T_b B}\text{lb}(1+P_{s,m,t}r_{s,m,t}) \tag{4-41}$$

对式（4-41），移项整理后，可得在给定最佳功率分配解 $P^*_{s,m,t}$ 条件下的最佳带宽分配解 $B^*_{s,m,t}$，表示为

$$B^*_{s,m,t} = \left(\frac{T_b B}{(T_b\beta_{2,t}-\lambda_2)\text{lb}(1+P^*_{s,m,t}r_{s,m,t})}\right)^+ \tag{4-42}$$

将上式代入式（4-40），可得

$$\frac{T_b\beta_{2,t}r_{s,m,t} - \lambda_2 r_{s,m,t} + \lambda_2}{(T_b\beta_{2,t}-\lambda_2)\text{lb}(1+P_{s,m,t}r_{s,m,t})(1+P_{s,m,t}r_{s,m,t})\ln 2} = \alpha_{2,m,t}r_{s,m,t} + \pi_{2,t} \tag{4-43}$$

移项整理后可得

$$\text{lb}(1+P_{s,m,t}r_{s,m,t})(1+P_{s,m,t}r_{s,m,t}) = \frac{T_b\beta_{2,t}r_{s,m,t} - \lambda_2 r_{s,m,t} + \lambda_2}{(T_b\beta_{2,t}-\lambda_2)\ln 2(\alpha_{2,m,t}r_{s,m,t} + \pi_{2,t})} \tag{4-44}$$

两边同时取 2 的指数，可得

$$(1+P_{s,m,t}r_{s,m,t})^{(1+P_{s,m,t}r_{s,m,t})} = 2^{\frac{T_b\beta_{2,t}r_{s,m,t} - \lambda_2 r_{s,m,t} + \lambda_2}{(T_b\beta_{2,t}-\lambda_2)\ln 2(\alpha_{2,m,t}r_{s,m,t} + \pi_{2,t})}} \tag{4-45}$$

与 4.4.1 节类似，应用 Lambert-W 函数[19]，可得最佳功率分配解 $P^*_{s,m,t}$，表示如下

$$P^*_{s,m,t} = \begin{cases} \frac{1}{r_{s,m,t}}\left(\exp\left(W\left(\ln\left(2^{\frac{T_b\beta_{2,t}r_{s,m,t} - \lambda_2 r_{s,m,t} + \lambda_2}{(T_b\beta_{2,t}-\lambda_2)\ln 2(\alpha_{2,m,t}r_{s,m,t} + \pi_{2,t})}}\right)\right)\right)-1\right)^+, & B^*_{s,m,t} \neq 0 \\ 0, & B^*_{s,m,t} = 0 \end{cases} \tag{4-46}$$

4.4.3　基于 PF 的多星负载对偶迭代优化算法

通过前面的分析推导,获得了 SIN 中两种中继场景下的最佳功率分配和带宽(时隙) 分配在对偶域的闭合解。然而，求解本章优化问题的对偶问题，需要求解最佳的拉格朗日参数值，这就需要采用迭代方式对因子进行迭代更新。椭球法[19]和子梯度法[18]均可以用来更新拉格朗日乘因子，本节采用子梯度法[18]来对拉格朗日乘因子进行更新。

根据子梯度法，对于两种场景下的拉格朗日因子的子梯度，本节引入引理 4.1 和引理 4.2 来进行表示和说明。

引理 4.1　场景 1 的优化问题中，拉格朗日乘因子 λ_1、$\{\alpha_{1,m,t}\}$ 和 $\{\beta_{1,t}\}$ 的子梯度分别表示为[18]

$$\Delta\lambda_1 = C_{s1} - \frac{1}{T_a}\sum_{m=1}^{M}\sum_{t=1}^{T_a}\delta_{s,m,t}\mathrm{lb}\left(1 + P_{s,m,t}r_{s,m,t}\right) \tag{4-47}$$

$$\Delta\alpha_{1,m,t} = P_{s,m,t}r_{s,m,t} - \mathrm{th}_m \tag{4-48}$$

$$\Delta\beta_{1,t} = 1 - \sum_{m=1}^{M}\delta_{s,m,t} \tag{4-49}$$

证明　根据式（4-19），有

$$D\left(\lambda_1',\boldsymbol{\alpha}_1',\boldsymbol{\beta}_1'\right) = \max_{P_1,\delta_1} L\left(\boldsymbol{P}_1,\delta_1,\lambda_1',\boldsymbol{\alpha}_1',\boldsymbol{\beta}_1'\right) \tag{4-50}$$

其中，$\{\lambda_1',\boldsymbol{\alpha}_1',\boldsymbol{\beta}_1'\}$ 为某次更新后的拉格朗日乘因子。

令 $\boldsymbol{P}_1^*$ 和 δ_1^* 为 $\max\limits_{P_1,\delta_1} L\left(\boldsymbol{P}_1,\delta_1,\lambda_1,\boldsymbol{\alpha}_1,\boldsymbol{\beta}_1\right)$ 的最优值，但对 $\max\limits_{P_1,\delta_1} L\left(\boldsymbol{P}_1,\delta_1,\lambda_1',\boldsymbol{\alpha}_1',\boldsymbol{\beta}_1'\right)$ 来说不是最优的，则有

$$D\left(\lambda_1',\boldsymbol{\alpha}_1',\boldsymbol{\beta}_1'\right) \geqslant \max_{P_1,\delta_1} L\left(\boldsymbol{P}_1^*,\delta_1^*,\lambda_1',\boldsymbol{\alpha}_1',\boldsymbol{\beta}_1'\right) \tag{4-51}$$

其中，$L\left(\boldsymbol{P}_1^*,\delta_1^*,\lambda_1',\boldsymbol{\alpha}_1',\boldsymbol{\beta}_1'\right)$ 可以表示为

$$L\left(\boldsymbol{P}_1^*,\delta_1^*,\lambda_1',\boldsymbol{\alpha}_1',\boldsymbol{\beta}_1'\right) =$$
$$\left(\lambda_1'-\lambda_1\right)\left(C_{s1} - \frac{1}{T_a}\sum_{m=1}^{M}\sum_{t=1}^{T_a}\delta_{s,m,t}\mathrm{lb}\left(1 + P_{s,m,t}r_{s,m,t}\right)\right) +$$
$$\sum_{m=1}^{M}\sum_{t=1}^{T_a}\left(\alpha_{1,m,t}'-\alpha_{1,m,t}\right)\left(P_{s,m,t}r_{s,m,t} - \mathrm{th}_m\right) +$$
$$\sum_{t=1}^{T_a}\left(\beta_{1,t}'-\beta_{1,t}\right)\left(1 - \sum_{m=1}^{M}\delta_{s,m,t}\right) + L\left(\boldsymbol{P}_1^*,\delta_1^*,\lambda_1,\boldsymbol{\alpha}_1,\boldsymbol{\beta}_1\right) \tag{4-52}$$

对式（4-52）两边同时取最大值，可得

$$D\left(\lambda_1',\boldsymbol{\alpha}_1',\boldsymbol{\beta}_1'\right) \geqslant \left(\lambda_1'-\lambda_1\right)\left(C_{s1} - \frac{1}{T_a}\sum_{m=1}^{M}\sum_{t=1}^{T_a}\delta_{s,m,t}\mathrm{lb}\left(1 + P_{s,m,t}r_{s,m,t}\right)\right) +$$
$$\sum_{m=1}^{M}\sum_{t=1}^{T_a}\left(\alpha_{1,m,t}'-\alpha_{1,m,t}\right)\left(P_{s,m,t}r_{s,m,t} - \mathrm{th}_m\right) +$$
$$\sum_{t=1}^{T_a}\left(\beta_{1,t}'-\beta_{1,t}\right)\left(1 - \sum_{m=1}^{M}\delta_{s,m,t}\right) + D\left(\lambda_1,\boldsymbol{\alpha}_1,\boldsymbol{\beta}_1\right) \tag{4-53}$$

上式满足子梯度的定义[20]。

证毕。

引理 4.2 场景 2 的优化问题中，拉格朗日乘因子 λ_2、$\{\alpha_{2,m,t}\}$、$\{\beta_{2,t}\}$ 和 $\{\pi_{2,t}\}$ 的子梯度分别表示为

$$\Delta\lambda_1 = C_{s2} - \frac{1}{T_b B}\sum_{m=1}^{M}\sum_{t=1}^{T_b}B_{s,m,t}\,\mathrm{lb}\left(1+P_{s,m,t}r_{s,m,t}\right) \tag{4-54}$$

$$\Delta\alpha_{2,m,t} = P_{s,m,t}r_{s,m,t} - \mathrm{th}_m \tag{4-55}$$

$$\Delta\beta_{2,t} = B - \sum_{m=1}^{M}B_{s,m,t} \tag{4-56}$$

$$\Delta\pi_{2,t} = P_{2,\text{total}} - \sum_{m=1}^{M}P_{s,m,t} \tag{4-57}$$

证明 与引理 4.1 的证明相似，省略。

根据引理 4.1 和引理 4.2 中的拉格朗日乘因子的子梯度，可以采用多步迭代的方式更新拉格朗日乘因子，两种场景下分别根据以下拉格朗日乘因子更新公式实现对偶迭代更新[18]。

$$\left(\lambda_j^{(i+1)},\alpha_{j,m,t}^{(i+1)},\beta_{j,t}^{(i+1)}\right) = \left(\lambda_j^{(i)},\alpha_{j,m,t}^{(i)},\beta_{j,t}^{(i)}\right) - \theta_1^{(i)}\left(\Delta\lambda_j,\Delta\alpha_{j,m,t},\Delta\beta_{j,t}\right) \tag{4-58}$$

$$\left(\lambda_2^{(i+1)},\alpha_{2,m,t}^{(i+1)},\beta_{2,t}^{(i+1)},\pi_{2,t}^{(i+1)}\right) = \left(\lambda_2^{(i)},\alpha_{2,m,t}^{(i)},\beta_{2,t}^{(i)},\pi_{2,t}^{(i)}\right) - \theta_2^{(i)}\left(\Delta\lambda_2,\Delta\alpha_{2,m,t},\Delta\beta_{2,t},\Delta\pi_{2,t}\right) \tag{4-59}$$

其中，$\theta_j^{(i)}$ 为第 i 次迭代的迭代步长，该步长必须满足以下条件

$$\sum_{i=1}^{\infty}\theta_j^{(i)} = \infty, \lim_{i\to\infty}\theta_j^{(i)} = 0, j = 1,2 \tag{4-60}$$

根据引理 4.1、引理 4.2 以及式（4-58）、式（4-59），可以设计一种基于子梯度的迭代算法来求解最佳拉格朗日参数，从而获得两种场景下的最佳无线资源配置解。针对场景 1 和场景 2 在本章提出的资源管理架构下的多星负载优化算法分别如算法 4-1 和算法 4-2 表示。由于场景 1 下，源节点与骨干卫星通信时间有限且骨干卫星与源节点距离较远，在目的星群的主卫星选择 DRS 并估算通信时间和初始化参数后，通过 DRS 估计通信时间内的信道条件参数（本章中为信道增益与噪声功率比 $r_{s,m,t}$），然后将所有参数下发给源节点，由源节点独立完成最优解的计算，为中心式的无线资源优化管理结构。而在场景 2 下，星群主卫星作为源节点卫星，与该星群主卫星距离较近，信道条件参数由主卫星根据协同资源状态信息逐时隙估计以

提高信道估计的准确性，而资源计算由各个 DRS 完成，主卫星只负责对拉格朗日乘因子进行更新。在该迭代过程中，采用中心辅助的分布式无线资源管理方式。因此，本章提出的混合式资源管理架构由于可以在中心和非中心式管理方式下灵活地转换，结合两种管理方式的优势，可以有效适应两种场景下的资源优化，提升资源的计算效率。

同时，在算法实现过程中，拉格朗日乘因子采用随机方式初始化，发射功率对场景 1 和场景 2 分别采用取值范围内各时隙最大化（取 $P_{1,\text{total}}$）和各骨干卫星间平均分布（取 $P_{2,\text{total}} / M$）方式实现初始化，而时隙占用和带宽分配则分别采用式（4-35）和式（4-42）根据其初始化功率进行初始化。

算法 4-1　场景 1 中的多星负载优化算法

输入　最大迭代次数 $I_{\max}$，迭代终止指数 ε

输出　最优发射功率 $\boldsymbol{P}_1^*$ 和最优时隙分配 $\boldsymbol{\delta}_1^*$

1）源节点向目的星群可连通的骨干卫星发出中继请求；

2）目的星群的主卫星根据该星群的协同资源状态信息，从源节点请求的骨干卫星中选出 M 颗相对空闲且与目的卫星存在稳态链路或稳态链路可激活的卫星通过中继请求，作为本次中继的 DRS；

3）主卫星估计通信时间 T_a，获得可分配的时隙数，并初始化 λ_1、α_1、β_1、$\boldsymbol{P}_1$ 和 $\boldsymbol{\delta}_1$ 等参数，下发给选中的 DRS；

4）DRS 根据区域资源状态信息估计通信时间内的信道条件参数，并连同通信时间和 λ_1、α_1、β_1、$\boldsymbol{P}_1$ 和 $\boldsymbol{\delta}_1$ 等参数一并下发给源节点，告知可以开始中继；

5）**for**　$i = 1:1:I_{\max}$

6）　　**for**　$m = 1:1:M$

7）　　　　**for**　$t = 1:1:T_a$

8）　　　　　　源节点根据式（4-33）计算发射功率值；

9）　　　　　　源节点根据式（4-34）计算时隙分配系数；

10）　　　　**end**

11）　　**end**

12）　　**if** $\left(\lambda_j^{(i)}, \alpha_{j,m,t}^{(i)}, \beta_{j,t}^{(i)}\right)\left(\Delta\lambda_j, \Delta\alpha_{j,m,t}, \Delta\beta_{j,t}\right) \leqslant (\varepsilon, \varepsilon, \varepsilon)$

13）　　　　**break**;

14）　　**end**

15） 源节点根据式（4-58）更新三个拉格朗日乘因子；

16）**end**

17）源节点获得最优发射功率 $\boldsymbol{P}_1^*$ 和最优时隙分配 $\boldsymbol{\delta}_1^*$，开始中继传输；

18）每个时隙内，DRS 成功接收数据后，向源节点发送 ACK 信息，源节点将成功发送的数据包在队列中删除；否则将数据包放到缓存区队尾，以便下次在可见时间内发送。

算法 4-2 场景 2 中的多星负载优化算法

输入 最大迭代次数 $I_{\max}$，迭代终止指数 ε

输出 最优发射功率 $\boldsymbol{P}_1^*$ 和最优带宽分配 $\boldsymbol{B}_1^*$

1）星群的主卫星根据该星群的协同资源状态信息，从该星群的骨干卫星中选出 M 颗相对空闲且与目的卫星存在稳态链路或稳态链路可激活的卫星，作为此次中继的 DRS；

2）主卫星初始化 λ_1、α_1、β_1、$\boldsymbol{P}_1$ 和 $\boldsymbol{B}_2$ 等参数；

3）**for** $i = 1:1:I_{\max}$

4）   **for** $m = 1:1:M$

5）   **for** $t = 1:1:T_b$

6）   主卫星根据协同资源状态信息估计 t 内的信道条件参数，并连同 λ_1、α_1、β_1、$\boldsymbol{P}_1$ 和 $\boldsymbol{B}_2$ 等参数一同下发给 DRS；

7）   DRS 根据式（4-45）计算发射功率值并上报给主卫星；

8）   DRS 根据式（4-41）计算带宽分配值并上报给主卫星；

9）   **end**

10）   **end**

11）   **if** $\left(\lambda_j^{(i)}, \alpha_{j,m,t}^{(i)}, \beta_{j,t}^{(i)}, \pi_{j,t}^{(i)}\right)\left(\Delta\lambda_j, \Delta\alpha_{j,m,t}, \Delta\beta_{j,t}, \Delta\pi_{j,t}\right) \leqslant \left(\varepsilon, \varepsilon, \varepsilon, \varepsilon\right)$

12）   **break;**

13）   **end**

14）   主卫星根据式（4-59）更新 4 个拉格朗日乘因子；

15）**end**

16）主卫星获得最优发射功率 $\boldsymbol{P}_2^*$ 和最优带宽分配 $\boldsymbol{B}_2^*$，开始中继传输；

17）每个时隙内，DRS 成功接收数据后，向主卫星发送 ACK 信息，主卫星将成功发送的数据包在队列中删除；否则将数据包放到缓存区队尾，以便下个中继内发送。

|4.5　仿真结果与分析|

本节对本章研究的 SIN 的两个中继场景下的负载均衡优化问题进行仿真验证和相关分析，仿真参数设置如表 4-1 所示。在两种中继场景下，考虑 4 种中继情况，即中继卫星数 M 分别为 1（单星中继）、4、6 和 8（多星协同中继）。根据两种中继场景的不同特点，对两种场景从可用带宽、最大发射功率、源节点到 DRS 的距离、通信时间和中继周期以及 ISL 的参数设置等方面加以区分，源节点和主卫星的数据包到达过程服从独立的泊松到达过程。接下来将针对两个场景分别给出仿真结果和相应分析。

表 4-1　多星中继场景仿真参数设置

参数名称	符号	取值
中继卫星数	M	1、4、6 和 8
场景 1 源节点带宽	B_1	10 MHz
场景 2 主卫星带宽	B	100 MHz
场景 1 源−中距离	$d_{1,m}$	5 000 km
场景 2 主−中距离	$d_{2,m}$	5 km
场景 1 最大发射功率	$P_{1,\text{total}}$	50 dBm
场景 2 最大发射功率	$P_{2,\text{total}}$	100 dBm
场景 1 通信时间	T_a	20
场景 2 中继周期	T_b	40
场景 1 的 LoS 信号与散射信号比	s_1^2 / σ_1^2	7 dB
场景 1 的 LoS 信号与散射信号和	$s_1^2 + \sigma_1^2$	8 dB
场景 2 的 LoS 信号与散射信号比	s_2^2 / σ_2^2	8 dB
场景 2 的 LoS 信号与散射信号和	$s_2^2 + \sigma_2^2$	9 dB
场景 1 中 ISL 路径衰落指数	γ_1	2.5
场景 2 中 ISL 路径衰落指数	γ_2	2
ISL 的 AWGN 功率	N_0	10^{-10}
迭代终止指数	ε	0.01

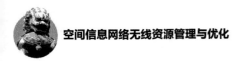
4.5.1 场景 1 下的仿真结果

图 4-4 给出了场景 1 中不同中继卫星数目下的多星中继系统容量比较，采用蒙特卡罗仿真方式，通过 1 000 次仿真运行结果取平均获得最终的仿真结果。可以从图 4-4 中看出，系统容量随着到达速率的上升而上升，但从曲线的斜率变化可以看出，当数据包的到达速率达到一定阈值后，系统容量增加的速度变缓，这是因为系统逐渐达到了容量边界，即待发送的数据包大于源节点在可见时间内可发送的容量能力。同时，对比采用单星中继（ $M=1$ ）和多星中继（ $M=4,6,8$ ）时的性能，可以发现多星中继方式可以通过多星资源的协同共享有效提升系统容量，同时增加中继卫星数可以提升系统的容量上界，这是因为多星中继时通过多星间功率和时隙资源的协同共享提升了资源效用。在该场景中，在低到达速率（到达速率低于 80 Mbit/s）时，通过增加中继卫星数，容量变化不明显，这是因为此时系统处于相对空闲状态，所有到达的数据包均能被分配到资源，此外，在高到达速率（到达速率高于 80 Mbit/s）时，通过增加中继卫星数，仅能小幅度提升容量，这是因为源节点只有一个激光束且通信时间有限。

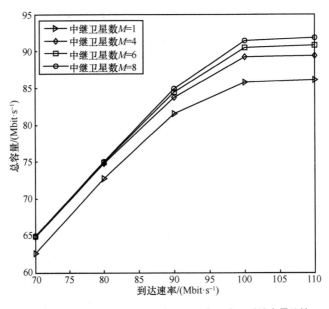

图 4-4　场景 1 中不同中继卫星数目下的多星中继系统容量比较

图 4-5 给出了场景 1 中不同资源分配方法下的系统容量比较，采用 Monte-Carlo 仿真方式，通过 1 000 次仿真运行结果取平均获得最终仿真结果。考虑了三种典型方法与本章提出的算法进行比较，三种方法分别为最大容量法[21-22]、Max-Min 公平性方法[23]和功率恒定分配。前两种方法采用文献[21-23]中的目标函数作为优化目标函数，功率恒定分配法则表述为在本章优化目标之下，对每个中继卫星的发射功率均采用最大发射功率 $P_{1,\text{total}}$，仅对时隙进行优化。从图 4-5 可以看出，增加中继卫星数可以提升系统的容量上界，同时，在低到达速率（到达速率低于 90 Mbit/s）时，本章算法性能与最大容量法基本一致；在高到达速率（到达速率高于 90 Mbit/s）时，本章算法的性能低于最大容量法，但优于其他算法。这是因为本章算法通过 PF 准则，对各中继卫星的负载进行了均衡，在高到达速率时牺牲了部分容量，降低了容量上界，但相对 Max-Min 公平性方法，允许不同信道条件下的中继卫星获得不同的负载（容量）从而获得了容量提升。此外，功率和时隙的联合优化，可以进一步提升整个系统的容量上界。

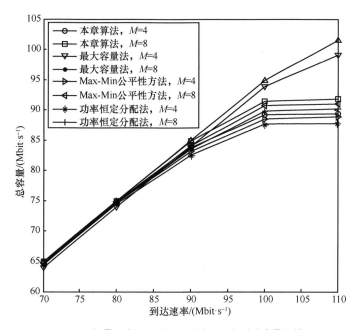

图 4-5　场景 1 中不同资源分配方法下的系统容量比较

　　为了进一步研究本章算法的多星负载优化性能，对处于单次分配过程中多个中继卫星获得的容量分布进行了仿真，其结果如图 4-6 所示，其中，中继卫星数 $M = 4$，到达速率为 90 Mbit/s。从图 4-6 中可以看出，最大容量法通过将资源有限分配给链路条件较好的中继卫星来提升系统容量，从而导致 4 颗中继卫星的容量分布差异较大。在系统到达速率较大时，这种方法使无线资源向 ISL 条件较好的联通卫星倾斜。这会导致链路条件较好的中继卫星负载过高，从而可能导致中继卫星端接收数据过载而造成拥塞，Max-Min 公平性方法使每颗中继卫星获得相同的容量，但正如图 4-5 给出的结果，这种方法是以牺牲较多的系统容量为代价的，在场景 1 通信时间有限的情况下，会大大降低有限可见时间内的可发送数据包数量。对比这两种方法，本章算法可以在保证合理的系统容量、尽可能多地发送中继数据包的前提下，一定程度上均衡多颗中继卫星的负载，防止单颗中继骨干卫星过载。

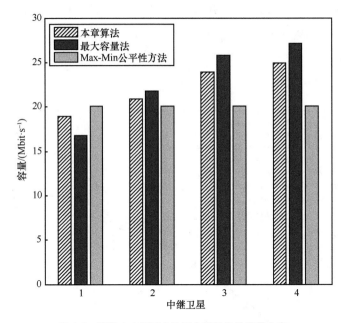

图 4-6　场景 1 中不同方法下中继卫星的容量分布

4.5.2　场景 2 下的仿真结果

图 4-7 给出了场景 2 中不同中继卫星数目下的多星中继系统容量比较，采用 Monte-Carlo 仿真方式，通过 1 000 次运行的仿真结果取平均获得最终仿真结果。与场景 1 下的仿真类似，系统容量随着到达速率的上升而提升，但到达速率达到一定

阈值后，系统容量增加的速度变缓，而多星中继方式相比单星中继方式可以有效提升系统容量，同时增加中继卫星数，提升整个系统的容量上界，在低到达速率（到达速率低于 700 Mbit/s）时，通过增加中继卫星数，容量变化不十分明显。与之不同的是，在高到达速率（到达速率高于 700 Mbit/s）时，增加中继卫星数，容量提升幅度较为明显，这是因为主卫星具备多个激光束可以同时实现对多颗中继卫星的数据中继转发，提升中继卫星数目相当于增加了可用的激光束的数目，通过无线资源的协同共享，提升了带宽和功率的利用效率。

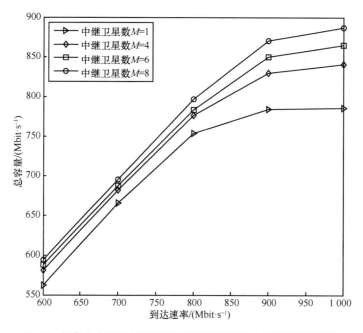

图 4-7 场景 2 中不同中继卫星数目条件下的多星中继系统容量比较

图 4-8 给出了场景 2 中不同资源分配方法下的系统容量比较，采用 Monte-Carlo 仿真方式，通过 1 000 次运行的仿真结果取平均获得最终仿真结果。考虑了 5 种典型的方法与本章提出的算法进行比较，5 种方法分别为最大容量法[21-22]、Max-Min 公平性方法[23]、功率固定分配法、带宽固定分配法、带宽功率固定分配法。其中，功率固定分配法表述为对每颗中继卫星的功率采用平均分配，即取 $P_{2,\text{total}} / M$，表示仅对带宽的分配值进行优化；带宽固定分配法表述为每颗中继卫星的带宽采用平均分配，即取 B / M，表示仅对功率进行优化；带宽功率固定分配法表述为对每颗中

继卫星的功率和带宽均采用平均分配，即分别取 $P_{2,\text{total}} / M$ 和 B / M。与场景 1 类似，增加中继卫星数可以提升系统的容量上界，在低到达速率（到达速率低于 800 Mbit/s）时，本章算法性能与最大容量法基本一致；在高到达速率（到达速率高于 800 Mbit/s）时，本章算法的性能低于最大容量法。与场景 1 情况不同的是，在所有到达速率情况下，本章提出的算法均优于除最大容量法以外的其他算法，这是因为每个时隙内对 M 个同时进行转发的中继卫星进行协同无线资源优化带来的资源效用的提升。此外，带宽功率固定分配法、带宽固定分配法、功率固定分配法和本章算法的性能依次上升，证明了在本章考虑的多星协同中继的负载优化问题中，带宽优化对系统容量的影响大于功率优化的影响，同时，对带宽和功率的联合优化相比对单一资源的优化能进一步提升中继系统的容量。

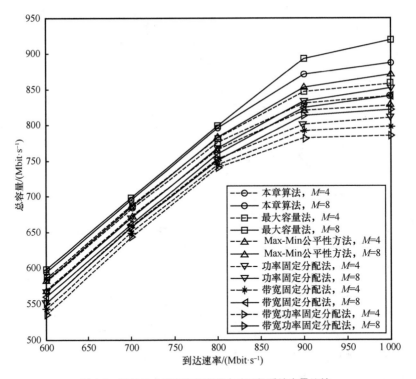

图 4-8　场景 2 中不同资源分配方法下的系统容量比较

图 4-9 给出了场景 2 中，采用 4 颗中继卫星时，各卫星单次无线资源分配获得的容量分布。与场景 1 类似，最大容量法将有限的资源尽可能地分配给链路条件较好的中继卫星来提升系统容量，从而导致 4 颗中继卫星的容量分布差异较大，这样

容易导致链路条件较好的中继卫星接收到的数据包过载，从而导致拥塞；Max-Min 公平性方法是以牺牲较多的系统容量为代价的，它使每颗中继卫星获得相同的容量，虽然实现了中继卫星间的数据负载最优均衡（公平性最佳），但却无法保证源节点待转发的中继数据包能够在尽可能短的时延时间内完成转发；本章算法可以在保证合理的系统容量的前提下，有效均衡多颗中继卫星的数据负载，从而避免单星负载过载和系统的整体容量过低的情况。

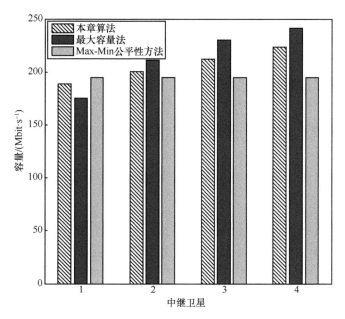

图 4-9　场景 2 中不同方法下中继卫星的容量分布

|4.6　本章小结|

　　本章研究了 SIN 结构模型及其骨干网络协同中继场景下的负载优化问题。根据 SIN 的定义，将基于 DSC 的 SIN 表征为一个 DSCN 模型，并分析了网络的主要特性，在此基础上设计了一种中心-分布式结合的混合式资源管理架构来适应 DSCN 模型下的多维度、层次化、分布式的无线资源管理。在 DSCN 模型下给出了空间信息网络两种中继场景下的数学模型，并根据 PF 准则设计了两种中继场景下的负载优化问题。根据凸优化理论，证明了本章研究的两个多星中继负载优化问题均为凸优化问题,并通过对偶变换求解了两个问题在其对偶域上的闭合解,并设计了一种基于子梯度法的迭代算法求解该问题的最佳资源分配解。

通过仿真实验和分析,验证了本章的理论推导和分析的准确性,并得出了以下结论:① 多星协同中继方式相比单星中继方式能够有效提升中继系统的总容量;② 协同中继对容量的提升受到源节点无线资源和发射能力的约束,主卫星作为源节点的中继场景相比其他平台作为源节点的中继场景,可以提升中继卫星数目,且容量提升幅度更大;③ 带宽资源的优化配置对系统容量提升的影响大于功率资源的优化配置,功率资源和带宽资源的联合优化能够有效提升中继容量的上界;④ 最大容量法以牺牲中继卫星间负载分布的均衡性为代价提升系统容量,Max-Min 公平性方法使中继卫星获得相等的负载但却导致了较低的系统容量,本章提出的基于 PF 准则的多星负载优化算法能够在保证系统在合理的容量水平的条件下,较好地均衡信道条件不对称的多颗中继卫星的负载。

| 参考文献 |

[1]   MCLAIN C, KING J. Future Ku-band mobility satellites[C]//35th AIAA International Communications Satellite Systems Conference. Reston: AIAA, 2017: doi.org/10.2514/ 6.2017-5412.

[2]   YU Q Y, MENG W X, YANG M C, et al. Virtual multi-beamforming for distributed satellite clusters in space information networks[J]. IEEE Wireless Communications, 2016, 23(1): 95-101.

[3]   LIU J J, SHI Y P, FADLULLAH Z M, et al. Space-air-ground integrated network: a survey[J]. IEEE Communications Surveys & Tutorials, 2018, 20(4): 2714-2741.

[4]   刘军. 空间信息网安全组网关键技术研究[D]. 沈阳: 东北大学, 2008.

[5]   董飞鸿. 空间信息网络结构优化设计与研究[D]. 南京: 解放军理工大学, 2016.

[6]   黄英君. 空间综合信息网络管理关键技术研究与仿真[D]. 长沙: 国防科学技术大学, 2006.

[7]   DU J, JIANG C X, WANG J, et al. Resource allocation in space multiaccess systems[J]. IEEE Transactions on Aerospace and Electronic Systems, 2017, 53(2): 598-618.

[8]   DU J, JIANG C X, GUO Q, et al. Cooperative earth observation through complex space information networks[J]. IEEE Wireless Communications, 2016, 23(2): 136-144.

[9]   ALBUQUERQUE M, AYYAGARI A, DORSETT M A, et al. Global information grid (GIG) edge network interface architecture[C]//MILCOM 2007 - IEEE Military Communications Conference. Piscataway: IEEE Press, 2007: 1-7.

[10] XU Y, WANG Y, SUN R, et al. Joint relay selection and power allocation for maximum energy efficiency in hybrid satellite-aerial-terrestrial systems[C]//IEEE 27th PIMRC. Piscataway: IEEE Press, 2016: 1-6.

[11] SOKUN H U, BEDEER E, GOHARY R H, et al. Optimization of discrete power and resource block allocation for achieving maximum energy efficiency in OFDMA networks[J]. IEEE Access, 2017, 5: 8648-8658.

[12] GRÜNDINGER A, JOHAM M, UTSCHICK W. Bounds on optimal power minimization and rate balancing in the satellite downlink[C]//2012 IEEE International Conference on Communications. Piscataway: IEEE Press,2012: 3600-3605.

[13] CHOI J P, CHAN V W S. Resource management for advanced transmission antenna satellites[J]. IEEE Transactions on Wireless Communications, 2009, 8(3): 1308-1321.

[14] CAO X, BAŞAR T. Decentralized online convex optimization with event-triggered communications[J]. IEEE Transactions on Signal Processing, 2021, 69: 284-299.

[15] BOYD S, VANDENBERGHE L. Convex optimization[M]. Cambridge: Cambridge University Press, 2004.

[16] GHAMKHARI M, MOHSENIAN-RAD H. A convex optimization framework for service rate allocation in finite communications buffers[J]. IEEE Communications Letters, 2016, 20(1): 69-72.

[17] DING Y, SELESNICK I W. Artifact-free wavelet denoising: non-convex sparse regularization, convex optimization[J]. IEEE Signal Processing Letters, 2015, 22(9): 1364-1368.

[18] LOPEZ-GARCIA I, LOPEZ-MONSALVO C S, BELTRAN-CARBAJAL F, et al. Alternative modes of operation for wind energy conversion systems and the generalised Lambert W -function[J]. IET Generation, Transmission & Distribution, 2018, 12(13): 3152-3157.

[19] 韩寒. 多波束卫星通信系统中资源优化配置方法研究[D]. 南京: 解放军理工大学, 2015.

[20] YU H, NEELY M J. On the convergence time of dual subgradient methods for strongly convex programs[J]. IEEE Transactions on Automatic Control, 2018, 63(4): 1105-1112.

[21] JIA X H, LV T, HE F, et al. Collaborative data downloading by using inter-satellite links in LEO satellite networks[J]. IEEE Transactions on Wireless Communications, 2017, 16(3): 1523-1532.

[22] NANBA S, KONISHI S, NOMOTO S. Traffic load optimization for multiple satellites system under power limit constraints[C]//IEEE International Conference on Communications. Piscataway: IEEE Press, 2001: 3177-3182.

[23] LI H J, YAO Q, HE Y Z, et al. Max-Min fair joint precoding for multibeam satellite communication systems[C]//2016 Sixth International Conference on Information Science and Technology. Piscataway: IEEE Press, 2016: 437-442.

第 5 章

基于合作博弈的认知接入区域上行资源分配

在空间信息网络中，由于受到频谱管理规则和频谱有限性的制约，为了更高效地利用频谱资源，部分区域可通过认知无线电技术，利用星地同频认知接入方式，实现频谱复用提升系统效用。本章针对空间信息网络中的星地认知接入区域，设计了合理的网络模型，并结合第 4 章的无线资源管理架构，设计了认知区域无线资源管理架构，在考虑地面基站干扰、卫星天线接收能力、认知卫星用户的发送能力和 QoS 需求以及信道条件等约束条件下，利用合作博弈理论建立了发送功率和带宽的联合优化问题数学模型，并利用博弈理论和凸优化方法设计了基于合作博弈的优化算法，获得了优于现有经典算法的资源分配效用。

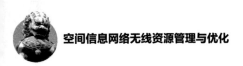

| 5.1 引言 |

　　SIN 通过空天地一体化组网，向用户提供全天候、全维度、不间断的综合信息服务。在第 4 章设计的 SIN 模型中，DSC 中的多颗共轨 GEO 卫星通过 ISL 组成星群替代大容量卫星提升覆盖能力和网络抗毁能力，通过多星重叠覆盖利用有限的频谱资源提升系统容量。多个星群通过 ICL 组网构成 SIN 的骨干网实现全球无缝覆盖。在这一综合信息网络中，卫星通信因其广域覆盖能力[1]和高速传输能力[2]为 SIN 接入网中的各通信平台提供了骨干网络接入服务。然而，采用卫星作为骨干网接入节点的 SIN 中，不断增长的多媒体服务需求和频谱有限性之间的矛盾严重依赖于卫星通信能力的提升[3]，而卫星的载荷有限性和频谱利用技术受到香农极限的约束导致卫星通信能力难以跨越式跃升。CR 技术[4]的出现为解决这一问题提供了有效方案。SIN 中，对于部分频谱紧张区域，通过 CR 技术，卫星网络和地面网络同频工作构成认知接入区域，利用同频复用能够有效提升系统频谱效用[5]。

　　近几年来，卫星通信网络通过应用 CR 技术，复用分配给地面网络作为主网络的同一频段，即星地共存网络已经成为一个研究热点[6-8]。为了在保障主网络通信性能的条件下更好地应用 CR 使能技术，复用该频段的次级网络的干扰管理和控制是最主要的问题，合理的无线资源分配方案成为解决主用户干扰约束条件下提升频谱效率的主要解决途径。然而，与 CR 网络相关的资源分配与管理技术的研究主要集中在地面认知网络的优化上[9-11]，仅有部分研究[12-17]关注了 CSN 中的资源优化技术。文献[12]针对 CSN 提出了一种 Underlay 功率控制方案来满足主用户的干扰约束和干扰中断概率约束条件。文献[13]针对非完全 CSI 条件下的 CSN 功率控制问题，提出了一种最优功率控制方法，在保证 PU 性能的条件下最大化 SU 的容量。文献[15]提出了一种功率分配算法，在保证 CSN 处于一定的中断概率水平时，使地面网络的有效容量最大化。文献[14]研究了 CSN 中具有实时业务的用户的功率控制问题。文献[16]总结了卫星网络中几种典型的功率控制方法，研究了这些方法在CSN 中的应用，并给出了一种最大化 CSN 系统可达速率的功率分配方法。文献[17]考虑了卫星链路的传输安全性问题，提出了一种协同波束成形方法最小化传输功率。文献[12-17]只针对发射功率进行优化，而假设频谱资源的分配通过合理的使能技术实现，相反，文献[18-20]研究了 CSN 的频谱优化问题，文献[19]提出了一种基于 BET 的频率资源分配算法实现 SU 之间频谱最优共享方式，文献[20]提出了一种基于多目标强化学习的频谱资源分配算法。文献[18-20]只考虑了一维资源（带宽或功率）的优化问题。实际上，功率和带宽相对于容量来说是耦合的，对两者进行联合优化可以进一步提升系统效用。文献[21]在考虑干扰约束和 SU 的业务需求的条件下，设计了一种功率和时隙联合分配算法来最大化 CSN 系统吞吐量。文献[22-23]将 PU 的干扰门限划分为每个 SU 的最大发射功率水平，设计了一种带宽分配与功率控制联合优化算法来提升系统容量。文献[23]提出了一种基于公平性准则的功率控制与速率分配联合优化算法来实现 CSN 中 SU 之间的资源效用公平性。然而，文献[21-23]是基于中心式资源管理架构的，这种架构由于计算负荷全由 NCC 承担，可能会增加资源分配中的系统时延和阻塞概率。

　　就文献调研来看，与卫星通信网络相关的认知网络资源分配技术研究尚不全面，而针对存在认知区域的 SIN 的无线资源优化问题现在尚无研究。因此，本章对部分区域用户作为 SU 采用认知接入方式接入 SIN 的骨干网的上行资源优化问题进行研究。在第 4 章提出的中心-分布式结合的混合式资源管理架构下，SIN 的上行可以根据网络需要解耦为多个卫星分系统独立地实现资源优化，不含有认知接入用户的区域可以看作普通的多波束卫星通信系统，因此本章只对认知区域的资源优化问题进行研究，将单颗卫星覆盖下的认知区域建模成一个 CSN 模型。本章在考虑微波主基站干扰约束条件、信道条件、不同卫星用户的 QoS 需求的前提下，研究该 CSN 中认知卫星用户的上行发射功率和带宽分配问题。

博弈论被广泛用于资源优化问题建模和求解，然而，大部分基于博弈论的资源优化问题采用的是非合作博弈模型[24-26]。由于非合作博弈模型中参与者没有信息共享，且假设每个参与者都是自私的，即他们均希望自己占据最好的资源从而达到自身性能的最优。这样的模型可能会导致该博弈过程最终收敛的结果对系统整体而言不是最优的。与之相反，合作博弈模型[9, 27-31]采用信息共享机制，参与者基于共享信息进行协同来建立博弈关系，参与者的协同能够有效提升整个系统效用，因此，本章采用基于合作博弈的纳什议价博弈模型[29-31]来设计优化目标函数。与现有的研究相比，本章的主要贡献可以归纳为以下 4 点。

（1）设计了合理的 SIN 的认知区域上行网络模型，其中，认知卫星用户作为 SU，复用地面微波网络用户（作为 PU）的同一频段，通过引入多波束技术和 MF-TDMA 来提升频率利用率和提供灵活的带宽资源分配方案，利用认知卫星用户聚合干扰模型和微波主基站干扰门限来约束用户的发射功率大小，从而保证 PU 不受 SU 复用频段的干扰影响。

（2）结合第 4 章提出的 SIN 的混合无线资源管理架构，提出了一种中心–分布式结合的混合式 SIN 认知区域资源管理架构。该架构通过认知用户计算单元、各波束控制单元和星载 NCC 的中心控制单元的协同，采用分布式的计算方式在有限的计算资源条件下提升无线资源配置的计算效率。

（3）在考虑微波主基站干扰约束条件、卫星天线接收能力、认知卫星用户的发射能力和 QoS 需求以及信道条件等约束的前提下，对 SIN 的认知区域的认知卫星用户上行发射功率和带宽联合优化问题进行了合理的建模，并根据合作博弈理论设计了本章的无线资源优化目标函数，构建了一个合作资源博弈过程实现认知用户间公平性分配，并提升系统的容量。

（4）通过理论推导，证明了本章提出的合作资源博弈的最优解的存在性、唯一性，并根据凸优化理论证明了本章研究的合作资源博弈问题为一个凸优化问题，推导了该问题在对偶域的最优闭合解。通过子梯度法设计了一种合作资源分配方法在本章提出的混合资源管理架构下求解最优解。仿真结果表明，本章提出的算法具备合理的收敛性能，获得最优解为 Pareto 最优的，且性能上优于现有的类似优化方案。

| 5.2　系统模型与问题描述 |

由于在 SIN 中，只有某些频谱资源紧张区域需要采用星地同频认知接入方式，从而可以合理地假设认知接入区域为各个星群中的某几颗卫星的覆盖区域。对于部分重叠覆盖的热点区域，可以根据信道条件来进行接入卫星选择，假设对重叠覆盖区域的上行用户已经完成了多个覆盖波束的选择，因此，优化问题可以从全网中解耦，成为多个卫星分系统的上行优化问题，它们可以相对独立地解决。对于不存在认知接入的卫星分系统，其可以看作一个普通的多波束卫星上行网络，关于这类模型的资源优化相对简单，且有较多研究，因此本章不关注这些区域的优化问题，只考虑对需要认知接入的骨干卫星覆盖区域进行独立优化，从而本章研究的系统模型可以简化为一个 CSN 模型，接下来，将针对该 CSN 模型进行数学建模并在此基础上构建资源分配问题。

5.2.1　认知区域网络上行模型

考虑 SIN 中的一个认知接入区域构成的 CSN，其卫星上行系统模型如图 5-1 所示。整个认知接入的卫星上行系统采用多波束技术和 MF-TDMA 体制来提高频谱利用率和提供灵活的带宽资源分配方案[32]。为认知区域提供骨干网接入的卫星是工作在 GEO 的多波束卫星，具备一个全局波束和 L 个点波束，其中全局波束为该网络提供控制信道，点波束则通过多用户多波束分集（多色复用，即采用物理位置的隔离的波束重复使用同一频段）在有限的频谱资源条件下提高系统容量，其中，卫星用户作为 SU，采用 overlay 模式接入地面微波网络用户（作为 PU）的同一频段。为了降低系统时延，采用星上 NCC 来实现单个卫星内的网络管理，地面信关站仅通过全局波束收集星上状态信息，通过地面光缆与空间信息网络的地面 NCC 实现信息交互，并根据网络需要上传地面 NCC 的控制指令。

在上述模型中，网络总带宽为 B_{tot}，通过波束复用因子 α 由各个波束的用户实现复用，因此，每个波束的可用带宽为 $B_l = B_{tot} / \alpha$。在 MF-TDMA 体制之下，波束可用带宽 B_l 被划分为 F 个子信道，每个子信道在一个超帧中包含 T 个 MF-TDMA 时隙。每个波束覆盖 M 个卫星用户，这些用户作为 SU 通过认知方式接入与地面微波主基站上行同频的频段。每个波束内待分配的带宽资源表示为 $F \times T$ 个资源块，那么，第 l 个波束的待分配的资源块可以表示为

$$\boldsymbol{\omega}^l = \left\{ \omega_{f,t}^l \mid f = 1, 2, \cdots, F, t = 1, 2, \cdots, T \right\} \tag{5-1}$$

用 $\boldsymbol{\varDelta} = \left[\delta_{l,m,f,t} \right]_{L \times M \times F \times T}$ 表示资源块的分配矩阵，其中，$\delta_{l,m,f,t} = 1$ 和 $\delta_{l,m,f,t} = 0$ 分别表示第 l 个波束的资源块 $\omega_{f,t}^l$ 是否分配给第 l 个波束下的第 m 个用户。用 $\boldsymbol{P} = \left[P_{l,m,f,t} \right]_{L \times M \times F \times T}$ 表示发送功率矩阵，其中，$P_{l,m,f,t}$ 为第 l 个波束下的第 m 个用户在第 l 个波束的资源块 $\omega_{f,t}^l$ 上的发射功率。

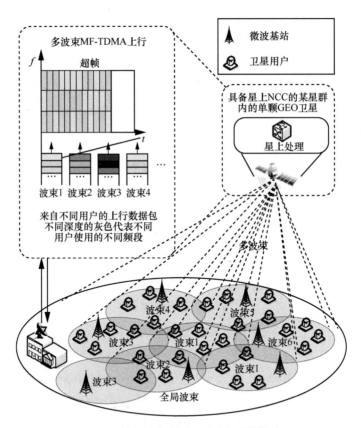

图 5-1　认知区域网络的卫星上行系统模型

令 $G_{l,m}^T$ 和 G_s^R 分别为第 l 个波束下的第 m 个用户的发射天线增益和卫星的接收天线增益，令 $L_{l,m} = \left(\dfrac{4\pi d_{l,m} f}{c} \right)^2$ 为第 l 个波束下的第 m 个用户到卫星链路的自由空间

损耗，其中，c 为传播速度，f 为工作频率，$d_{l,m}$ 为第 l 个波束下的第 m 个用户到卫星的距离。假设卫星用户均为室外用户（室内用户需通过中继节点接入卫星），卫星用户到卫星的信号中视距（Line of Sight，LoS）信号为最强信号，因此，卫星用户到卫星的上行信道可以建模为带有 AWGN 的莱斯衰落信道[33]。令 $h_{l,m,f,t}$ 为第 l 个波束下的第 m 个用户在第 l 个波束的资源块 $\omega_{f,t}^{l}$ 上的信道衰落系数，则 $\left|h_{l,m,f,t}\right|^2$ 的分布为非中心卡方分布，其 PDF 为

$$f_{\left|h_{l,m,f,t}\right|^2}\left(h\right) = \frac{1}{\sigma^2}\exp\left\{-\frac{s^2+h}{\sigma^2}\right\}I_0\left(2\sqrt{\frac{s^2h}{\sigma^4}}\right) \tag{5-2}$$

其中，s^2 为 LoS 信号功率，σ^2 为散射信号功率，$I_0(\cdot)$ 为第一类零阶修正的贝塞尔（Bessel）函数。

地面微波网络用户的发射功率有限，因此，地面微波用户到卫星的干扰信号可以忽略。在这一信道模型下，卫星接收天线处的上行功率增益与噪声功率比可以表示为

$$\gamma_{l,m,f,t} = \frac{G_{l,m}^T G_s^R \left|h_{l,m,f,t}\right|^2}{L_{l,m}N_0} \tag{5-3}$$

其中，N_0 为噪声功率。令 $\mathrm{SNR}^{\mathrm{th}}$ 表示卫星天线接收信号的 SNR 门限，由接收信号必须大于接收门限可以得到

$$P_{l,m,f,t}\gamma_{l,m,f,t} \geqslant \delta_{l,m,f,t}\mathrm{SNR}^{\mathrm{th}} \tag{5-4}$$

根据香农容量公式[23]，第 l 个波束下的第 m 个用户在一个超帧内的可达速率可以表示为

$$R_{l,m} = \sum_{f=1}^{F}\sum_{t=1}^{T}\delta_{l,m,f,t}\mathrm{lb}\left(1+P_{l,m,f,t}\gamma_{l,m,f,t}\right) \tag{5-5}$$

对于主微波链路，采用与微波主基站上行相同频率的多个卫星用户会给微波主基站造成聚合干扰。为了保护地面微波网络的通信性能，卫星用户对微波主基站造成的干扰需要满足以下干扰约束条件。

$$I_{l,f} \leqslant I_{l,f}^{\mathrm{th}}, l = 1,2,\cdots,L, f = 1,2,\cdots,F \tag{5-6}$$

其中，$I_{l,f}^{\mathrm{th}}$ 为第 l 个波束下微波主基站在第 f 个子信道上的可容纳干扰门限，$I_{l,f}$ 则为由第 l 个波束下的第 M 个用户在第 f 个子信道上造成的聚合干扰功率，它可以表示为

$$I_{l,f} = \sum_{m=1}^{M} \sum_{t=1}^{T} \delta_{l,m,f,t} P_{l,m,f,t} g_{l,m,f,t} \tag{5-7}$$

其中，$g_{l,m,f,t}$ 为第 l 个波束下的第 m 个用户到微波主基站在资源块 $\omega_{f,t}^l$ 上的信道增益，它可以表示为

$$g_{l,m,f,t} = \frac{G_{l,m}^T G_l^R}{L_d L_s} \tag{5-8}$$

其中，$L_s = \left(\dfrac{4\pi df}{c}\right)^2$ 为卫星用户到微波主基站的干扰链路的自由空间损耗，d 为卫星用户到微波主基站的距离，L_d 为衍射损耗，G_l^R 为微波主基站的接收天线增益。

5.2.2 单星资源管理架构与资源分配问题

本章在保护作为 PU 的地面微波网络用户通信性能的条件下，研究 SIN 的认知区域的上行认知卫星用户的资源效用优化问题，聚焦于认知接入条件下的资源分配方法的研究，对于 PU 与 SU 之间实现频谱共享、信息交互的 CR 技术假设由某些使能技术实现，在本章中不展开研究。假设微波主基站可以与认知卫星用户实现协同，可容纳干扰门限 $I_{l,f}^{th}$ 和信道增益 $g_{l,m,f,t}$ 等信息可由微波主基站通过专用信道广播给作为 SU 的认知卫星用户。与第 4 章一致，不同于现有的研究采用中心式的资源管理架构[21-23]或分布式资源管理架构[9-10]，本节针对认知区域单星子网络在 SIN 下的层次化特征提出一种中心–分布式结合的认知区域混合式资源管理架构来提高资源管理和计算的效率，该架构如图 5-2 所示。

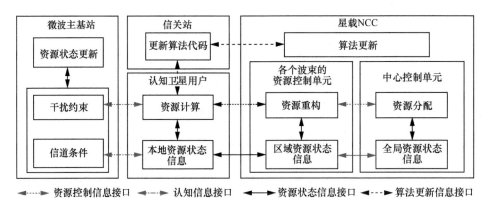

图 5-2 认知区域混合式资源管理架构

在图 5-2 的资源管理架构下，认知卫星用户与微波主基站交互信息以实现认知接入。认知信息同样可以用于地面微波网络的无线资源规划，这一问题在本章中不作研究。本章的模型中，认知接入区域通过星载 NCC 实现部分计算的中心式控制，各认知用户采用分布式计算方式形成分布式辅助控制来辅助无线资源配置决策。星载 NCC 的控制器可以分为两部分：一个中心控制单元和 L 个波束控制单元。认知卫星用户收集本地资源状态信息（如站型能力、队列长度、QoS 需求等），并将本地资源状态信息递交给波束控制单元，波束控制单元结合链路估计信息等连同各用户的本地资源状态信息形成区域资源状态信息，并递交给中心控制单元构成全局资源状态信息。由于采用了多波束 MF-TDMA，各个波束的带宽资源可以实现独立计算和配置，因此在该混合架构下，可以将分布式计算的方式应用于 L 个波束控制单元，以提高资源计算和配置的效率。中心控制单元根据优化算法和全局资源状态信息分配带宽，分配的结果反馈给波束控制单元和认知卫星用户，来实现波束带宽的重构和用户发射功率的计算。每个认知卫星用户根据本地资源状态信息和带宽分配结果计算其发射功率值，然后更新其本地资源状态信息并反馈给星载 NCC 以供下次分配使用。这个混合式资源管理架构结合了中心式架构和分布式架构的优势，能有效平衡 NCC 计算开销和网络控制复杂度两者之间的矛盾关系。

根据认知区域模型和混合资源管理架构，可以构建如下资源优化问题。

$$\max_{\boldsymbol{P},\boldsymbol{\Delta}} f\left(\left[U_{l,m}\right]_{L\times M}\right) \tag{5-9}$$

$$\text{s.t. C1}:\sum_{m=1}^{M}\sum_{t=1}^{T}\delta_{l,m,f,t}P_{l,m,f,t}g_{l,m,f,t}\leqslant I_{l,f}^{\text{th}},\forall l,f$$

$$\text{C2}:P_{l,m,f,t}\gamma_{l,m,f,t}\geqslant\delta_{l,m,f,t}\text{SNR}^{\text{th}},\forall l,m,f,t$$

$$\text{C3}:0\leqslant P_{l,m,f,t}\leqslant P_{l,m}^{\max},\forall l,m,f,t$$

$$\text{C4}:\sum_{f=1}^{F}\delta_{l,m,f,t}\leqslant 1,\ \forall l,m,t$$

$$\text{C5}:\sum_{m=1}^{M}\delta_{l,m,f,t}\leqslant 1,\ \forall l,f,t$$

$$\text{C6}:R_{l,m}\geqslant R_{l,m}^{\min},\forall l,m \tag{5-10}$$

其中，$U_{l,m}$ 为第 l 个波束下的第 m 个认知卫星用户的效用函数，$f(\cdot)$ 为无线资源优化问题的目标函数。C1 为干扰约束条件，即认知用户产生的聚合干扰低于地面微波网络用户的可容纳干扰门限；C2 为卫星接收 SNR 门限约束条件，即卫星接收到的信号值大小必须大于或等于卫星的接收解调门限；C3 为发射功率约束条件，保证了认知卫星用户的发射功率为非负且小于或等于其最大发射功率 $P_{l,m}^{\max}$ ； C4 为信道占用约束条件，确保认知卫星用户在同一时隙内只能占用一条子信道；C5 为时隙分配约束条件，确保一个时隙只能分配给一个用户；C6 为认知卫星用户的可达速率约束条件，保证认知卫星用户的可达速率 $R_{l,m}$ 大于或等于其最小速率需求 $R_{l,m}^{\min}$ ，即认知卫星用户的 QoS 约束条件。这些约束条件通过图 5-2 中的认知卫星用户、微波主基站和星载 NCC 之间的资源状态信息的交互共享获得。为了在本节提出的中心–分布式结合的认知区域混合式资源管理架构下进一步提升系统效率，同时满足上述约束条件，在下一节中，将根据博弈论的观点和理论进一步设计认知卫星用户的无线资源分配效用函数 $U_{l,m}$ 和无线资源优化问题的目标函数 $f(\cdot)$ 。

| 5.3   基于合作博弈的资源分配模型 |

认知接入区域的干扰约束条件和资源的有限性会导致认知卫星用户之间形成竞争关系，这种竞争关系表现为多个认知卫星用户间对无线资源抢占存在资源博弈，这使本章研究的问题可以根据博弈论的基本观点建模成一个博弈过程[24-25,27]。根据认知卫星用户间可以通过信息交互实现协同的假设和本章提出的混合式资源管理架构，可以将本章研究的资源分配问题构建为一个合作议价博弈（为讨价还价博弈）模型[9]。本节将简要介绍合作议价博弈模型中的相关理论和概念，并根据其理论设计认知卫星用户的无线资源分配效用函数 $U_{l,m}$ 和无线资源优化问题的目标函数 $f(\cdot)$ 。

5.3.1   议价博弈理论基础

地面微波网络用户的干扰约束的存在，使认知卫星用户在发射功率上存在着竞争关系，同时，由于带宽资源的有限性，认知卫星用户在带宽资源上也是相互竞争的，各用户为了获得更好的通信质量，使资源优化的过程可以被看作一个博弈过程。根据博弈理论，博弈模型可以分为两类：非合作博弈和合作博弈模型。非合作博弈模型是基于理性假设的，即博弈的参与者均是理性的、贪婪的，他们只关心自己能否获得更有利于自己的结果，互相之间不存在合作和协同机制来提高整体收益，其博弈结果为一个唯一的博弈均衡点，其被称为纳什均衡（Nash Equilibrium，NE）点[24-25]。由于参与博弈的多方参与者之间的自私性，整个系统的效用对于参与者来说并不是他们关心的，他们只关心如何抢占更多的资源实现自身效用的最大化。因此，非合作博弈的结果对参与者构成的系统整体而言并不一定是最优的，参与者的自私性常常会导致系统整体获得一个不好的收益，如著名的囚徒困境模型[25-26]。而诸如纳什议价博弈模型这一类合作博弈模型是基于参与者之间的信任关系的，这种信任关系建立在彼此的信息交互和共享上，如在囚徒困境中引入多个囚徒之间的"串供"机制，使他们能够协同合作做出有利于自己量刑结果的证词，这种方式通过参与者的协同和信息共享来提高系统整体的收益。因此，在 SIN 中信息共享协同的假设下和本章提出的混合资源管理架构下，可以合理地将本章研究的资源分配问题建模成一个合作议价博弈模型来提高认知区域的整体效用。

假设有 K 个参与者参加一个纳什议价博弈，令 $U_k \in \boldsymbol{U}$ 为第 k 个参与者的效用，其中 $\boldsymbol{U} = (U_1, \cdots, U_k, \cdots, U_K)$ 表示各参与者的效用可行空间，它为一个非空、有界、凸的闭空间[34-35]。令 $\boldsymbol{U}^{\min} = (U_1^{\min}, \cdots, U_k^{\min} \cdots, U_K^{\min})$ 为各参与者的所需的最低效用，任何低于该效用的出价都将不被该参与者接受[9]。结合各用户效用和最低效用可以构造一个纳什议价博弈 $f(\boldsymbol{U}, \boldsymbol{U}^{\min})$，$f(\boldsymbol{U}, \boldsymbol{U}^{\min})$ 的最优解被称为纳什议价解（Nash Bargaining Solution，NBS）。NBS 的定义由定义 5.1 给出。

定义 5.1　若 $\boldsymbol{U}^* = (U_1^*, U_2^*, \cdots, U_K^*)$ 满足以下 6 个公理，则 $\boldsymbol{U}^*$ 为纳什议价博弈 $f(\boldsymbol{U}, \boldsymbol{U}^{\min})$ 的一个 NBS。

（1）参与者个体理性：$U_k^* \geqslant U_k^{\min}, \forall k$；

（2）可行性：$\boldsymbol{U}^* \in \boldsymbol{U}$；

（3）帕累托（Pareto）最优性：$\boldsymbol{U}^*$ 为 Pareto 最优的；

（4）可行空间置换的独立性：若 $\boldsymbol{U}^* = \arg f(\boldsymbol{U}, \boldsymbol{U}^{\min})$ 且 $\boldsymbol{U}^* \in \boldsymbol{U}' \subset \boldsymbol{U}$，则有 $\boldsymbol{U}^* = \arg f(\boldsymbol{U}', \boldsymbol{U}^{\min})$；

（5）线性变换的独立性：$\xi(\boldsymbol{U}^*) = \arg f(\xi(\boldsymbol{U}), \xi(\boldsymbol{U}^{\min}))$，其中 ξ 代表任意的线性变换；

（6）对称性：若交换任意参与者，$\boldsymbol{U}$ 保持不变，则所有参与者的 NBS 都是相同的，即 $U_i^* = U_j^*, \forall i, j$。

公理（1）～公理（3）为 NBS 的约束条件，它确保了 $\boldsymbol{U}^*$ 的存在性和最优性，其中，Pareto 最优性的定义如定义 5.2 所示。

定义 5.2 在当前策略的效用为 U_k 的条件下，若无法找到任何其他的策略使效用 $U'_k \geqslant U_k, \forall k$，即在参与者的效用中，存在某一个参与者的效用满足 $U'_k > U_k$，即不存在任何使某些参与者的效用提升而不损耗其他参与者效用的策略，则称当前策略为 Pareto 最优的。

公理（4）和公理（5）确保了纳什议价博弈结果的公平性，公理（6）则表示若所有参与者的博弈可行空间均为完全对称的，那么所有参与者均具备相同的优先级并获得相同的效用[29]。

根据博弈论基本理论，对于上面描述的纳什议价博弈，其 NBS 的存在性和唯一性满足以下定理[30]。

定理 5.1 若 U 为一个非空、有界、凸的闭空间，则纳什议价博弈 $f(U, U^{\min})$ 存在一个唯一的 NBS U^{opt} 满足上述 6 条公理，它可以被表示为

$$U^{\mathrm{opt}} = \arg \max_{U \in U \, U \geqslant U^{\min}} \prod_{k=1}^{K} \left(U_k - U_k^{\min} \right) \tag{5-11}$$

其中，$U^{\mathrm{opt}} = (U_1^{\mathrm{opt}}, U_2^{\mathrm{opt}}, \cdots, U_K^{\mathrm{opt}})$，且 $U_k^{\mathrm{opt}} \geqslant U_k^{\min}, \forall k$。

证明 类似证明参见文献[36]。

由纳什议价博弈理论可以看出，本章研究的 SIN 认知接入区域的无线资源优化问题，由于资源管理架构的信息共享机制为多认知卫星用户提供的合作基础，从系统整体效用提升的角度出发，该问题也可以建模成一个议价博弈模型，接下来，将对基于议价博弈的无线资源优化目标函数进行设计。

5.3.2 合作资源分配博弈

根据 5.3.1 节介绍的议价博弈理论，可以构建一个基于纳什议价博弈的合作资源分配博弈模型。本章系统模型中的认知卫星用户可以被看作 $L \times M$ 个博弈参与者，资源分配的可能组合则为参与者用来提升效用的备选策略。为了在保证系统总效用的条件下获得一个相对公平的分配结果，采用认知卫星用户的可达速率 $R_{l,m}$ 作为效用函数 $U_{l,m}$，可行效用空间 U 则为式（5-10）中的约束条件 C1 ～ C5 构成的空间（ C6 已经包含在式（5-11）中，因此，予以省略）。明显，U 是非空、有界的闭空间，因此，只需证明 U 是凸的，根据定理 5.1，本章研究的资源分配问题一定存在唯一的一个 NBS。

定理 5.2 U 是凸的。

证明 根据数学中函数的基础理论中函数空间凹凸性的定义，在 $U(P', \varDelta') \in U$

且 $U(P'',\varDelta'') \in U$ 时，当且仅当 $\theta U(P',\varDelta') + (1-\theta)U(P'',\varDelta'') \in U$ ，则 U 是凸的，其中，$0 \leqslant \theta \leqslant 1$ 。

那么，对于本章的无线资源优化目标函数中的约束条件 C1 ，只考虑 $\delta_{l,m,f,t} = 1$ 的情况（因为 $\delta_{l,m,f,t} = 0$ 会导致 $\delta_{l,m,f,t} P_{l,m,f,t} g_{l,m,f,t} = 0$ ），可得

$$\sum_{m=1}^{M}\sum_{t=1}^{T}\theta P'_{l,m,f,t} g_{l,m,f,t} \leqslant \theta I_{l,f}^{\text{th}} \tag{5-12}$$

$$\sum_{m=1}^{M}\sum_{t=1}^{T}(1-\theta) P''_{l,m,f,t} g_{l,m,f,t} \leqslant (1-\theta) I_{l,f}^{\text{th}} \tag{5-13}$$

将式（5-12）与式（5-13）相加，可得

$$\sum_{m=1}^{M}\sum_{t=1}^{T}\left(\theta P'_{l,m,f,t} + (1-\theta) P''_{l,m,f,t}\right) g_{l,m,f,t} \leqslant I_{l,f}^{\text{th}} \tag{5-14}$$

即 C1 满足函数空间为凸的基本定义[37]。同理，可得 C2 ～ C5 也满足该定义。因此，U 是凸的。

证毕。

由于 U 是凸的，根据 5.3.1 节描述的纳什议价博弈理论，本章研究的无线资源分配问题，满足定义 5.1 中的 6 个公理，即该问题存在唯一的一个 NBS。此外，式（5-11）中的 NBS 等效于

$$U^{\text{opt}} = \arg \max_{U \in UU \geqslant U^{\min}} \sum_{k=1}^{K} \ln\left(U_k - U_k^{\min}\right) \tag{5-15}$$

因此，式（5-9）和式（5-10）表述的资源分配问题，可以建模成一个基于纳什议价博弈的合作资源分配博弈问题，令 $U_k = R_{l,m}$ ，$U_k^{\min} = R_{l,m}^{\min}$ ，代入原问题中，该博弈问题可以表述如下

$$\max_{P,\varDelta} \sum_{l=1}^{L}\sum_{m=1}^{M}\left(\ln\left(R_{l,m} - R_{l,m}^{\min}\right)\right) \tag{5-16}$$

$$\text{s.t. C1}: \sum_{m=1}^{M}\sum_{t=1}^{T}\delta_{l,m,f,t} P_{l,m,f,t} g_{l,m,f,t} \leqslant I_{l,f}^{\text{th}}, \forall l,f$$

$$\text{C2}: P_{l,m,f,t}\gamma_{l,m,f,t} \geqslant \delta_{l,m,f,t}\text{SNR}^{\text{th}}, \forall l,m,f,t$$

$$\text{C3}: 0 \leqslant P_{l,m,f,t} \leqslant P_{l,m}^{\max}, \forall l,m,f,t$$

$$\text{C4}: \sum_{f=1}^{F}\delta_{l,m,f,t} \leqslant 1, \ \forall l,m,t$$

$$\text{C5}: \sum_{m=1}^{M}\delta_{l,m,f,t} \leqslant 1, \ \forall l,f,t \tag{5-17}$$

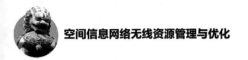

实际上，通过分析上述问题的目标函数的数学特性可知，上述问题可以通过凸优化理论推导求解，下节将给出具体求解过程。

| 5.4 基于纳什议价博弈的合作资源博弈优化 |

根据凸优化理论，凸问题可以通过将原问题转换为对偶问题，对偶域求解。5.3 节已经证明了该问题的可行域（约束空间）为凸的，根据凸优化理论，约束空间为凸的优化问题，只要其效用函数为凸函数或凹函数，则该问题为一个凸优化问题，可以等效为对偶问题求解。因此，只需证明效用函数为凸函数或凹函数即可证明该问题为一个凸优化问题[37]。

定理 5.3　$U_{l,m} = R_{l,m}$ 是凸的。

证明　将 $U_{l,m}$ 对 $P_{l,m,f,t}$ 求一阶偏导数，可得

$$\frac{\partial U_{l,m}}{\partial P_{l,m,f,t}} = \sum_{f=1}^{F}\sum_{t=1}^{T} \frac{\delta_{l,m,f,t}\gamma_{l,m,f,t}}{\left(1 + P_{l,m,f,t}\gamma_{l,m,f,t}\right)\ln 2} \tag{5-18}$$

对于分配给第 l 个波束下的第 M 个认知卫星用户的资源块，有 $\delta_{l,m,f,t} = 1$，否则 $\delta_{l,m,f,t} = 0$。为了满足认知卫星用户的 QoS 需求，使认知卫星用户的数据可以被传输，每个认知卫星用户总是会被分得一些资源块，这意味着 $\sum_{f=1}^{F}\sum_{t=1}^{T}\delta_{l,m,f,t} > 0, \forall l, m$，因此，可得

$$\sum_{f=1}^{F}\sum_{t=1}^{T} \frac{\delta_{l,m,f,t}\gamma_{l,m,f,t}}{\left(1 + P_{l,m,f,t}\gamma_{l,m,f,t}\right)\ln 2} > 0 \tag{5-19}$$

将 $U_{l,m}$ 对 $P_{l,m,f,t}$ 求二阶偏导数，可得

$$\frac{\partial^2 U_{l,m}}{\partial P_{l,m,f,t}^2} = \sum_{f=1}^{F}\sum_{t=1}^{T} \frac{\delta_{l,m,f,t}\gamma_{l,m,f,t}^2}{\left(1 + P_{l,m,f,t}\gamma_{l,m,f,t}\right)^2 \ln 2} \tag{5-20}$$

与式（5-19）同理，可得

$$\frac{\partial^2 U_{l,m}}{\partial P_{l,m,f,t}^2} > 0 \tag{5-21}$$

因此，$U_{l,m} = R_{l,m}$ 是凸的。

证毕。

根据定理 5.3，本章研究的问题为凸优化问题，因此，对偶问题与原问题的最优解之间的距离可以视为 0。那么，原问题可以转换为对偶问题，通过引入拉格朗日乘因子，推导对偶域的闭合解形式，而后在对偶域通过设计迭代算法求解最佳的拉格朗日乘因子，从而获得问题的最优解。

5.4.1　对偶问题及其闭合解

凸优化问题与其对偶问题之间解的距离可以认为是 0[38-39]，原问题等效于其目标函数的对偶方程的最小化问题。因此，本章研究的资源分配问题可以通过最小化其对偶方程来求解。通过引入拉格朗日乘因子 $\{\lambda_{l,f}\}$、$\{\alpha_{l,m,f,t}\}$ 和 $\{\beta_{l,m,f,t}\}$，原问题的拉格朗日方程可以表示为[37]

$$
\begin{aligned}
L(\boldsymbol{P},\boldsymbol{\Delta},\boldsymbol{\lambda},\boldsymbol{\alpha},\boldsymbol{\beta}) = \sum_{l=1}^{L}\sum_{m=1}^{M} & \left(\ln\left(\left(\sum_{f=1}^{F}\sum_{t=1}^{T}\delta_{l,m,f,t}\,\mathrm{lb}\left(1+P_{l,m,f,t}\gamma_{l,m,f,t}\right) \right) - R_{l,m}^{\min} \right) \right) + \\
& \sum_{l=1}^{L}\sum_{f=1}^{F}\lambda_{l,f}\left(I_{l,f}^{\mathrm{th}} - \sum_{m=1}^{M}\sum_{t=1}^{T}\delta_{l,m,f,t}P_{l,m,f,t}g_{l,m,f,t} \right) + \\
& \sum_{l=1}^{L}\sum_{m=1}^{M}\sum_{f=1}^{F}\sum_{t=1}^{T}\alpha_{l,m,f,t}\left(P_{l,m,f,t}\gamma_{l,m,f,t} - \delta_{l,m,f,t}\mathrm{SNR}^{\mathrm{th}} \right) + \\
& \sum_{l=1}^{L}\sum_{m=1}^{M}\sum_{f=1}^{F}\sum_{t=1}^{T}\beta_{l,m,f,t}\left(P_{l,m}^{\max} - P_{l,m,f,t} \right)
\end{aligned}
\tag{5-22}
$$

那么，其对偶方程可以表示为[38]

$$
D(\boldsymbol{\lambda},\boldsymbol{\alpha},\boldsymbol{\beta}) = \begin{cases} \max_{\boldsymbol{P},\boldsymbol{\Delta}} \mathrm{L}(\boldsymbol{P},\boldsymbol{\Delta},\boldsymbol{\lambda},\boldsymbol{\alpha},\boldsymbol{\beta}) \\ \mathrm{s.t.}\ \sum_{f=1}^{F}\delta_{l,m,t} \leqslant 1,\ \forall l,m,t \\ \sum_{m=1}^{M}\delta_{l,m,f,t} \leqslant 1,\ \forall l,f,t \end{cases}
\tag{5-23}
$$

因此，原问题可以转化为如下的对偶问题

$$
\min_{\boldsymbol{\lambda},\boldsymbol{\alpha},\boldsymbol{\beta}} D(\boldsymbol{\lambda},\boldsymbol{\alpha},\boldsymbol{\beta})
\tag{5-24}
$$

实际上，拉格朗日方程可以进一步写为

$$
L(\boldsymbol{P},\boldsymbol{\Delta},\boldsymbol{\lambda},\boldsymbol{\alpha},\boldsymbol{\beta}) = L(\cdots) + \sum_{l=1}^{L}\sum_{f=1}^{F}\lambda_{l,f}I_{l,f}^{\mathrm{th}} + \sum_{l=1}^{L}\sum_{m=1}^{M}\sum_{f=1}^{F}\sum_{t=1}^{T}\beta_{l,m,f,t}P_{l,m}^{\max}
\tag{5-25}
$$

其中，$L(\cdots)$ 为包含 $P_{l,m,f,t}$ 和 $\delta_{l,m,f,t}$ 的分量，表示为

$$L(\cdots) = \sum_{l=1}^{L}\sum_{m=1}^{M}\left(\ln\left(\left(\sum_{f=1}^{F}\sum_{t=1}^{T}\delta_{l,m,f,t}\mathrm{lb}\left(1+P_{l,m,f,t}\gamma_{l,m,f,t}\right)\right)-R_{l,m}^{\min}\right)\right)-$$

$$\sum_{l=1}^{L}\sum_{m=1}^{M}\sum_{f=1}^{F}\sum_{t=1}^{T}\lambda_{l,f}\delta_{l,m,f,t}P_{l,m,f,t}g_{l,m,f,t}+$$

$$\sum_{l=1}^{L}\sum_{f=1}^{F}\sum_{m=1}^{M}\sum_{t=1}^{T}\alpha_{l,m,f,t}\left(P_{l,m,f,t}\gamma_{l,m,f,t}-\delta_{l,m,f,t}\mathrm{SNR}^{\mathrm{th}}\right)-$$

$$\sum_{l=1}^{L}\sum_{m=1}^{M}\sum_{f=1}^{F}\sum_{t=1}^{T}\beta_{l,m,f,t}P_{l,m,f,t} \qquad (5\text{-}26)$$

因此，可得

$$\max_{\boldsymbol{P},\boldsymbol{\Delta}}L\left(\boldsymbol{P},\boldsymbol{\Delta},\boldsymbol{\lambda},\boldsymbol{\alpha},\boldsymbol{\beta}\right)\cong\max_{\boldsymbol{P},\boldsymbol{\Delta}}L(\cdots) \qquad (5\text{-}27)$$

其中，$\max\limits_{\boldsymbol{P},\boldsymbol{\Delta}}L(\cdots)$ 可以进一步表示为

$$\max_{(\boldsymbol{P},\boldsymbol{\Delta})}L(\cdots)=\max_{\boldsymbol{P},\boldsymbol{\Delta}}\sum_{l=1}^{L}\sum_{m=1}^{M}\left\{\begin{array}{l}\ln\left(\left(\sum_{f=1}^{F}\sum_{t=1}^{T}\delta_{l,m,f,t}\mathrm{lb}\left(1+P_{l,m,f,t}\gamma_{l,m,f,t}\right)\right)-R_{l,m}^{\min}\right)-\\[2mm]\sum_{f=1}^{F}\sum_{t=1}^{T}\lambda_{l,f}\delta_{l,m,f,t}P_{l,m,f,t}g_{l,m,f,t}+\\[2mm]\sum_{m=1}^{M}\sum_{t=1}^{T}\alpha_{l,m,f,t}\left(P_{l,m,f,t}\gamma_{l,m,f,t}-\delta_{l,m,f,t}\mathrm{SNR}^{\mathrm{th}}\right)-\\[2mm]\sum_{f=1}^{F}\sum_{t=1}^{T}\beta_{l,m,f,t}P_{l,m,f,t}\end{array}\right\} \qquad (5\text{-}28)$$

式（5-28）中的问题可以解耦成为 $L\times M$ 个独立的子问题，每个问题可以独立求解。因此，在给定 $\{\lambda_{l,f}\}$、$\{\alpha_{l,m,f,t}\}$ 和 $\{\beta_{l,m,f,t}\}$ 的条件下，$L(\cdots)$ 对 $P_{l,m,f,t}$ 的一阶偏导数可以表示为

$$\frac{\partial L(\cdots)}{\partial P_{l,m,f,t}}=\frac{\dfrac{\delta_{l,m,f,t}\gamma_{l,m,f,t}}{\left(1+P_{l,m,f,t}\gamma_{l,m,f,t}\right)\ln 2}}{\left(\delta_{l,m,f,t}\mathrm{lb}\left(1+P_{l,m,f,t}\gamma_{l,m,f,t}\right)-R_{l,m}^{\min}\right)}-$$

$$\lambda_{l,f}\delta_{l,m,f,t}g_{l,m,f,t}+\alpha_{l,m,f,t}\gamma_{l,m,f,t}-\beta_{l,m,f,t} \qquad (5\text{-}29)$$

令 $\Lambda(P_{l,m,f,t})=1+P_{l,m,f,t}\gamma_{l,m,f,t}$，$\phi=\lambda_{l,f}\delta_{l,m,f,t}g_{l,m,f,t}-\alpha_{l,m,f,t}\gamma_{l,m,f,t}+\beta_{l,m,f,t}$，可得

$$\frac{\partial L(\cdots)}{\partial P_{l,m,f,t}}=\frac{\dfrac{\delta_{l,m,f,t}\gamma_{l,m,f,t}}{\Lambda\left(P_{l,m,f,t}\right)}}{\left(\delta_{l,m,f,t}\mathrm{lb}\left(\Lambda\left(P_{l,m,f,t}\right)\right)-R_{l,m}^{\min}\right)\ln 2}-\phi \qquad (5\text{-}30)$$

根据 KKT 条件[39-40]，令 $\dfrac{\partial L(\cdots)}{\partial P_{l,m,f,t}} = 0$，可得

$$\Lambda\left(P_{l,m,f,t}\right)\left(\text{lb}\left(\Lambda\left(P_{l,m,f,t}\right)\right) - \frac{R_{l,m}^{\min}}{\delta_{l,m,f,t}}\right) = \frac{\gamma_{l,m,f,t}}{\phi \ln 2} \tag{5-31}$$

上式可以进一步写为

$$\Lambda\left(P_{l,m,f,t}\right)\left(\text{lb}\left(\Lambda\left(P_{l,m,f,t}\right)\right) - \text{lb}\left(2^{\frac{R_{l,m}^{\min}}{\delta_{l,m,f,t}}}\right)\right) = \frac{\gamma_{l,m,f,t}}{\phi \ln 2} \tag{5-32}$$

上式两边同时除以 $2^{\frac{R_{l,m}^{\min}}{\delta_{l,m,f,t}}}$，可得

$$\frac{\Lambda\left(P_{l,m,f,t}\right)}{2^{\frac{R_{l,m}^{\min}}{\delta_{l,m,f,t}}}}\text{lb}\left(\frac{\Lambda\left(P_{l,m,f,t}\right)}{2^{\frac{R_{l,m}^{\min}}{\delta_{l,m,f,t}}}}\right) = \frac{\gamma_{l,m,f,t}}{2^{\frac{R_{l,m}^{\min}}{\delta_{l,m,f,t}}}\phi \ln 2} \tag{5-33}$$

令 $\zeta = \dfrac{\Lambda\left(P_{l,m,f,t}\right)}{2^{\frac{R_{l,m}^{\min}}{\delta_{l,m,f,t}}}}$，可得

$$\zeta\,\text{lb}\left(\zeta\right) = \frac{\gamma_{l,m,f,t}}{2^{\frac{R_{l,m}^{\min}}{\delta_{l,m,f,t}}}\phi \ln 2} \tag{5-34}$$

对上式两边同时取 2 的对数，可得

$$\zeta^{\zeta} = 2^{2^{\frac{\gamma_{l,m,f,t}}{2^{\frac{R_{l,m}^{\min}}{\delta_{l,m,f,t}}}\phi \ln 2}}} \tag{5-35}$$

根据 Lambert-W 函数[41]，ζ 可以表示为

$$\zeta = \exp\left(W\left(\ln\left(2^{2^{\frac{\gamma_{l,m,f,t}}{2^{\frac{R_{l,m}^{\min}}{\delta_{l,m,f,t}}}\phi \ln 2}}}\right)\right)\right) \tag{5-36}$$

其中，有

$$W(\cdot) = \sum_{i=1}^{+\infty}\left(\left(-i\right)^{i-1}\big/i!\right)\left(\cdot\right)^{i} \tag{5-37}$$

为 Lambert-W 函数[41]。

将 $\Lambda\left(P_{l,m,f,t}\right)=1+P_{l,m,f,t}\gamma_{l,m,f,t}$, $\phi=\lambda_{l,f}\delta_{l,m,f,t}g_{l,m,f,t}-\alpha_{l,m,f,t}\gamma_{l,m,f,t}+\beta_{l,m,f,t}$ 和

$\zeta=\dfrac{\Lambda\left(P_{l,m,f,t}\right)}{2^{\frac{R_{l,m}^{\min}}{\delta_{l,m,f,t}}}}$ 代入式（5-36），可得

$$\frac{1+P_{l,m,f,t}\gamma_{l,m,f,t}}{2^{\frac{R_{l,m}^{\min}}{\delta_{l,m,f,t}}}}=\exp\left(W\left(\ln\left(2^{\frac{R_{l,m}^{\min}}{\delta_{l,m,f,t}}\left(\lambda_{l,f}\delta_{l,m,f,t}g_{l,m,f,t}-\alpha_{l,m,f,t}\gamma_{l,m,f,t}+\beta_{l,m,f,t}\right)\ln 2}\right)\right)\right)\qquad（5\text{-}38）$$

因此，在给定最佳资源块分配 $\hat{\delta}_{l,m,f,t}$ 时，最佳功率分配 $\hat{P}_{l,m,f,t}$ 的闭合解可以表示为

$$\hat{P}_{l,m,f,t}=\frac{1}{\gamma_{l,m,f,t}}\left(2^{\frac{R_{l,m}^{\min}}{\delta_{l,m,f,t}}}\exp\left(W\left(\ln\left(2^{\frac{R_{l,m}^{\min}}{\delta_{l,m,f,t}}\left(\lambda_{l,f}\delta_{l,m,f,t}g_{l,m,f,t}-\alpha_{l,m,f,t}\gamma_{l,m,f,t}+\beta_{l,m,f,t}\right)\ln 2}\right)\right)\right)-1\right)^{+}$$

$$（5\text{-}39）$$

其中，$(x)^{+}=\max(0,x)$。

在给定 $\{\lambda_{l,f}\}$、$\{\alpha_{l,m,f,t}\}$ 和 $\{\beta_{l,m,f,t}\}$ 以及最佳功率分配 $\hat{P}_{l,m,f,t}$ 的条件下，$L(\cdots)$ 对 $\delta_{l,m,f,t}$ 的一阶偏导数可以表示为

$$\frac{\partial L(\cdots)}{\partial\delta_{l,m,f,t}}=\frac{\text{lb}\left(1+P_{l,m,f,t}\gamma_{l,m,f,t}\right)}{\text{lb}\left(1+P_{l,m,f,t}\gamma_{l,m,f,t}\right)-R_{l,m}^{\min}}-\lambda_{l,f}P_{l,m,f,t}g_{l,m,f,t}-\alpha_{l,m,f,t}\text{SNR}^{\text{th}}\qquad（5\text{-}40）$$

令

$$T(P_{l,m,f,t})=\frac{\text{lb}\left(1+P_{l,m,f,t}\gamma_{l,m,f,t}\right)}{\text{lb}\left(1+P_{l,m,f,t}\gamma_{l,m,f,t}\right)-R_{l,m}^{\min}}-\lambda_{l,f}P_{l,m,f,t}g_{l,m,f,t}\qquad（5\text{-}41）$$

可得

$$\frac{\partial L(\cdots)}{\partial\delta_{l,m,f,t}}=T(P_{l,m,f,t})-\alpha_{l,m,f,t}\text{SNR}^{\text{th}}\qquad（5\text{-}42）$$

若将 $\delta_{l,m,f,t}$ 松弛为 $[0,1]$ 上的连续值，为了最小化对偶方程，无线资源的效用跟随 $\delta_{l,m,f,t}$ 变化最快的认知卫星用户将占用该资源块。因此，资源块 $\omega_{f,t}^{l}$ 将分配给在最佳功率分配 $\hat{P}_{l,m,f,t}$ 给定的条件下，具有最大的 $T(P_{l,m,f,t})$ 值的认知卫星用户。最佳资源块分配 $\hat{\delta}_{l,m,f,t}$ 的闭合解可以表示为

$$\hat{\delta}_{l,m,f,t} = \begin{cases} 1(l,m) = \arg\max T(\hat{P}_{l,m,f,t}), & \forall f,t \\ 0(l,m) \neq \arg\max T(\hat{P}_{l,m,f,t}), & \forall f,t \end{cases} \tag{5-43}$$

5.4.2 拉格朗日乘因子更新

5.4.1 节通过对偶变换构建对偶问题，推导了发射功率 $P_{l,m,t}$ 和占用资源块 $\delta_{l,m,f,t}$ 关于拉格朗日乘因子 $\{\lambda_{l,f}\}$、$\{\alpha_{l,m,f,t}\}$ 和 $\{\beta_{l,m,f,t}\}$ 在对偶域的闭合解。为了解决本章研究的无线资源分配问题,需要求解对偶问题以获得最佳的拉格朗日乘因子。与第 4 章类似，本节考虑采用子梯度法来更新拉格朗日乘因子，从而可以通过迭代方式获得最优解。

根据子梯度法[42]，可推出引理 5.1。

引理 5.1 拉格朗日乘因子 $\{\lambda_{l,f}\}$、$\{\alpha_{l,m,f,t}\}$ 和 $\{\beta_{l,m,f,t}\}$ 的子梯度表示为[42]

$$\Delta\lambda_{l,f} = I_{l,f}^{\text{th}} - \sum_{m=1}^{M}\sum_{t=1}^{T}\delta_{l,m,f,t}P_{l,m,f,t}g_{l,m,f,t} \tag{5-44}$$

$$\Delta\alpha_{l,m,f,t} = P_{l,m,f,t}\gamma_{l,m,f,t} - \delta_{l,m,f,t}\text{SNR}^{\text{th}} \tag{5-45}$$

$$\Delta\beta_{l,m,f,t} = P_{l,m}^{\max} - P_{l,m,f,t} \tag{5-46}$$

其中，$\Delta\lambda_{l,f}$、$\Delta\alpha_{l,m,f,t}$ 和 $\Delta\beta_{l,m,f,t}$ 分别为 $\{\lambda_{l,f}\}$、$\{\alpha_{l,m,f,t}\}$ 和 $\{\beta_{l,m,f,t}\}$ 的子梯度。

证明 根据式（5-23）中对偶方程的定义，可得

$$D(\boldsymbol{\lambda}', \boldsymbol{\alpha}', \boldsymbol{\beta}') = \max_{\boldsymbol{P},\boldsymbol{\Delta}} L(\boldsymbol{P}, \boldsymbol{\Delta}, \boldsymbol{\lambda}', \boldsymbol{\alpha}', \boldsymbol{\beta}') \tag{5-47}$$

其中，$\{\boldsymbol{\lambda}', \boldsymbol{\alpha}', \boldsymbol{\beta}'\}$ 为更新后的乘因子，因此，$\hat{\boldsymbol{P}}$ 和 $\hat{\boldsymbol{\Delta}}$ 对 $D(\boldsymbol{\lambda}', \boldsymbol{\alpha}', \boldsymbol{\beta}')$ 来说不是最优的，则有

$$D(\boldsymbol{\lambda}', \boldsymbol{\alpha}', \boldsymbol{\beta}') \geqslant \max_{\hat{\boldsymbol{P}},\hat{\boldsymbol{\Delta}}} L(\hat{\boldsymbol{P}}, \hat{\boldsymbol{\Delta}}, \boldsymbol{\lambda}', \boldsymbol{\alpha}', \boldsymbol{\beta}') \tag{5-48}$$

同时，$L(\hat{\boldsymbol{P}}, \hat{\boldsymbol{\Delta}}, \boldsymbol{\lambda}', \boldsymbol{\alpha}', \boldsymbol{\beta}')$ 可以进一步写为

$$\begin{aligned} L\left(\hat{\boldsymbol{P}}, \hat{\boldsymbol{\Delta}}, \boldsymbol{\lambda}', \boldsymbol{\alpha}', \boldsymbol{\beta}'\right) = & \sum_{l=1}^{L}\sum_{f=1}^{F}\left(\lambda_{l,f}' - \lambda_{l,f}\right)\left(I_{l,f}^{\text{th}} - \sum_{m=1}^{M}\sum_{t=1}^{T}\hat{\delta}_{l,m,f,t}\hat{P}_{l,m,f,t}g_{l,m,f,t}\right) + \\ & \sum_{l=1}^{L}\sum_{m=1}^{M}\sum_{f=1}^{F}\sum_{t=1}^{T}\left(\alpha_{l,m,f,t}' - \alpha_{l,m,f,t}\right)\left(\hat{P}_{l,m,f,t}\gamma_{l,m,f,t} - \hat{\delta}_{l,m,f,t}\text{SNR}^{\text{th}}\right) + \\ & \sum_{l=1}^{L}\sum_{m=1}^{M}\sum_{f=1}^{F}\sum_{t=1}^{T}\left(\beta_{l,m,f,t}' - \beta_{l,m,f,t}\right)\left(P_{l,m}^{\max} - \hat{P}_{l,m,f,t}\right) + \\ & L\left(\hat{\boldsymbol{P}}, \hat{\boldsymbol{\Delta}}, \boldsymbol{\lambda}, \boldsymbol{\alpha}, \boldsymbol{\beta}\right) \end{aligned} \tag{5-49}$$

对式（5-49）两边同时取最大值，结合式（5-48）可得

$$D(\lambda',\alpha',\beta') \geqslant \sum_{l=1}^{L}\sum_{f=1}^{F}\left(\lambda'_{l,f}-\lambda_{l,f}\right)\left(I_{l,f}^{\text{th}}-\sum_{m=1}^{M}\sum_{t=1}^{T}\hat{\delta}_{l,m,f,t}\hat{P}_{l,m,f,t}g_{l,m,f,t}\right)+$$

$$\sum_{l=1}^{L}\sum_{m=1}^{M}\sum_{f=1}^{F}\sum_{t=1}^{T}\left(\alpha'_{l,m,f,t}-\alpha_{l,m,f,t}\right)\left(\hat{P}_{l,m,f,t}\gamma_{l,m,f,t}-\hat{\delta}_{l,m,f,t}\text{SNR}^{\text{th}}\right)+$$

$$\sum_{l=1}^{L}\sum_{m=1}^{M}\sum_{f=1}^{F}\sum_{t=1}^{T}\left(\beta'_{l,m,f,t}-\beta_{l,m,f,t}\right)\left(P_{l,m}^{\max}-\hat{P}_{l,m,f,t}\right)+D(\lambda,\alpha,\beta)$$

$$（5\text{-}50）$$

式（5-50）满足子梯度的定义[42]。

证毕。

根据引理 5.1 中的子梯度，可以通过以下公式更新拉格朗日乘因子[38]

$$\lambda_{l,f}^{(i+1)}=\lambda_{l,f}^{(i)}-\theta_{\lambda}^{(i)}\Delta\lambda_{l,f} \qquad （5\text{-}51）$$

$$\alpha_{l,m,f,t}^{(i+1)}=\alpha_{l,m,f,t}^{(i)}-\theta_{\alpha}^{(i)}\Delta\alpha_{l,m,f,t} \qquad （5\text{-}52）$$

$$\beta_{l,m,f,t}^{(i+1)}=\beta_{l,m,f,t}^{(i)}-\theta_{\beta}^{(i)}\Delta\beta_{l,m,f,t} \qquad （5\text{-}53）$$

其中，$\theta_{j}^{(i)}$（$j=\lambda,\alpha,\beta$）为第 i 次迭代的更新步长，该步长必须满足以下条件

$$\sum_{i=1}^{\infty}\theta_{j}^{(i)}=\infty,\ \lim_{i\to\infty}\theta_{j}^{(i)}=0 \qquad （5\text{-}54）$$

联合式（5-51）～式（5-53）与式（5-39）和（5-43），可以通过迭代方式更新拉格朗日乘因子获取最佳拉格朗日乘因子，从而在对偶域求解本章研究的资源分配问题。在本章提出的混合式资源管理架构下，可以通过分布式计算与中心管理的方式设计一种快速收敛的迭代算法求解该问题。

5.4.3 合作资源分配算法

前面论述的子梯度法可以通过迭代算法来实现，令 $I_{\max}$ 为算法的最大迭代次数，ε_{j}（$j=\lambda,\alpha,\beta$）为各个拉格朗日乘因子的参数更新终止指标，其参数更新终止条件可表示为[40]

$$\lambda_{l,f}^{(i)}\Delta\lambda_{l,f}\leqslant\varepsilon_{\lambda} \qquad （5\text{-}55）$$

$$\alpha_{l,m,f,t}^{(i)}\Delta\alpha_{l,m,f,t}\leqslant\varepsilon_{\alpha} \qquad （5\text{-}56）$$

$$\beta_{l,m,f,t}^{(i)}\Delta\beta_{l,m,f,t}\leqslant\varepsilon_{\beta} \qquad （5\text{-}57）$$

根据 5.4.1 节和 5.4.2 节的推导，设计一种基于认知用户协同的合作资源分配算法来解决本章研究的 SIN 的认知区域上行发射功率与带宽联合优化问题，过程如算法 5-1 所示。

假设在算法开始前，认知卫星用户已经与微波主基站通过专有信道实现了信息共享，获取了信道条件、干扰门限等信息。从算法 5-1 可以看出，算法开始运行后，认知区域的星载 NCC 在空间信息网络地面 NCC 的指令之下开始独立优化过程，合作资源分配博弈中的参数由星载 NCC 的中心控制单元初始化后，将相关参数广播给认知卫星用户，其中 $\boldsymbol{P}$ 在各个资源块上采用均匀分布的方式实现初始化，$\boldsymbol{\Delta}$ 则根据初始化功率和式（5-43）实现初始化。在每次迭代过程中，认知卫星用户与星载 NCC 上的中心控制单元和各波束控制单元在本章提出的混合式资源管理架构下根据纳什议价博弈理论实现协同合作。为了减少星载 NCC 的计算负荷、提高计算效率、缩短收敛时间，将分布式计算应用到算法和资源管理架构之中。最优功率 $\hat{P}_{l,m,f,t}$ 和拉格朗日乘因子 $\boldsymbol{\beta}$ 由认知卫星用户通过分布式的并行计算完成，计算 $\hat{\delta}_{l,m,f,t}$ 需要各波束全部认知用户的 $\hat{P}_{l,m,f,t}$ 值，因此，$\hat{\delta}_{l,m,f,t}$ 由星载 NCC 上的各波束控制单元通过分布式的并行计算完成。$\boldsymbol{\lambda}$ 和 $\boldsymbol{\alpha}$ 需要 $\hat{\delta}_{l,m,f,t}$ 实现更新，因此，由星载 NCC 的中心控制单元进行计算。

算法 5-1　基于议价博弈的空间信息网络认知区域合作资源分配算法

输入　最大迭代次数 $I_{\max}$，更新终止指标 ε_j（$j = \lambda, \alpha, \beta$）

输出　最佳发射功率 $\boldsymbol{P}$ 和最优资源块分配 $\boldsymbol{\Delta}$

1）地面 NCC 发送指令告知认知区域星载 NCC 启动独立资源规划模式；

2）星载 NCC 的中心控制单元初始化 $I_{\max}$、$\boldsymbol{P}$、$\boldsymbol{\Delta}$、$\boldsymbol{\lambda}$、$\boldsymbol{\alpha}$ 和 $\boldsymbol{\beta}$ 等参数，令 $i = 0$；

3）星载 NCC 通过全局波束将 $I_{\max}$、$\boldsymbol{P}$、$\boldsymbol{\Delta}$、$\boldsymbol{\lambda}$、$\boldsymbol{\alpha}$ 和 $\boldsymbol{\beta}$ 等参数广播给认知卫星用户；

4）**repeat**

5）　　**for** $l = 1:1:L$

6）　　　**for** $m = 1:1:M$

7）　　　　**for** $f = 1:1:F$

8）　　　　　**for** $t = 1:1:T$

9）　　　　　　认知卫星用户，根据式（5-39）计算 $\hat{P}_{l,m,f,t}$，并通过全局波束发回给星载 NCC 的各个波束控制单元；

10）　　　　　各波束控制单元根据式（5-43）计算 $\hat{\delta}_{l,m,f,t}$，并返回

给中心控制单元；

11）　　　　　中心控制单元根据式（5-51）和式（5-52）更新 λ 和 α；

12）　　　　　认知卫星用户通过分布式计算根据式（5-53）更新 β；

13）　　　　**end**

14）　　　**end**

15）　　**end**

16）　**end**

17）　星载 NCC 通过全局波束将 $\hat{\Delta}$、λ 和 α 广播给认知卫星用户；

18）　认知卫星用户通过全局波束将 β 发送给星载 NCC；

19）　　$i = i + 1$；

20）**until** $i = I_{max}$ 或同时满足式（5-55）~（5-57）表示的更新终止条件；

21）输出最佳发射功率 P 和最优资源块分配 Δ 实现入网通信；

在算法 5-1 中，认知卫星用户通过协同的方式，根据本地资源状态信息来计算最佳的发射功率，各波束控制单元则根据区域资源状态信息计算资源块分配值，而星载 NCC 根据全局资源状态信息更新资源优化参数来实现迭代，完成带宽的分配。算法 5-1 中的分布式计算方式能有效提高计算效率，而信息交互带来的传播时延是可以忽略的，因为计算更新和信息交互可以独立地同时进行。由于没有复杂的算子和计算步骤，该算法可以有效地应用于工程实践中。

| 5.5　仿真结果与分析 |

本节将对本章提出的基于议价博弈理论的 SIN 的认知区域合作资源分配算法进行仿真验证，认知区域的仿真参数如表 5-1 所示。

表 5-1　SIN 认知区域仿真参数设置

参数名称	符号	取值
波束数	L	$15 \sim 50$
每个波束下的用户数	M	$10 \sim 40$
卫星工作频率	f	30 GHz
总带宽	B_{tot}	100 MHz

（续表）

参数名称	符号	取值
带宽复用因子	α	4
每个波束的子信道数	F	30
每个超帧的时隙数	T	20
星地距离	$d_{l,m}$	36 000 km
用主距离	d	0.5～2 km
最大发射功率	$P_{l,m}^{\max}$	50 dBm
干扰门限	$I_{l,f}^{th}$	−90 dBm 、−100 dBm 和 −110 dBm
LoS 信号与散射信号功率比	s^2/σ^2	7
LoS 信号与散射信号功率和	$s^2+\sigma^2$	8 dB
衍射损耗	L_d	2 dB
噪声功率	N_0	−150 dB
用户发射天线增益	$G_{l,m}^T$	45 dB
卫星接收天线增益	G_s^R	50 dB
主基站接收天线增益	G_l^R	45 dB

　　考虑单颗采用多波束 MF-TDMA 的认知区域 GEO 卫星，在不同的仿真场景下，波束数在 15 到 50 之间变化，每个波束覆盖 10 到 50 个认知卫星用户，这些认知卫星用户作为 SU，接入 PU 为地面微波网络用户的中心频率 f 为 30 GHz 的频谱资源，该频段可用总带宽 B_{tot} 为 100 MHz，多波束频率复用因子 α 为 4，因此，每个波束的可用带宽 B_l 为 25 MHz。根据 MF-TDMA 的特性，将 B_l 划分为 $F(F=30)$ 个子信道，每个子信道在一个超帧（分配周期）内包含 $T(T=20)$ 个 MF-TDMA 时隙。GEO 卫星到认知卫星用户的距离 $d_{l,m}=36\,000$ km，认知卫星用户到微波主基站的距离为 $0.5\sim2$ km 之间的随机数。每个认知卫星用户的最大发射功率 $P_{l,m}^{\max}$ 为 50 dBm，采用 −90 dBm 、−100 dBm 和 −110 dBm 三种主基站干扰门限作为发射功率的约束条件。信道衰落假设为非中心卡方分布的随机变量，由式（5-2）获得，其中，LoS 信号与散射信号功率比 s^2/σ^2 为 7，LoS 信号与散射信号功率和 $s^2+\sigma^2$ 为 8 dB。认知卫星用户到微波主基站的信道上的衍射损耗 L_d 为 2 dB，AWGN 噪声功率 N_0 为

−150 dB。第 l 个波束下的第 m 个认知卫星用户的发射天线增益 $G_{l,m}^T$、认知区域卫星的接收天线增益 G_s^R 和第 l 个波束下的微波主基站的接收天线增益 G_l^I 分别为 45 dB、50 dB、45 dB。表 5-2 为合作资源分配算法参数设置，它给出了算法的最大迭代次数 I_{max} 和参数更新终止指标 ε_j 的数值。

表 5-2 合作资源分配算法参数设置

参数名称	符号	取值
最大迭代次数	I_{max}	100
更新终止指标	ε_j	0.01

本章仿真实验分为两部分：提出的认知区域合作资源分配算法的性能分析和与现有研究中的算法的性能比较。第一部分对提出的算法的收敛性能和不同条件下的系统容量进行了仿真分析；第二部分将现有算法的系统容量和公平性等性能与本章提出的算法进行了比较和分析。

5.5.1 合作资源分配算法的性能分析

首先，对本章提出的 SIN 认知区域合作资源分配算法在三种不同的干扰门限下的收敛性能进行了仿真分析，其仿真结果如图 5-3 所示。卫星总波束数 L 和每个波束下的认知卫星用户数 M 分别设置为 15 和 10。每个认知卫星用户的最小速率 $R_{l,m}^{min}$ 为 0.5 bit/(s·Hz)。从图 5-3 中可以看出，在三种干扰约束条件下，认知区域上行总容量均在不超过 40 次迭代就达到了最优值,这表明提出的合作资源分配算法在不同的仿真条件下均有较为合理的收敛速度。此外，最优系统容量随着干扰门限的提高而提高，这是因为干扰门限导致了认知卫星用户之间的功率竞争，提高干扰门限等于放宽了功率约束空间的范围。

图 5-4 给出了认知区域卫星波束 L 从 15 增加到 50 个的过程中，系统容量变化情况。每个波束下认知卫星用户数 M 为 10，认知卫星用户的最小速率 $R_{l,m}^{min}$ 为 0.5 bit/(s·Hz)。考虑存在信道估计误差的情况，认知卫星用户到卫星信道的实际信道增益与噪声功率比 $\gamma_{l,m,f,t}^*$ 表示为

$$\gamma_{l,m,f,t}^* = \hat{\gamma}_{l,m,f,t} + \Delta\gamma_{l,m,f,t} \qquad (5\text{-}58)$$

其中，$\hat{\gamma}_{l,m,f,t}$ 为信道增益与噪声功率比的估计值，$\Delta\gamma_{l,m,f,t}$ 为信道估计误差，是一个

零均值复高斯随机变量。此时，各个认知用户的实际速率应由 $\gamma^*_{l,m,f,t}$ 来计算。将 $\Delta\gamma_{l,m,f,t}$ 这个零均值复高斯随机变量的方差设为 0.06。对于某些 $\Delta\gamma_{l,m,f,t}$ 为负值的认知卫星用户，卫星天线接收处的 SNR 可能会低于卫星天线接收门限 SNR^{th}，这些用户的数据将不会被卫星正确接收解调，因此这些用户的实际速率为 0。

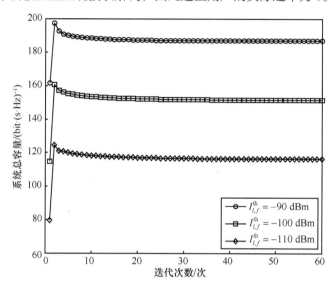

图 5-3　不同干扰门限下的收敛性能

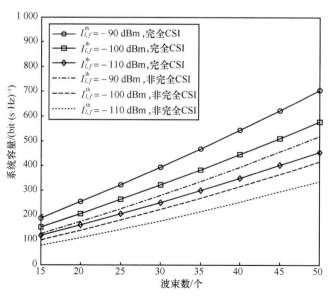

图 5-4　不同波束数目下的系统容量

在图 5-4 中，实线表示具有完全 CSI（不存在估计误差）时的系统容量，而虚线则表示系统在非完全 CSI（存在估计误差）时的系统实际容量（认知卫星用户实际速率的和）。与图 5-3 类似，系统容量随着干扰门限的升高而升高。无论采用多少个波束，在非完全 CSI 条件下的系统总容量总是低于完全 CSI 条件下的系统容量，这是因为信道估计误差 $\Delta\gamma_{l,m,f,t}$ 的存在导致系统无法获取真实的信道条件来求解最优值，因此，对于非完全 CSI 条件下的认知区域资源优化，需要采用合理的资源预留机制来应对信道估计中的随机误差。此外，系统容量随着波束数的增加而增加，这是因为多波束分集和频率复用带来的频谱效率的提升。

图 5-5 给出了认知区域的各波束下认知卫星用户数从 10 到 40 变化过程中的系统容量。卫星波束数 L 设置为 15 。认知卫星用户的最小速率 $R_{l,m}^{\min}$ 为 0.5 bit/(s·Hz) ，非完全 CSI 的表征与图 5-4 一致。与图 5-3 和图 5-4 相似，系统容量随着干扰门限的升高而升高，完全 CSI 条件下的系统容量高于非完全 CSI 条件下的系统容量。系统容量随着各波束下认知卫星用户数的增加而增加，这是因为多用户分集带来的容量提升。此外，系统容量随着各波束下认知卫星用户数增加得越来越缓慢，这是因为干扰门限的存在导致的用户间功率竞争和带宽资源的有限性带来的容量壁垒。

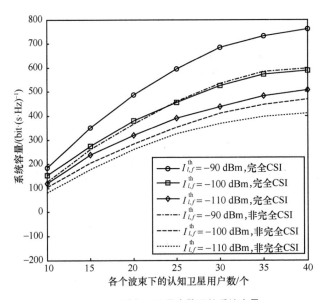

图 5-5　不同认知卫星用户数下的系统容量

图 5-6 给出了不同 QoS 需求下的认知区域系统容量，QoS 需求由最小速率 $R_{l,m}^{\min}$ 来表征，对 $R_{l,m}^{\min}$ 从 0.1 bit/(s·Hz) 到 1 bit/(s·Hz) 进行了仿真，卫星波束数 L 设置为 15，每个波束下认知卫星用户数 M 为 10，与图 5-3～图 5-5 类似，系统容量随着干扰门限的升高而升高，完全 CSI 条件下的系统容量高于非完全 CSI 条件下的系统容量。同时，系统容量随着 $R_{l,m}^{\min}$ 的升高而增加，这是因为越大的 $R_{l,m}^{\min}$ 表征了更大可行解空间，从而提升了容量的上界。系统容量随着 $R_{l,m}^{\min}$ 的增加，增加得越来越缓慢，这是因为干扰约束导致的发射功率有限性和带宽资源有限性带来的容量壁垒。

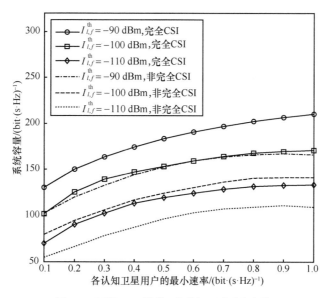

图 5-6　不同 QoS 需求下的认知区域系统容量

5.5.2　与现有研究中典型算法的比较

　　通过前面的分析，验证了本章提出的合作资源分配算法具备合理的收敛速度，同时，分析了不同仿真条件下的系统容量来支撑和验证本章的理论推导部分的内容。为了进一步验证合作资源分配算法的高效性，接下来，将对本章所提出的算法与现有的一些典型的算法的性能进行比较。

　　图 5-7 给出了卫星波束数从 15 到 50 变化时的不同算法的系统容量性能。每个

波束下认知卫星用户数 M 为 10，认知卫星用户的最小速率 $R_{l,m}^{min}$ 为 0.5 bit/(s·Hz)，微波主基站的干扰门限 $I_{l,f}^{th}$ 为 –90 dBm。本节考虑了现有研究中的 4 种典型的算法：文献[17]和文献[39]中的最大速率（Maximum Rate，MR）分配算法、文献[22]中的比例公平性（PF）分配算法、文献[22]中的最大最小公平性（Max-Min Fairness，Max-Min）分配算法和文献[23]中的联合功率与带宽分配（Joint Power and Bandwidth Allocation，JPBA）算法。通过将微波主基站的干扰门限划分为每个认知卫星用户的最大干扰水平，JPBA 算法根据 MR 算法的目标函数来计算最大发射功率和带宽分配值。同时，为了研究对偶方程的 NBS 与原问题的最优解之间的距离，对原问题的最优解进行了仿真，原问题的最优解可以通过遍历搜索的方法得到。从图 5-7 可以看出，MR 算法和 JPBA 算法的系统容量性能要优于本章提出算法的 NBS 的性能，同时，Max-Min 算法和 PF 算法的性能低于本章提出算法的 NBS 的性能。NBS 与原问题的最优解之间的距离非常接近，这就表明了本章提出的算法具备较好的准确性，且相较于复杂的遍历搜索方式，本章算法的复杂度大幅度降低。

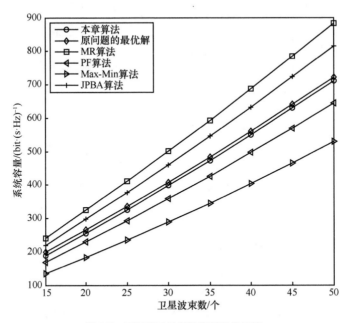

图 5-7　不同算法的系统容量性能比较

合作资源分配算法的 NBS 是均衡用户效用和系统总效用的一种公平性分配结果。为了研究其公平性，采用式（5-59）所示的公平性指标[34]进行了仿真。

$$\mathrm{Fi} = \frac{\left(\displaystyle\sum_{l=1}^{L} \sum_{m=1}^{M} \left(\frac{R_{l,m}}{R_{l,m}^{\min}} \right) \right)^{2}}{\left(LM \left(\displaystyle\sum_{l=1}^{L} \sum_{m=1}^{M} \left(\frac{R_{l,m}}{R_{l,m}^{\min}} \right)^{2} \right) \right)} \tag{5-59}$$

仿真结果如图 5-8 所示，从图 5-8 可以看出，PF 算法和 Max-Min 算法在公平性性能上优于本章提出的合作资源分配算法的 NBS 的性能，同时，MR 算法和 JPBA 算法的公平性指标低于 NBS。结合进行分析，可以发现合作资源分配算法能够在系统容量和认知卫星用户间公平性之间获得较好的折中。

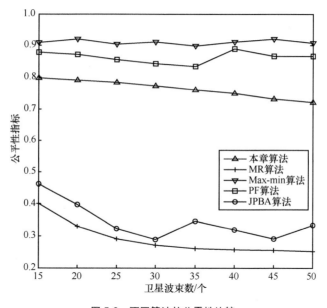

图 5-8　不同算法的公平性比较

为了分析合作资源分配算法的 Pareto 最优性，对两组具备不同 QoS（最小速率）需求的用户组的容量竞争关系进行了仿真，其结果如图 5-9 所示。卫星波束数 L 设置为 15，每个波束下用户组 1 和用户组 2 的用户数均为 5，用户组 1 和用户组 2 的最小速率 $R_{l,m}^{\min}$ 分别为 0.25 bit/(s·Hz) 和 0.5 bit/(s·Hz)，微波主基站的干扰门限 $I_{l,f}^{\mathrm{th}}$ 为 −90 dBm。与图 5-7 相似，原问题与对偶问题的 Pareto 最优曲线之间的距离非常接近，Pareto 最优曲线代表两组用户的所有 Pareto 最优解集。从图 5-9 可以看出，MR 算法的解、PF 算法的解、Max-Min 算法的解和合作资源分配的 NBS 均在 Pareto 最优曲线上，这表示这些方法的结果均为 Pareto 最优的。JPBA 的解则不是 Pareto 最优的，这是因为该方法对干扰门限进行了划分，导致各认知卫星用户的最大功率边界为固定值，阻碍了系统容量的提升。MR 算法虽然能够实现两组用户速率和的最大化，但却是以牺牲较大的用户间公平性为代价的。Max-Min 算法使两用户组获得同样的速率，但却大幅度降低了系统的整体容量。PF 算法通过允许具备不同信道条件的用户具有不同的速率来提升系统容量，然而相对 MR 算法来看，其系统容量仍然处于较低的水平。本章提出的合作资源分配算法则可以在保证合理的认知卫星用户间公平性的条件下，使系统获得较高的系统容量，这证明了本章提出的算法对 SIN 的认知区域资源优化方面的可行性和高效性。

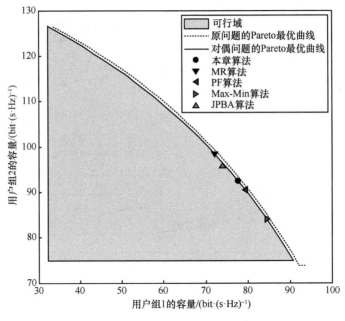

图 5-9　用户组的容量竞争关系

| 5.6　本章小结 |

本章分析了 SIN 中认知区域上行链路特性，基于此构建了合理的认知区域上行网络模型，在第 4 章提出的 SIN 的混合无线资源管理架构下，设计了认知区域混合式资源管理架构来提高资源分配的计算效率。在考虑干扰约束条件、资源有限性、认知卫星用户 QoS 需求、信道条件、认知卫星用户传输容量和卫星天线接收门限等条件的场景下，基于纳什议价博弈理论研究了发射功率与带宽联合分配问题，以在保证认知卫星用户间公平性的条件下，提升 SIN 的认知区域的系统容量。在证明了本章的合作资源分配博弈过程的 NBS 的存在性、唯一性和资源分配问题为凸优化问题之后，推导了本章研究的问题在其对偶域上的最优解的闭合解形式，并在此基础上设计了一种基于子梯度法的迭代算法来求解 NBS。

　　通过仿真实验和分析，验证了本章提出的合作资源分配算法的收敛性能，与现有的同类算法进行了性能比较，得出了以下结论：（1）本章提出的合作资源分配算法具备合理的收敛速度，同时基于本章提出的混合式资源管理架构的分布式计算方式可以进一步提升收敛速度；（2）多用户分集和多波束分集可以有效提升认知区域的系统容量，然而干扰门限的存在和资源的有效性导致了容量壁垒的存在；（3）本章提出的算法可以较好地在认知卫星用户间公平性与系统总容量之间获得折中;（4）原问题与对偶问题之间的距离非常接近，表明本章提出的算法可以在较低的复杂度的前提下尽可能接近真实的最优解；（5）本章提出的算法是 Pareto 最优的，在保证用户公平性的条件下，有效提升了系统整体的容量，能够满足 SIN 中认知接入区域对用户 QoS 保障和主用户通信性能保护的双重要求。

｜ 参考文献 ｜

[1]　MCLAIN C, KING J. Future Ku-band mobility satellites[C]//Proceeding of AIAA International Communications Satellite Systems Conference. Reston: AIAA, 2017: doi.org/10.2514/6.2017-5412.

[2]　WU W. Satellite communication[J]. Proceedings of the IEEE, 1997, 85(6): 998-1010.

[3]　BHASIN K, HAYDEN J L. Space Internet architectures and technologies for NASA enterprises[J]. 2001 IEEE Aerospace Conference Proceedings (Cat No 01TH8542), 2001, 2: 931-941.

[4]　ARTIGA X, VÁZQUEZ M Á, PÉREZ-NEIRA A, et al. Spectrum sharing in hybrid terrestrial-satellite backhaul networks in the Ka band[C]//2017 European Conference on Networks and Communications. Piscataway: IEEE Press, 2017: 1-5.

[5]　ZAFAR A, SHAQFEH M, ALOUINI M S, et al. Resource allocation for two source-destination pairs sharing a single relay with a buffer[J]. IEEE Transactions on Com-

munications, 2014, 62(5): 1444-1457.

[6] ABDEL-RAHMAN M J, KRUNZ M, ERWIN R. Exploiting cognitive radios for reliable satellite communications[J]. International Journal of Satellite Communications and Networking, 2015, 33(3): 197-216.

[7] LIANG T, AN K, SHI S C. Statistical modeling-based deployment issue in cognitive satellite terrestrial networks[J]. IEEE Wireless Communications Letters, 2018, 7(2): 202-205.

[8] LIN Z, LIN M, WANG J B, et al. Robust secure beamforming for 5G cellular networks coexisting with satellite networks[J]. IEEE Journal on Selected Areas in Communications, 2018, 36(4): 932-945.

[9] ZHANG H J, JIANG C X, BEAULIEU N C, et al. Resource allocation for cognitive small cell networks: a cooperative bargaining game theoretic approach[J]. IEEE Transactions on Wireless Communications, 2015, 14(6): 3481-3493.

[10] HA V N, LE L B. Distributed base station association and power control for heterogeneous cellular networks[J]. IEEE Transactions on Vehicular Technology, 2014, 63(1): 282-296.

[11] TSAKMALIS A, CHATZINOTAS S, OTTERSTEN B. Centralized power control in cognitive radio networks using modulation and coding classification feedback[J]. IEEE Transactions on Cognitive Communications and Networking, 2016, 2(3): 223-237.

[12] GAO B, LIN M, AN K, et al. ADMM-based optimal power control for cognitive satellite terrestrial uplink networks[J]. IEEE Access, 2018, 6: 64757-64765.

[13] SHI S, AN K, LI G, et al. Optimal power control in cognitive satellite terrestrial networks with imperfect channel state information[C]//IEEE Wireless Communications Letters, 2018, 7(1):34-37.

[14] SHI S C, LI G X, AN K, et al. Optimal power control for real-time applications in cognitive satellite terrestrial networks[J]. IEEE Communications Letters, 2017, 21(8): 1815-1818.

[15] VASSAKI S, POULAKIS M I, PANAGOPOULOS A D, et al. Power allocation in cognitive satellite terrestrial networks with QoS constraints[J]. IEEE Communications Letters, 2013, 17(7): 1344-1347.

[16] LAGUNAS E, SHARMA S K, MALEKI S, et al. Power control for satellite uplink and terrestrial fixed-service co-existence in Ka-band[C]//2015 IEEE 82nd Vehicular Technology Conference. Piscataway: IEEE Press, 2015: 1-5.

[17] LI Z T, XIAO F, WANG S G, et al. Achievable rate maximization for cognitive hybrid satellite-terrestrial networks with AF-relays[J]. IEEE Journal on Selected Areas in Communications, 2018, 36(2): 304-313.

[18] WANG L, LI F, LIU X, et al. Spectrum optimization for cognitive satellite communications with cournot game model[J]. IEEE Access, 2018, 6: 1624-1634.

[19] LI B, FEI Z S, XU X M, et al. Resource allocations for secure cognitive satellite-terrestrial networks[J]. IEEE Wireless Communications Letters, 2018, 7(1): 78-81.

[20] FERREIRA P V R, PAFFENROTH R, WYGLINSKI A M, et al. Multiobjective reinforcement

learning for cognitive satellite communications using deep neural network ensembles[J]. IEEE Journal on Selected Areas in Communications, 2018, 36(5): 1030-1041.

[21] ZUO P L, PENG T, LINGHU W D, et al. Optimal resource allocation for hybrid inter-weave-underlay cognitive SatCom uplink[C]//2018 IEEE Wireless Communications and Networking Conference. Piscataway: IEEE Press, 2018: 1-6.

[22] LAGUNAS E, MALEKI S, CHATZINOTAS S, et al. Power and rate allocation in cognitive satellite uplink networks[C]//2016 IEEE International Conference on Communications. Piscataway: IEEE Press, 2016: 1-6.

[23] LAGUNAS E, SHARMA S K, MALEKI S, et al. Resource allocation for cognitive satellite communications with incumbent terrestrial networks[J]. IEEE Transactions on Cognitive Communications and Networking, 2015, 1(3): 305-317.

[24] HAMIDI M M, EDMONSON W W, AFGHAH F. A non-cooperative game theoretic approach for power allocation in intersatellite communication[C]//2017 IEEE International Conference on Wireless for Space and Extreme Environments. Piscataway: IEEE Press, 2017: 13-18.

[25] LE L B, NIYATO D, HOSSAIN E, et al. QoS-aware and energy-efficient resource management in OFDMA femtocells[J]. IEEE Transactions on Wireless Communications, 2013, 12(1): 180-194.

[26] XIE R C, YU F R, JI H, et al. Energy-efficient resource allocation for heterogeneous cognitive radio networks with femtocells[J]. IEEE Transactions on Wireless Communications, 2012, 11(11): 3910-3920.

[27] HEW S L, WHITE L B. Cooperative resource allocation games in shared networks: symmetric and asymmetric fair bargaining models[J]. IEEE Transactions on Wireless Communications, 2008, 7(11): 4166-4175.

[28] ZHANG G P, YANG K, LIU P, et al. Joint channel bandwidth and power allocation game for selfish cooperative relaying networks[J]. IEEE Transactions on Vehicular Technology, 2012, 61(9): 4142-4156.

[29] PARK H, VAN D S M. Bargaining strategies for networked multimedia resource management[J]. IEEE Transactions on Signal Processing, 2007, 55(7): 3496-3511.

[30] CHEN J, SWINDLEHURST A L. Applying bargaining solutions to resource allocation in multiuser MIMO-OFDMA broadcast systems[J]. IEEE Journal of Selected Topics in Signal Processing, 2012, 6(2): 127-139.

[31] HOSSEINY H, BANIASADI M, SHAH-MANSOURI V, et al. Power allocation for statistically delay constrained video streaming in femtocell networks based on Nash bargaining game[C]//2016 IEEE 27th Annual International Symposium on Personal, Indoor, and Mobile Radio Communications. Piscataway: IEEE Press, 2016: 1-6.

[32] ZHENG G, CHATZINOTAS S, OTTERSTEN B. Generic optimization of linear precoding in multibeam satellite systems[J]. IEEE Transactions on Wireless Communications, 2012, 11(6): 2308-2320.

[33] DU J, JIANG C X, WANG J, et al. Resource allocation in space multiaccess systems[J]. IEEE Transactions on Aerospace and Electronic Systems, 2017, 53(2): 598-618.

[34] WU B, YIN H X, LIU A L, et al. Investigation and system implementation of flexible bandwidth switching for a software-defined space information network[J]. IEEE Photonics Journal, 2017, 9(3): 1-14.

[35] NIMNUAL P, PAOPRASERT N. A model of the N-player multiple period bargaining game with equal discounting rate[C]//2016 IEEE International Conference on Industrial Engineering and Engineering Management. Piscataway: IEEE Press, 2016: 1080-1084.

[36] NASH J F. The bargaining problem[J]. Econometrica, 1950, 18(2): 155.

[37] BOYD S, VANDENBERGHE L. Convex optimization[M]. Cambridge: Cambridge University Press, 2004.

[38] GHAMKHARI M, MOHSENIAN-RAD H. A convex optimization framework for service rate allocation in finite communications buffers[J]. IEEE Communications Letters, 2016, 20(1): 69-72.

[39] NA Z Y, WANG Y Y, LI X T, et al. Subcarrier allocation based simultaneous wireless information and power transfer algorithm in 5G cooperative OFDM communication systems[J]. Physical Communication, 2018, 29: 164-170.

[40] DING Y, SELESNICK I W. Artifact-free wavelet denoising: non-convex sparse regularization, convex optimization[J]. IEEE Signal Processing Letters, 2015, 22(9): 1364-1368.

[41] LOPEZ-GARCIA I, LOPEZ-MONSALVO C S, BELTRAN-CARBAJAL F, et al. Alternative modes of operation for wind energy conversion systems and the generalised Lambert W -function[J]. IET Generation, Transmission & Distribution, 2018, 12(13): 3152-3157.

[42] YU H, NEELY M J. On the convergence time of dual subgradient methods for strongly convex programs[J]. IEEE Transactions on Automatic Control, 2018, 63(4): 1105-1112.

第 6 章

DSCN 上下行功率联合控制

相较传统的卫星通信系统，空间信息网络具备高动态性、多维约束条件、链路条件异构等特征，合理有效的功率控制相对困难。本章基于之前的空间信息网络模型，建立了分布式星群网络的拓扑模型，分析了其在雨衰链路条件下存在的功率控制问题主要特征，并在此基础上论述了上下行联合功率控制问题，提出了功率预置与动态跟踪补偿、调整相结合的联合功率控制算法，利用实测雨衰值进行了建模分析，证明了上下行联合功率控制算法的有效性。

| 6.1 引言 |

随着卫星通信技术的不断发展，卫星的种类和数量不断增加，卫星通信系统的功能日益完善，通信业务朝着复杂化、综合化发展。为了跟上通信业务量的增长，满足业务的多样性需求，需要整合卫星通信资源，建立综合性网络，因此，便出现了分布式卫星系统的概念，而本书中 SIN 骨干网采用的 DSC 结构便是一种典型的分布式卫星系统。所谓的分布式卫星系统，是指分布在空间同一轨道的多颗卫星，通过星间链路互联互通从而实现复杂通信功能，并且能在部分卫星故障或失效时快速重构恢复通信[1]的卫星集群系统[2]。对于传统的各个独立分散卫星体系，SIN 中 DSC 与接入网用户组成的分布式卫星系统具有高动态性和多约束条件，加之链路条件的异构与动态特性，合理有效地控制功率相对困难[3]。

现阶段针对单星卫星系统的功率控制技术研究较多，分布式卫星系统或多卫星联合功率控制技术研究较少。袁杰萍[4]分析了功率控制的主要方法，就 TD-SCDMA 系统提出了变步长功率控制算法，结合功率固定分配和雨衰补偿来解决功率控制问题，但主要涉及上行链路，对于上下行链路雨衰条件可能不一致的分布式卫星系统并不适用。于淼[5]分析了 Ka 频段卫星通信系统的雨衰预测模型，基于经典的抗雨衰方法，提出了一种基于预测反馈的功率控制技术，合理解决了雨衰预测和功率补偿的问题。但预测误差可能会导致在雨衰快速变化时，接收功率连续小于门限值。Fukuchi 等[6]提出了一种宽带卫星抗雨衰的方法，结合预测和动态调整功率来减缓雨衰，但也只考虑了上行链路。而 Tamrakar 等[7]则对雨衰的预测模型和预测方法做了比较详尽的介绍，对于如何根据雨衰变化补偿功率值提供了详尽的思路。Zhang 等[8]根据马尔可夫模型提出了基于路径损耗估计的上行链路功率控制算法，如果加以考虑下行链路差异，则能够更好应对实际通信中的复杂情况。

对于传统的各个独立分散卫星体系，DSCN 具有高动态性和多约束条件，合理有效地控制功率相对困难。现阶段对于单星卫星系统的功率控制技术较多，DSCN 的功率技术研究成果几乎为空白。DSCN 具有结构复杂、拓扑动态变化、覆盖广等特点，除了单星通信外，还存在多星中继通信。多星中继通信时，上下链路有很大的区别。此外，大小站以及动态和非动态站点的混合组网，导致天线等参数不一致。如何在这样的复杂条件下，合理控制上下行功率是本章研究的重点。本章结合对分布式星群网络结构特征的分析，提出一种新型基于预置预测和多级参数调整的上下行联合功率控制方式。

本章的主要贡献可归纳为如下三点。

（1）建立了合理的 DSCN 拓扑模型，并在此基础上分析了 DSCN 中雨衰链路条件下存在的功率控制问题。

（2）提出了一种功率预置与动态跟踪补偿、调整相结合的联合功率控制方法，解决了 DSCN 中多卫星跨转发器系统的功率控制问题。

（3）针对典型的场景进行了仿真，通过跟踪实测雨衰数据，比较几类算法的性能，验证了本文联合控制方法的有效性。

6.2　DSCN 功率控制问题

DSCN 结构的特殊性，导致 DSCN 中存在着远距离多卫星跨网区的中继通信，这导致整个网络上下行链路的条件差异严重，多卫星、跨转发器组网给上下行链路衰减消除带来了一定的难度。为了准确消除如雨衰等带来的链路影响，通常可以采用基于链路预测的方式，利用功率控制技术来实现，同时对于 DSCN 中上下行链路的异构特性，雨衰等的消除可以联合上下行链路的预测和跟踪在上行发射端进行发射功率的优化。然而上下行联合功率控制主要面临长距离通信带来的跟踪值实效性和跨卫星跨转发器带来的参数复杂性等问题。接下来,本节将论述图形化建模 DSCN 中的功率控制问题,分析其主要难点和可行的解决思路。

6.2.1　功率控制模型的建立

DSCN 可以由图 6-1 所示的拓扑结构简单表示,整个卫星系统包含多个小星群和卫星节点,每个星群则由几个同轨道小卫星组成,卫星均工作在 Ka 频段,星群中的卫星按照一定的方向和速度进行编队飞行[3]。整个系统具有以下特点。

(1)复杂性。考虑一个存在动态站点的动态多星网络,链路衰减随时空二维动态变化,站点对接入卫星的动态选择也要成为功率控制需要考虑的问题,此外,多卫星组网还会导致跨转发器通信问题。

(2)抗毁性。整个系统某一部分模块损毁后整个系统能够快速重构恢复通行功能,故而整个系统的运行控制不能采用单个中心节点的控制。

(3)协同性。DSCN 中各个卫星需要协同工作,则各个模块之间需要互联互通,共同控制和调节系统来完成通信工作,各个模块之间的作用应该是对等的。

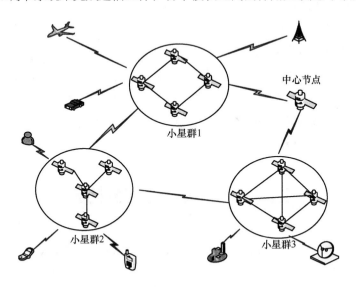

图 6-1　DSCN 拓扑结构

根据系统特征的分析,可以将该系统分为运控和数传两个逻辑网络,分别传递运行控制数据和载荷数据。

运行控制数据对实时性和抗毁性的要求高，可以采用 Mesh 结构。Mesh 结构是一种无中心的多点对多点的结构，各个模块除了接收属于自己的数据外，还可以作为中继广播其他模块的数据。其自组织性能提供高容量、高速率的业务，其模块间的对等性能提高网络的抗毁性。

对于数传网络则可采用 PMP（Point-to-Multipoint）结构。PMP 结构为星形拓扑结构，所有模块只能与中心节点进行通信，在需要传递载荷数据时，中心节点可以优先抢占信道，以轮询等方式向各个模块发送数据[8]。整个系统采用 PMP/Mesh 型混合网络，具有以下特点。

（1）有中心。从资源分配和管控的角度来看，中心节点可以和网络任一模块建立连接，能简单有效地完成该多星异构动态系统的资源分配和管控。

（2）对等性。从协同和抗毁的角度来看，每个模块之间的作用是对等的，既可以作为中心节点完成时隙和功率等资源的分配工作，也可以作为数据接收端或其他接收端的中继节点。

PMP 结构与 Mesh 结构相结合，既可以降低组网成本，还可弥补 PMP 结构的覆盖缺陷，实现超远距离通信，通过有中心和自组织相结合的多跳中继，实现对该高动态的复杂系统的实时管控。对于功率控制的问题，需要考虑主站辅助下的发送功率设置和调整的问题，这既需要中心节点，也需要保证实时性。故而 DSCN 功率控制模型也应该是 PMP/Mesh 结构的，如图 6-2 所示。

由图 6-2 可以看出，在该系统采用 MF-TDMA 接入方式，由中心节点卫星进行资源调度，用户可以对其可见卫星进行选择，用户采用"发跳收不跳"的方式进行通信，即发送数据时，根据目标站的接收载波跳变发送频率，接收数据则值守在固定载波上。对于用户和网络各自的动态性，只需考虑相对动态关系即可。网络的功率控制由中心节点卫星收集的实时参考信息辅助完成，而中心节点卫星则可以是网络中任何一个卫星，也就提高了组网的灵活性和抗毁性。由于该网络中各个小卫星覆盖区域的环境因素、衰落条件等都不太相同，故而，每次通信时，每个小卫星覆盖区域（看作一个网区）有一个主站比较合理。当一个业务站有通信需求时，由目的站所在的卫星覆盖区域的主站的参考信息来控制功率。由于卫星之间任意两卫星互联互通，不同覆盖区域的用户通信只需要经过两颗卫星中继就能完成通信。由于本书只考虑功率控制问题，故而暂不考虑网络重构、中心节点卫星更替、星间链路变化等问题，假设星间路由已知。

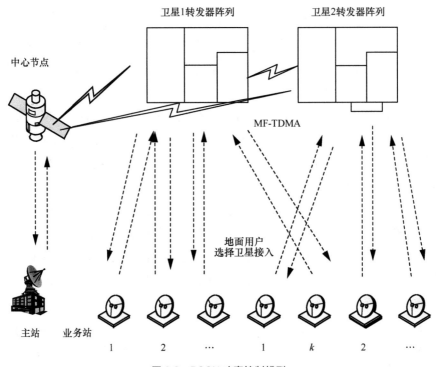

卫星1转发器阵列　　　卫星2转发器阵列

中心节点

MF-TDMA

地面用户
选择卫星接入

主站　　业务站

1　　2　　…　　1　　k　　2　　…

图 6-2　DSCN 功率控制模型

6.2.2　联合功率控制问题的难点分析

多卫星跨转发器跨波束组网时,不同站点的不同业务可能选择不同的卫星进行网络的接入,系统中配置的多个载波可能被分配到不同的转发器上,而地面应用对卫星功率资源的合理利用主要取决于转发器 G/T、饱和通量密度、EIRP 等,不同卫星的不同转发器的参数和天线配置都不相同,为此需要针对这些差异,合理控制功率资源。

对于功率控制问题,一般可以分成两个部分:一是初始发射功率的分配以满足系统的解调门限;二是跟随衰落变化和通信业务的变化动态补偿发射功率,以满足系统的正常运行。其中,在分布式星群网络中,每次通信分为同一颗卫星覆盖区域通信和不同卫星覆盖区域的站点通信。因此,在功率控制问题中,要将这两种通信情况加以区分。初始功率预置可以由业务站自发自收模式进行,也可以采取主站辅助模式,但同时考虑上下行链路差异时,自发自收模式往往只能满足上行需求,下行则需要星上处理进行,处理过程复杂。

6.3　上下行联合功率控制方法

通过之前对分布式星群网络和功率控制过程的建模分析，本节提出一种主站辅助的二阶控制方式来解决该问题。

（1）申请–反馈初始功率预置算法：主要用来解决多卫星跨转发器组网的差异补偿问题。业务站入网前通过申请载波向目的区域主站发信，主站反馈参考突发，业务站根据基本参数、业务类型、路由信息以及一次入网参考突发为基准计算初始功率。

（2）预测补偿与动态调整算法：主要用来解决衰落条件、基本参数、业务类型和路由信息不断变化的差异补偿问题，以及误差的消除问题。对衰落变化要动态增加和减少发射功率以满足基本通信需求并减少功率浪费，对通信需求变化要进行调整或返回重新选择预置算法，保证通信质量和通信业务、目的网区的顺利切换[9-10]。

6.3.1　初始发射功率预置

初始功率的预置采用主站辅助的方法，与以卫星覆盖区域划分为不同，网区与某网区站点通信时，由该网区的主站进行辅助。传统的单星系统考虑的模型比较简单，整个覆盖区域假设为链路条件相同，所以直接由一个主站发送载波，业务站直接接收辅助信息，并假设网区站点工作门限均为一致，以收到的信噪比和工作门限比较估算发送功率[11]。但是实际上，当覆盖区域大、涉及多星通信时，各个网区的链路条件差异很大，各个站点的工作门限是不一致的，需要多个主站来辅助不同网区的业务。此外，多站辅助时，不能使用目的站网区主站发送参考信息，而业务站直接根据信息估算功率的单跳方式。因为上下行链路条件是不一致的，在接收参考信息的过程和实际通信过程中，业务站作为收端和发端，上下行链路条件刚好是相反的，发送和值守载波所在转发器的不同可能导致发送和接收信息的差异更大。

本书采用申请–反馈辅助方式，其过程如图 6-3 所示。通信业务开始前，各个业务站通过申请突发向目的网区主站发送请求，之后主站反馈给各个业务站参考载波，参考载波可以携带业务申请时主站收到信息的信噪比、主站天线参数、转发器参数、通信目的站的工作门限等状态信息，业务站根据自己收到的参考载波的信噪比与目的站工作门限进行比较，估算满足通信需求并能消除载波在不同转发器上引起的差异的初始发送功率值。存在两种业务类型（网区内单星通信业务和跨网区多星中继通信业务），因此，在初始功率预置时也有两种情况。不考虑衰落的动态变化时，可通过卫星链路相关公式推导出发送功率与接收信噪比之间的关系，预置算法如下

$$P_{i,T} = \frac{P_{R,T} G_R (G/T)_R}{G_S (G/T)_S} \times 10^{\delta} \tag{6-1}$$

$$\delta = \frac{\left((E_s/N_0)_{j,\mathrm{mod}} - (E_s/N_0)_M\right)}{10} \tag{6-2}$$

式（6-1）中，$P_{R,T}$ 为申请时的发送功率，$P_{i,T}$ 为初始预置功率，两者的单位为 W；式（6-2）中 $(E_s/N_0)_{j,\mathrm{mod}}$ 为目标站的信噪比门限，$(E_s/N_0)_M$ 则为主站收到的信噪比，单位为 dB。当业务为单星覆盖区域内通信时，式（6-1）中有：$G_R = G_M G_{TM}$，$G_S = G_j G_{T1}$，$(G/T)_R = (G/T)_M (G/T)_{TM}$，$(G/T)_S = (G/T)_j (G/T)_{T1}$；当业务为跨网区通信时，$G_R = G_M G_{TM1} G_{TM2}$，$G_S = G_j G_{T1} G_{T2}$，$(G/T)_R = (G/T)_M \cdot (G/T)_{TM1}(G/T)_{TM2}$，$(G/T)_S = (G/T)_j (G/T)_{T1}(G/T)_{T2}$。$G_M$ 和 G_j 分别为主站和目标站的天线增益；$(G/T)_M$ 和 $(G/T)_j$ 分别为主站和目标站的天线 G/T 值；G_{TM}、G_{TM1}、G_{TM2} 与 $(G/T)_{TM}$、$(G/T)_{TM1}$、$(G/T)_{TM2}$ 则分别为主载波历经的不同卫星的各个转发器增益和 G/T 值；G_{T1}、G_{T2} 与 $(G/T)_{T1}$、$(G/T)_{T2}$ 分别代表业务载波历经的不同卫星的各个转发器增益和 G/T 值。

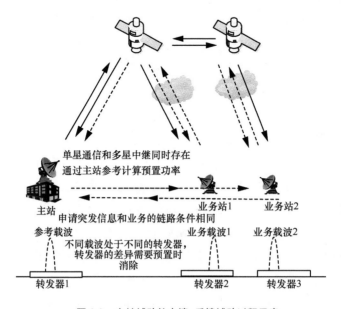

图 6-3　主站辅助的申请–反馈辅助过程示意

6.3.2　链路衰减预测算法

初始功率的预置过程没有考虑链路条件变化问题和目的站更换问题。在通信的过程中，仍然需要根据通信需求的变化和链路条件的改变动态跟踪调整发送功率。其中通信需求的变化分为两种：同一网区内的目的站切换和网区切换。计算误差的消除和同网区内的目的站切换问题，可以直接通过计算发送载波和值守载波的速率获得。然而网区的切换因为中心站的改变，则要回到初始预置阶段。因此，除了预置功率外，通信过程中还需要考虑功率动态补偿、目的站切换、计算误差的消除等问题。功率补偿与调整值的计算如下

$$P_{ad} = 10\log\left(\frac{R_W}{R_T}\right) + \Delta G + \Delta P \tag{6-3}$$

其中，P_{ad} 为需要功率的动态补偿值，R_T 与 R_W 分别为发送载波的速率和目的站值守载波的速率，ΔG 则为值守载波和发送载波所在转发器的增益。当通信业务为单星网区内切换时，$\Delta G = G_1 - G_2$，G_1 和 G_2 分别是业务变化前和业务变化后载波所在的转发器增益。通信业务为多星中继通信中的网区切换时，$\Delta G = G_1 - G_3 + G_2 - G_4$。$G_1$、$G_2$、$G_3$ 和 G_4 分别是业务变化前后经由卫星的转发器增益。式（6-3）的右边前两项可以消除业务动态变化（发送载波改变）和网区切换问题，最后一项 ΔP 则是为了跟踪链路衰减的动态变化值，表示为

$$\Delta P = \hat{X}(i) - \hat{X}(i-1) + \varepsilon \tag{6-4}$$

其中，$\hat{X}(i)$ 是对 i 时刻衰减值的估计，ε 表示调整参数，包含预测过程中的误差等因素。

本书采用线性预测的方式，p 阶线性预测器表示为

$$\hat{X}(i) = \sum_{k=1}^{p} a_{pk} x(i-k) \tag{6-5}$$

其基本原理为利用前 p 项的加权平均估计下一项的值，上述 p 阶线性预测器的 MSE（均方误差）定义为

$$\varepsilon_p = \mathrm{E}\left[X(i) - \hat{X}(i)\right]^2 \tag{6-6}$$

将预测的 MSE 关于线性预测器参数 a_{pk} 最小化，可得

$$\sum_{k=1}^{p} a_{pk} R(k-l) = R(l), R(l) = \left[x(i)x(i+l)\right] \tag{6-7}$$

式（6-7）中，元素为 $R(l)$ 的矩阵 $\boldsymbol{R}$ 是 Toeplitz 矩阵，可由 Levinson-Durbin 算法[12]递推求解系数，递推过程表示为

$$\begin{cases} a_{11} = \dfrac{R(1)}{R(0)} \\ E_0 = R(0) \end{cases} \tag{6-8}$$

$$\begin{cases} a_{mm} = \dfrac{\phi(m) - \boldsymbol{A}_m^t \boldsymbol{R}_{m-1}^r}{E_{m-1}} \\ a_{mk} = a_{m-1k} - a_{mm} a_{m-1m-k} \\ E_m = E_{m-1}(1 - a_{mm}^2) \end{cases} \tag{6-9}$$

$$\begin{cases} \boldsymbol{A}_{m-1} = \begin{bmatrix} a_{m-11} \ a_{m-12} \cdots a_{m-1m-1} \end{bmatrix}^t \\ \boldsymbol{R}_{m-1}^r = \begin{bmatrix} R(m-1) \ R(m-2) \cdots R(1) \end{bmatrix}^t \end{cases} \tag{6-10}$$

上述过程的原理为通过式（6-7）可以获得 $R(l)$，然后根据 $R(l)$ 与系数的关系从一阶预测器开始递推，直到求出 p 阶预测器的系数。其中，递推初始化由式（6-8）表示，递推式由式（6-9）和式（6-10）表示。

此外，由于一步前向线性预测系统可以看作 AR 系统的逆过程，可以联合 Burg 算法[12]与 Levinson-Durbin 算法先求解 AR 系统的系数的矢量估计值[12]，对该估计矢量进行共轭再取相反数就可以获得 a_{pk}，具体步骤为式（6-11）到式（6-19）表示的过程。

$$e_p^f(i) = x(i) + \sum_{k=1}^{P} a_{pk} x(i-k) \tag{6-11}$$

$$e_p^b(i) = x(i-p) + \sum_{k=1}^{P} a_{pk} x(i-p+k) \tag{6-12}$$

$$\hat{p}_p = 0.5(\hat{p}_p^f + \hat{p}_p^b) \tag{6-13}$$

$$\hat{p}_p^f = \frac{1}{m-p} \sum_{i=p}^{m-1} \left| e_p^f(i) \right|^2 \tag{6-14}$$

$$\hat{p}_p^b = \frac{1}{m-p} \sum_{i=p}^{m-1} \left| e_p^b(i) \right|^2 \tag{6-15}$$

$$\begin{cases} e_p^f(i) = e_{p-1}^f(i) + k_p e_{p-1}^b(i-1) \\ e_p^b(i) = e_{p-1}^b(i) + k_p^* e_{p-1}^f(i-1) \end{cases} \tag{6-16}$$

$$\hat{p}_p = \frac{1}{2(m-p)} \sum_{i=p}^{m-1} \left[\left| e_{p-1}^f(i) k_p e_{p-1}^b(i-1) \right|^2 + \left| e_{p-1}^f(i-1) k_p^* e_{p-1}^b(i) \right|^2 \right] \tag{6-17}$$

$$k_p = \frac{-2\sum_{i=p}^{m-1} e_{p-1}^f(i) e_{p-1}^{b*}(i-1)}{\sum_{i=p}^{m-1} \left(\left| e_{p-1}^f(i) \right|^2 + \left| e_{p-1}^b(i-1) \right|^2 \right)} \qquad (6\text{-}18)$$

$$\hat{a}_{pk} = \begin{cases} \hat{a}_{p-1,k} + k_p \hat{a}_{p-1,p-k}^*, k = 1,2,\cdots,p-1 \\ k_p, k = p \end{cases} \qquad (6\text{-}19)$$

其中，$e_p^f(i)$ 与 $e_p^b(i)$ 分别为前向和后向预测误差，$\hat{p}_p^f$ 与 $\hat{p}_p^b$ 分别为前向和后向预测误差的平均功率，通过前向误差和后向误差的递推关系，即式（6-16）可以导出式（6-17）。将平均误差功率 $\hat{p}_p$ 对 k_p 求导，并令导数为零，可以推出式（6-18），从而可以根据 k_p 与 a_{pk} 的递推关系得到预测器系数的估计值。

6.3.3　多级参数调整算法

对于 6.3.2 节中参数 ε 的调整，本节采用多级参数闭环信号检测的方式来计算参数的调整量，通过检测比较信号和门限的关系，来补足预测方式中可能存在的误差和计算可能出现的错误，调整方式为

$$\Delta P_1 = \begin{cases} -0.5, 1.5 \geqslant \Delta\left(\dfrac{E_b}{N_0}\right)_i > 0.5 \\[2mm] -1.0, 4.0 \geqslant \Delta\left(\dfrac{E_b}{N_0}\right)_i > 1.5 \\[2mm] -2.0, \Delta\left(\dfrac{E_b}{N_0}\right)_i > 4.0 \\[2mm] 0.5, -1.5 \leqslant \Delta\left(\dfrac{E_b}{N_0}\right)_i < -0.5 \\[2mm] 1.0, -4.0 \leqslant \Delta\left(\dfrac{E_b}{N_0}\right)_i < -1.5 \\[2mm] 2.0, \Delta\left(\dfrac{E_b}{N_0}\right)_i < -4.0 \\[2mm] -k, 其他, \Delta\left(\dfrac{E_b}{N_0}\right)_i = k \end{cases} \qquad (6\text{-}20)$$

$$\Delta P_2 = \begin{cases} 2.0, & \Delta\left(\dfrac{E_b}{N_0}\right)_{i-1}, \Delta\left(\dfrac{E_b}{N_0}\right)_i < -4.0 \\[3mm] -2.0, & \Delta\left(\dfrac{E_b}{N_0}\right)_{i-1}, \Delta\left(\dfrac{E_b}{N_0}\right)_i > 4.0 \\[3mm] 0, & \text{其他} \end{cases} \tag{6-21}$$

$$\Delta P_3 = \begin{cases} 0.2, & -0.5 \leqslant \Delta\left(\dfrac{E_b}{N_0}\right)_{i-1}, \Delta\left(\dfrac{E_b}{N_0}\right)_i < 0 \\[3mm] 0, & \text{其他} \end{cases} \tag{6-22}$$

$$\varepsilon = \Delta P_1 + \Delta P_2 + \Delta P_3 \tag{6-23}$$

$$\Delta\left(\frac{E_b}{N_0}\right) = \left(\frac{E_b}{N_0}\right)_R - \left(\frac{E_b}{N_0}\right)_M \tag{6-24}$$

式（6-24）中，$\left(\dfrac{E_b}{N_0}\right)_R$ 与 $\left(\dfrac{E_b}{N_0}\right)_M$ 分别表示接收信号的信噪比与目的站的信噪比门限，$\Delta P_i, i = 1,2,3$ 表示需要调整的误差，式（6-21）用来解决衰减多次快速变化时，式（6-20）跟不上衰减的问题，式（6-22）则是为了解决衰减值连续多次平缓变化时，接收信号多次低于门限的问题。

| 6.4　联合功率控制算法的流程 |

结合上下行联合功率预置算法，基于预测的功率自动补偿算法以及用来消除补偿误差的多级参数调整算法，可以形成一个完整的功率控制方案，其流程如图 6-4 所示。从图 6-4 可以看出，无论是网区变化、业务变化还是链路条件变化，本节所提方案都可以很好地解决功率的动态控制问题。

每次开始通信前，通过主站辅助的方式，针对网区选择的不同导致的上下链路差异和业务站与转发器参数的差异等值进行计算和分析，对初始发送功率进行合理的预置；在通信过程中，对链路衰减进行动态跟踪，通过信号检测的前向预测方式，预测其下一步需要补偿的功率值，结合多级参数调整算法组成可以动态跟踪功率调整值并合理消除误差的动态功率控制算法对功率值进行动态管控；此外，在通信目的网区发生变化时，返回到初始阶段，重新开始规划网络。

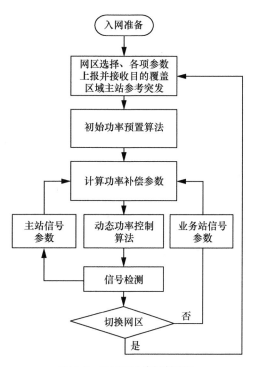

图 6-4　DSCN 功率控制流程

|6.5　仿真结果与分析|

根据之前对 DSCN 及其功率控制问题的描述和分析，可以对本章仿真场景作如下假设。

（1）只考虑 DSCN 的三个不同的星座的三颗卫星：S_1、S_2、S_3 均工作在 Ka 频段。每个卫星包含两种转发器资源，所有转发器为 T_{11}、T_{12}、T_{21}、T_{22}、T_{31}、T_{32}，对应的增益为 G_{11}、G_{12}、G_{21}、G_{22}、G_{31}、G_{32}，其中 $G_{i2}-G_{i1}=5\,\mathrm{dB}$，$G_{21}-G_{11}=5\,\mathrm{dB}$，$G_{31}-G_{21}=5\,\mathrm{dB}$，故三个卫星的 G/T 值设为 $16\,\mathrm{dB/K}$、$20\,\mathrm{dB/K}$、$30\,\mathrm{dB/K}$。

（2）每个卫星覆盖区域的业务站有 A、B、C 三种不同类型，三者的天线口径分别为 2.4 m、1.2 m、0.9 m。它们的接收值守载波分别为 a、b、c，三种载波和参考载波的速率分别为 8 Mbit/s、2 Mbit/s、1 Mbit/s、4 Mbit/s，三个主站参考载波分别工作在转发器 T_{11}、T_{21}、T_{31}，载波 a 工作在转发器 T_{i1}（$i=1,2,3$）上，载波 b 工作在转发器 T_{i2}（$i=1,2,3$）上，载波 c 工作在转发器 T_{i3}（$i=1,2,3$）上。

首先,将上下行联合控制的预置方式、上行控制的预置方式与达到最低信噪比门限的最小发射功率需求进行了比较,链路只考虑雨衰,采用简单降雨衰减预报模型(简称为 SAM 模型)[11],上下行链路通过不同的平均降雨率来进行区分,业务站海拔和天线仰角假设相同,通过设置不同纬度值和工作门限来区分各个业务站,SAM 模型的参数设置如表 6-1 所示。仿真结果如图 6-5 所示,从图中可以看出,单纯的上行控制可能会因为下行处于不同网区而导致预置结果远小于门限值,而联合控制预置分配则能够保证各个站点有效地入网通信。

表 6-1　SAM 模型参数

业务站编号	参数			
	海拔/m	工作门限	上行降雨率	下行降雨率
1	500	15		
2	600	18	0.7	0.05
3	700	15		
4	50	7		
5	100	10	0.6	0.05
6	200	12		
7	1 500	24		
8	2 000	21	0.6	0.2
9	3 000	25		

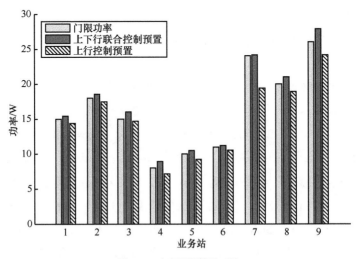

图 6-5　功率预置算法对比

其次，对于动态补偿算法中 ΔP 的计算进行了仿真，根据广州某地的雨衰实测值，对比了只采用基于预测的反馈算法、闭环补偿算法和预测反馈–动态多参数补偿算法的性能，预测反馈和闭环调整的周期均为 5 s。从图 6-6 的仿真结果可以看出，闭环功率调整由于存在步长的阶跃会在锐增锐减时跟不上雨衰变化；利用 MATLAB 中的 Levinson-Durbin 算法可计算预测器系数，但误差累积会导致多处变化值高于预测值。而本书提出的混合算法在正常起伏变化、连续锐增锐减、连续平缓变化时，性能有很大的优势，基本跟得上雨衰的变化。

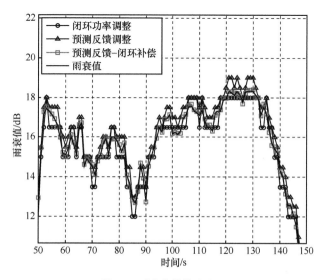

图 6-6　动态补偿算法对比

此外，本节对调整算法进行了仿真，比较了单参数调整（只利用式（6-20）进行调整）和多参数调整进行了仿真比较。调整周期为 5 s，仿真结果如图 6-7 所示，从图 6-7 中可以看出，单参数调整方式在雨衰值连续平缓变化和连续锐增锐减时，跟踪效果不如多参数调整。

最后，进行了功率动态控制曲线的仿真验证，其结果如图 6-8 所示。可以看出，结合预置功率和动态预测补偿、多级参数调整，发射功率可以随着衰减、业务变化和网区变化动态调整，以满足通信业务的跳变、网区的切换和链路条件的变化。

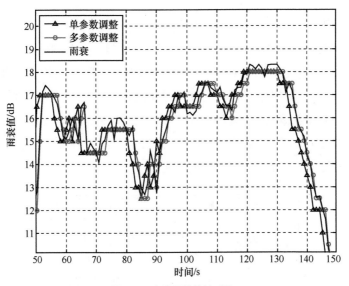

图 6-7　功率调整算法对比

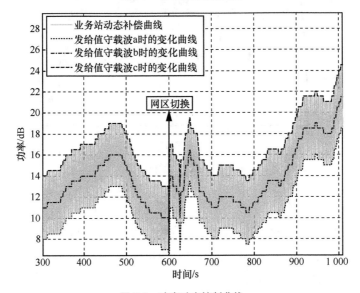

图 6-8　功率动态控制曲线

|6.6　本章小结 |

　　本章通过分析分布式星群网络的构成和网络特征，建立了分布式星群网络功率控制的简单模型；根据模型，将功率控制过程分为两个阶段（初始功率预置过程和动态功率补偿、调整过程）；针对上下行链路条件可能存在的差异，给出了申请–反馈主站辅助的初始功率预置方法；对于业务和通信目的网区以及链路条件可能发生的动态变化，给出了基于预测的功率动态补偿算法；对于预测可能产生的误差累积问题，给出了多参数闭环调整算法，进一步调整功率补偿量。

通过仿真结果可以看出，本章提出的方法能够很好地适应分布式卫星系统通信中存在的网区切换、业务切换、链路条件变化等问题，对于分布式卫星系统资源管控等相关技术的研究有一定指导作用。

┃ 参考文献 ┃

[1] BARNHART D J, VLADIMIROVA T, SWEETING M N. Satellite-on-a-chip development for future distributed space missions[C]//Proceedings of CANEUS. 2006: 199-212.

[2] BARNHART D J, VLADIMIROVA T, SWEETING M N. Very-small-satellite design for distributed space missions[J]. Journal of Spacecraft and Rockets, 2007, 44(6): 1294-1306.

[3] BROWN O, EREMENKO P. Fractionated space architectures: a vision for responsive space[R]. 2006

[4] 袁杰萍. TD-SCDMA 系统中功率控制技术研究[D]. 郑州: 信息工程大学, 2006.

[5] 于淼. Ka 频段卫星通信系统雨衰特性及混合补偿技术研究[D].长春: 吉林大学, 2015.

[6] FUKUCHI H, SAITO T. Novel mitigation technologies for rain attenuation in broadband satellite communication system using from Ka-to W-band[C]//2007 6th International Conference on Information, Communications & Signal Processing. Piscataway: IEEE Press, 2007: 1-5.

[7] TAMRAKAR M, BANDYOPADHYAY K, DE A. Comparison of rain attenuation prediction models with Ku-band beacon measurement for satellite communication system[C]//2010 International Conference on Signal Processing and Communications. Piscataway: IEEE Press, 2010: 1-5.

[8] ZHANG H, PATHIRANA P N. Uplink power control via adaptive hidden-Markov-model-based pathloss estimation[J]. IEEE Transactions on Mobile Computing, 2013, 12(4): 657-665.

[9] MATHIEU C, WEIGEL A. Assessing the flexibility provided by fractionated spacecraft[C]//Space 2005. Reston: AIAA, 2005.

[10] 刘亚丽娜. 面向分布式卫星系统的功率控制型 AODV 协议研究[D]. 西安: 西安电子科技大学, 2014.

[11] SUDARSHANA K P S, SAMARASINGHE A T L K. Rain rate and rain attenuation estimation for Ku band satellite communications over Sri Lanka[C]//2011 6th International Conference on Industrial and Information Systems. Piscataway: IEEE Press, 2011: 1-6.

[12] ABDULRAHMAN A Y, RAHMAN T B A, RAHIM S K B A, et al. A new rain attenuation conversion technique for tropical regions[J]. Progress in Electromagnetics Research B, 2010, 26: 53-67.

第 7 章

基于 Pareto 优化的 DSCN 下行资源优化

由于星上处理转发技术的发展，空间信息网络能有效实现上下行解耦，对上下行无线资源分别进行优化能够更好地提升资源效用。本章以能效为目标，对空间信息网络下行资源优化问题进行论述，在充分考虑之前分析的空间信息网络特征的条件下，设计了空间信息网络下行网络模型和数据队列模型，根据资源有限性、多星协同覆盖特性和网络动态性，以能耗最小化和容量最大化为目标建立了一个动态二维多目标资源优化问题，通过三维装箱模型进行了分析并证明该问题为具有 NP 难度的 Pareto 优化问题，并通过设计一种二维动态免疫克隆算法实现了问题求解，为实现星间资源协同共享、节省星上能量和提升网络容量提供了 Pareto 最优的无线资源分配策略集。

| 7.1 引言 |

针对 SIN 的上行用户接入骨干网的问题，第 4 章研究了上行数据包接入骨干网后的多骨干卫星作为 DRS 的远距离中继问题，第 5 章研究了 SIN 的上行认知区域的优化问题，优化了认知区域上行发射功率控制和带宽分配问题，第 6 章结合多骨干卫星远距离中继，进一步研究了基于雨衰预测和动态补偿的上下行联合功率控制问题。下行链路雨衰等影响可以在上行链路发射功率上进行补偿消除影响，同时，由于星上处理转发载荷和应用，上下行可以解耦分别进行优化以提升系统效用，因此，本章针对 SIN 的下行，以系统能效为目标，对时隙（带宽）和星上功率资源进行了联合优化方面的研究。

现阶段针对 SIN 的下行无线资源管理方面的研究较少，大部分卫星下行无线资源分配方面的研究聚焦于模型相对简单的单星场景[1-23]，且大多数卫星通信系统中的资源分配技术的研究只考虑简化的约束条件下的关于单个优化目标的资源优化问题，如最小化资源消耗[22-23]和最大化系统吞吐量[24-25]等，这类单目标优化方法在获取一个目标最优的同时，可能是以牺牲另一性能为代价的。Grundinger 等[26]针对卫星系统中传输速率均衡和功率最小化问题，通过理论分析推出了速率的上界和下界，然而，传输速率均衡和功率最小化之间的关系却没有进行深入分析。Lei 等[27]对用户处于不同 SINR 条件下的多波束卫星网络下行功率和载波联合分配问题进行了研究，但该研究仅考虑了 SINR 均衡问题，而没有关注资源消耗问题。Ji 等[28]针对卫星通信下行网络提出了一种基于时延感知的功率和带宽联合分配算法，然而该研究将功率和时隙资源建模为等大小的资源块，这在工程实践中是不合理的。韩寒等[29]研究了多波束卫星通信系统下行功率与时隙优化问题，提出了一种基于能耗最小化的资源优化算法，但这种方法可能导致在网络空闲的情况下用户无法获得更多的资源余量以提升通信能力。文献[8-9]研究了认知卫星通信系统中的资源分配问题，其中，文献[8]将下行功率和速率分配问题建模为 Pareto 优化问题来实现多用户之间的速率均衡。Aravanis 等[30]考虑了多波束卫星通信系统中的功率消耗和可达速率这两个优化目标，提出了一种基于元启发式算法的二阶多目标优化算法来求解该问题。然而，文献[8-9, 30]没有考虑网络的动态性。

　　近年来，部分研究开始聚焦于空间信息网络的资源优化问题。文献[31]针对分布式卫星系统下行功率优化问题提出了一种动态多目标算法，然而，该研究中的分布式卫星系统模型相对于空间信息网络进行了较多简化和假设，且只考虑了功率这一个维度的资源优化。文献[32]研究了 SIN 中 GEO 卫星和 LEO 卫星作为中继卫星的资源协同方法，根据两种卫星的传输能力和轨道特性进行了资源优化。文献[33]考虑了一个软件定义空间信息网络，针对存在激光与微波混合链路的空间信息网络提出了一种混合切换系统来实现带宽的灵活分配。文献[34]介绍了空间信息网络在协同观测任务中的星间路由技术。文献[31-34]仅考虑了空间信息网络中卫星作为数据中继节点的场景，而没有对骨干卫星提供下行服务，网络接入等场景下的资源优化问题进行研究。

　　根据第 4 章建立的模型，SIN 中骨干网 DSC 和接入网组成一个 DSCN，不同于传统的卫星通信网络，带宽资源通过多波束重叠覆盖由多颗卫星的多个用户实现共享，因此带宽资源需进行星间优化。对于骨干网卫星而言，由于采用太阳能供电，能耗问题是提升卫星工作时间的关键问题，尤其是在太阳能电池模块失效和日食阶段时。另外，为了尽可能地提升系统容量，带宽资源需要合理地分配给具备不同 QoS 需求和信道条件的用户。文献[35]对 5G 网络中的 4 种绿色折中方式进行了分析，并指出能效（Energy Efficient，EE）最大化折中方式是实现能耗和容量折中的典型优化方式。在准确的 CSI 和资源需求已知的条件下，EE 最大化方法可以一定程度上降低能耗[36-39]。然而，准确的 CSI 和资源需求难以获取，某些用户需要分得更多资源以获取容量余量来保证其 QoS 需求，因此，资源预留和余量分配方式在工程实践中得以广泛应用，然而，进行较为准确的资源预留和容量余量的分配，需要尽可能全面地获得优化问题可行解集，为资源优化提供全面的决策空间。

本章在考虑重叠覆盖区域资源共享，用户间不同资源需求等条件下对空间信息网络下行时隙和功率联合优化问题进行了研究。不同于现有的一维单目标优化算法（One Dimensional Single-objective Optimization Algorithm，1D-SOA）[27-28]、二维单目标优化算法（Two Dimensional Single-objective Optimization Algorithm，2D-SOA）[40]和一维多目标优化算法（One Dimensional Multi-objective Optimization Algorithm，1D-MOA）[30-31]，本章采用系统能耗和系统容量作为优化目标，基于 Pareto 优化理论设计一个二维多目标优化算法（Two Dimensional Multi-objective Optimization Algorithm，2D-MOA）来求解时隙与功率资源在两个存在矛盾关系的优化目标之间的折中解集。本章的主要贡献可归纳为以下 4 点。

（1）在考虑 SIN 特性的条件下，设计了一个 DSCN 结构的 SIN 下行网络模型，利用队列模型描述下行数据包到达和等待过程，根据资源有限性、多星协同覆盖特性和网络动态性，建立了一个动态的二维多目标资源优化问题来实现下行功率资源和时隙资源的优化。

（2）通过分析优化问题的数学特性，将问题建模成一个三维装箱问题（Three Dimensional Bin Packing Problem，3D-BPP），在此基础之上，分析了问题的复杂度，并证明了该优化问题为一个具有 NP 难度的 Pareto 优化问题，为 2D-MOA 求解提供了理论基础。

（3）根据本章研究的资源优化问题的数学特性，设计了一种二维动态免疫克隆算法（Two-dimensional Dynamical Immune Clone Algorithm，TDICA）来解决该优化问题，其中 TDICA 包括 4 个主要模块：空间均分初始化模块、克隆模块、模 4 非一致性变异模块和二维选择与更新模块，对各个模块、运算方法和整个寻解的过程进行了详细的论述。

（4）根据仿真结果，证明了本章提出的 TDICA 在准确性和收敛性能上优于其他同类算法，此外，通过星间优化可以有效提升系统的整体容量，2D-MOA 相比1D-MOA 可以在同等系统容量水平上节省更多的能量，同时，2D-MOA 可以转化为2D-SOA，2D-MOA 获取的 Pareto 最优解集可以用于能耗和容量折中问题中的策略组合指导空间信息网络中各子系统和子网络的资源调整和优化。

|7.2　系统模型与问题描述|

本节考虑由 L 个星群构成的 DSC 构建 SIN 的骨干网，每个星群由 M 个工作在 Ka 频段上的 GEO 卫星组成，每颗卫星为接入网中的 N 个下行用户提供稳定的覆盖，各卫星下的用户均匀分布在每颗卫星的覆盖区域，且其中某些区域由多颗卫星进行重叠覆盖。为了在有限的带宽资源条件下提高带宽利用率，下行采用多波束 TDM 方式为多用户提供服务。每个卫星的可用带宽 B 由卫星下行的 K 个波束根据波束复用因子 α 实现复用，即每个波束的可用带宽为 B/α。一个 TDM 时隙只能被一个波束下的某一个用户占用，卫星载荷提供的星上总功率则由占用同一 TDM 时隙的不同波束下的用户共享。为了提高星上总功率的效用，假设卫星载荷具备如多端口放大器（MPA）[41]或行波管放大器（TWTA）[42]来协助实现星上总功率的灵活分配。下行用户通过数据包到达速率 $\lambda_{l,m,n}$ 和时延边界 $D_{l,m,n}$ 来区分，其中，$\lambda_{l,m,n}$ 和 $D_{l,m,n}$ 分别表示由第 l 个星群内的第 m 个卫星覆盖的第 n 个用户的数据包到达速率和时延边界。针对每个下行用户，星上都有一个有限的缓冲区来暂时存储达到的数据包，星上处理载荷将上行数据包转换成下行数据包，并将下行数据包分类为各个下行用户的数据包队列放入缓冲区以待下行发送，每个下行用户的数据包到达过程可以看成是独立同分布的。对于数据包 p，在时隙 t 的排队时间 $\mathrm{qt}_{l,m,n,p}(t)$ 可表示为 $\mathrm{qt}_{l,m,n,p}(t) = t - \mathrm{at}_{l,m,n,p}$，其中，$\mathrm{at}_{l,m,n,p}$ 为数据包 p 的到达时间，若 $\mathrm{qt}_{l,m,n,p}(t) \geqslant D_{l,m,n}$，该数据包将被从队列中丢弃并告知上行重发。第 t 个时隙的队列长度 $Q_{l,m,n}(t)$ 可以反映此时各用户的资源需求，它可以表示为

$$Q_{l,m,n}(t) = Q_{l,m,n}(t-1) + A_{l,m,n}^{t-1} - q_{l,m,n}^{t-1} \tag{7-1}$$

其中，$A_{l,m,n}^{t-1}$ 为第 l 个星群内的第 m 个卫星覆盖的第 n 个用户在第 $t-1$ 个时隙内到达的数据包大小，$q_{l,m,n}^{t-1}$ 为第 l 个星群内的第 m 个卫星覆盖的第 n 个用户在第 $t-1$ 个时隙内被发送和被丢弃的数据包大小。由文献[43]可知，为了保证系统的稳定性，队列长度必须是有限的，即下行用户队列必须满足 $\lim\limits_{x \to \infty} \liminf\limits_{\tau \to \infty} \Pr\left\{ \sum\limits_{t=1}^{\tau} \left(A_{l,m,n}^{t} - q_{l,m,n}^{t} \right) < x \right\} = 1$。接下来，将具体针对 DSCN 的下行链路进行数学建模，并在此基础上构建本章要研究的问题。

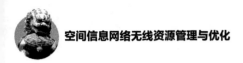

7.2.1 DSCN 下行链路模型

本章只考虑 DSCN 下行，与 DSC 通信的各节点与站点均被认为是不同类型的用户。由于本章不考虑星群间资源优化问题，DSCN 下行模型可以由单个星群的下行系统模型来表示，如图 7-1 所示。与第 4 章一致，星群主卫星由星群内卫星根据链路状态和卫星资源余量选出，星群主卫星负责与其他星群建立星群间链路实现通信。星群内卫星可以通过星间激光链路构成星状网、网状网或混合网模型，图中浅灰色星间链路为用于星间数据包转发的稳态链路，深灰色链路则为备用链路，只有在稳态链路失效或者拥塞的情况下才会被激活。为了提升热点区域的连通概率，提高带宽资源的效用，这些区域由星群内卫星通过协同机制实现重叠覆盖。对于星群主卫星而言，有两种到达数据包队列类型：来自其他星群的数据包队列和来自不同用户的数据包队列。对于星群的其他卫星而言，不直接与其他星群建立连接，仅有来自不同用户的数据包队列。图中这两种队列中不同深灰的灰代表数据包属于不同的目的卫星（覆盖目的用户的卫星）。星上处理载荷对上行数据包进行分类，目的卫星为自身的数据包将转换为下行队列等待下发，目的卫星为其他卫星的数据包将通过星间链路或主卫星和星群间链路转发给该卫星。每个星群的资源优化，由星上处理单元协同完成，这样可以减少地面 NCC 管理过程产生的一跳的通信时间。

与第 5 章类似，因为室内用户仅能通过中继节点（如网关）接入卫星，本书考虑的用户均为室外用户，所有用户通过微波链路直接连接卫星。因此，从卫星到用户的信号在没有遮挡的情况下在空中直接传播[33-44]，即 LoS 信号为该下行系统的最强信号[45]。因此，可将下行微波信道考虑为带有 AWGN 的莱斯衰落信道。信道衰落系数 $h_{l,m,n}$ 可以表示为一个循环对称复高斯随机变量，$|h_{l,m,n}|^2$ 分布为非中心卡方分布，其 PDF 为

$$f_{|h_{l,m,n}|^2}(h) = \frac{1}{\sigma^2} \exp\left\{-\frac{s^2+h}{\sigma^2}\right\} I_0\left(2\sqrt{\frac{s^2 h}{\sigma^4}}\right) \tag{7-2}$$

其中，s^2 为 LoS 信号的功率，σ^2 为散射信号的功率，$I_0(\cdot)$ 为第一类零阶修正贝塞尔函数[32, 45]。

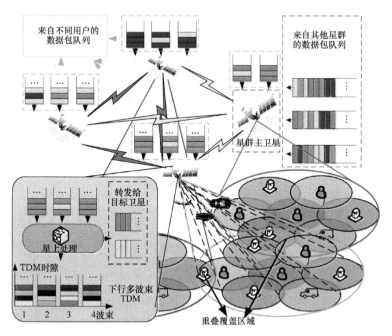

图 7-1　单个星群下行系统模型

在每次通信开始前，每个星群选择一个卫星作为主卫星与邻近星群建立星群间链路。假设 $Q_{l,m,n}(t)$ 和信道条件在通信开始前均由星上控制模块通过合理的方法获取，星上控制模块上报星群主卫星 $Q_{l,m,n}(t)$ 和信道条件的相关信息，多个主卫星协同共享形成全局网络条件用以产生资源分配决策。由于第 4 章已经研究过星间负载均衡优化问题，本章假设在通信开始前，上行收到的数据包已经完成了星间转发和上下行转换，只需要针对下行通信对星上资源进行优化即可。

7.2.2　联合资源分配问题建模

假设分配周期 T 等于一个 TDM 超帧的长度，只考虑发射功率（星上电路所需功率假设为单独预留），则用户 n 的能耗可以表示为

$$E_n = P_n t_n \tag{7-3}$$

其中，P_n 和 t_n 分别为分配给用户 n 的发射功率和时隙总长度。不同波束的可用带宽都是相等的，因此，可以采用用户 n 的带宽归一化容量来表示分配功率 P_n 的效用，根据香农定理，用户 n 的带宽归一化容量可以表示为

$$C(P_n) = \log(1 + P_n g_{l,m,n}) \tag{7-4}$$

其中，$g_{l,m,n}$ 为第 l 个星群内的第 m 颗卫星的第 n 个用户的下行功率增益与噪声功率比，它可以进一步表示为

$$g_{l,m,n} = \frac{G_s(m)G_r(n)\left|h_{l,m,n}\right|^2 \lambda}{(4\pi d)^2 N_0} \qquad (7\text{-}5)$$

其中，λ 为电磁波波长，$G_s(m)$ 和 $G_r(n)$ 分别为第 m 颗卫星的发送天线增益和第 n 个用户的接收增益，d 为卫星到用户的传播距离，N_0 为 AWGN 功率。每颗卫星的可用带宽在一个超帧内由该卫星下的 N 个用户通过多波束 TDM 时隙共享，因此，用户 n 的可达容量为 $\dfrac{C(P_n)t_n}{T}$。

不同于传统的仅考虑单个优化目标（如能耗、系统容量等）的资源分配问题，本章考虑能耗和系统容量的折中问题。能效最大化方法[37-39]是一种获取能耗和系统容量折中的比较常见的方法。能耗和系统容量的折中曲线可由图 7-2 表示，从图中可以看出，EE 最大化方法的结果只是折中曲线上的一个可行解之一，相比于容量最大化方法，EE 最大化方法确实能够较好地在能耗和容量之间进行折中以获取最优能效，但它是以牺牲较大的系统容量为代价的。同时，EE 最大化方法需要准确的信道条件信息，然而，在信道估计中总存在随机估计误差，因此，实际信道条件下的折中曲线和估计信道条件下的折中曲线总是存在一定的距离，这将导致整体性能下降，因此，在实际工程实践中，资源分配余量常常用来消除信道估计误差带来的影响。针对具备不同 QoS 需求和信道条件动态变化的用户群，合理选择资源分配余量是最大限度提升系统效用的有效手段，这样就需要获取动态的、较完备的折中可行解集来实现网络的自动控制和决策调整。因此，本章引入动态多目标优化问题来获取落在图 7-2 中的折中曲线上的可行解集。

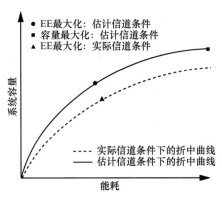

图 7-2　能耗和系统容量的折中曲线

考虑将式（7-3）中的能耗和式（7-4）中的归一化容量作为优化目标，在功率、时隙和容量约束条件下，动态时隙与功率联合优化问题可以表示为

$$\min_{P,\Delta}\begin{cases} g_1 = \sum_{l=1}^{L}\sum_{m=1}^{M}\sum_{n=1}^{N_{l,m}} P_{l,m,n}(t)\delta_{l,m,n,k}(t) \\ g_2 = 1/\sum_{n=1}^{N_{l,m}}\delta_{l,m,n,k}(t)C\left(P_{l,m,n}(t)\right) \end{cases}$$ （7-6）

s.t. $\quad$ C1 : $\delta_{l,m,n,k}(t)C(P_{l,m,n}(t)) \leqslant Q_{l,m,n}(t), \forall l,m,n,k$

$\quad$ C2 : $\sum_{n=1}^{N_{l,m}} P_{l,m,n}(t) \leqslant P_{l,m}^{\text{total}}(t), \forall l,m,$

$\quad$ C3 : $\sum_{k=1}^{K}\delta_{l,m,n,k}(t) \leqslant 1, \forall l,m,n,k$

$\quad$ C4 : $\sum_{m=1}^{M} N_{l,m} \leqslant M\times N - \sum_{i\in M'}(n_i - 1), \forall l,n$

$\quad$ C5 : $N_{l,m} \leqslant N, \forall l,m$ $\qquad$ （7-7）

其中，$\delta_{l,m,n,k}(t) = t_n / T$ 和 $P_{l,m,n}(t)$ 分别为在超帧 t 内第 l 个星群内的第 m 颗卫星的第 n 个用户在第 k 个波束上占用的归一化 TDM 时隙长度（时隙长度占超帧比）和这些时隙上分配的星上发送功率，$P_{l,m}^{\text{total}}(t)$ 为超帧 t 分配开始前，第 l 个星群内的第 m 颗卫星的星上可用功率。g_1 和 g_2 分别为系统总能耗和第 m 颗卫星的可达总容量的倒数，最小化 g_2 等效于最大化可达总容量。约束条件 C1 保证分配结果不超出所需的最大资源量，约束条件 C2 和 C3 分别为分配功率和归一化 TDM 时隙长度的约束条件，$N_{l,m}$ 表示第 l 个星群内的第 m 颗卫星下的活跃用户（接收第 m 颗卫星的下行信号用户），由于存在部分用户由多颗卫星重叠覆盖，假设 M' 为重叠覆盖区域用户的集合，n_i 为覆盖用户 i 的卫星数目，则单个星群的总用户数为 $M\times N - \sum_{i\in M'}(n_i - 1)$。

对于重叠覆盖区域用户，可以动态地选择其中一颗卫星来提供下行服务，因此，资源优化不仅针对单颗卫星进行独立优化，而且需要对星群内多颗卫星间的资源共享进行优化，约束条件 C4 和 C5 保证了在一个超帧里面，单个用户只接收一个卫星的下行数据。上述问题实际上是一个具备两个对立优化目标的 NP 难问题，解析解是难以通过数学推导获取的。接下来，将对问题的复杂度进行讨论，证明该问题为一个 NP 难问题，并引入 Pareto 优化理论来分析该问题。

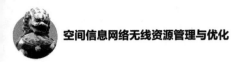
|7.3   问题复杂度分析与 Pareto 优化模型 |

在寻找本章问题的求解方法前，首先对本章问题的复杂度进行分析。通常来说，获取问题解集所需要的计算算子复杂度和步骤数目通常作为衡量一个数学问题的复杂度的性能指标[46]。本章的问题是一个动态多目标优化问题[47]，两个优化目标之间的关系决定了解集的分布形式。因此，本节将分析本章需求解的问题的计算复杂度和数学特性，并根据数学特性引入 Pareto 优化方法建立合理的优化模型。

7.3.1   三维装箱问题模型和 NP 难特性

实际上，本章的问题可以被认为是一个三维装箱问题[46]，每颗卫星的总可用资源空间可以被看成是容纳分配给星下各个用户的资源块的容器。对于单颗卫星下行资源分配的 3D-BPP 模型如图 7-3 所示。每个待装的资源块的长和宽分别为功率 $P_{l,m,n}(t)$ 和归一化 TDM 时隙长度 $\delta_{l,m,n,k}(t)$。定义吞吐量指数 $C_{\text{fac}} = C(P_{l,m,n}(t)) / P_{l,m,n}(t)$ 为待装资源块的高，C_{fac} 为 $P_{l,m,n}(t)$ 的函数，因此，资源块的高随着长的改变而改变。DSCN 下行共有 $L \times M$ 个资源块容器，所有容器中资源块底面积的和为系统总能耗，即优化函数中的目标函数 g_1，单个容器中所有资源块的体积则为单星总容量，即为优化函数中的目标函数 g_2 的倒数，此外，邻近的容器对于重叠覆盖区域用户的资源块共享其容纳空间。因此，这个 3D-BPP 问题的两个优化目标可以描述为在邻近容器部分共享容纳空间的条件下，最小化底面积和最大化每个容器容纳的资源块总体积。

优化问题根据其是否可以在多项式时间内求解，通常可以分类为多项式（Polynomial，P）问题和非多项式（Non-deterministic Polynomial，NP）问题[47]。P 问题和 NP 问题的定义可以表述如下。

定义 7.1   若获取一个含有 x 个输入问题的最优解所需要的计算步骤 $\tau(x)$ 小于或等于一个多项式函数，则该问题为 P 问题[48]。

定义 7.2   若获取一个含有 x 个输入问题的最优解所需要的计算步骤 $\tau(x)$ 为非多项式函数，则该问题为 NP 问题[48]。

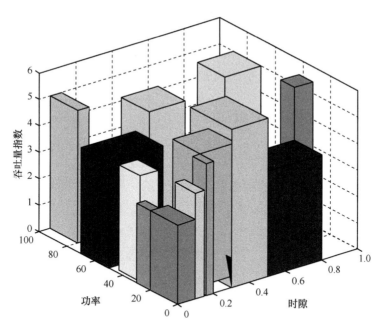

图 7-3 单颗卫星下行资源分配的 3D-BPP 模型

例如，$\tau(x) \leqslant \alpha x^{\beta}$，其中，$\alpha$ 为某个大于零的常数，β 为有限的自然数，则这个问题为 P 问题，可以在多项式时间内求解；若 $\tau(x)$ 为如 β^x 和 $x!$ 等形式的非多项式函数，则该问题为 NP 问题，无法在多项式时间内求解。

定理 7.1 本文中的优化问题为一个 NP 难问题。

证明 只考虑本节建模的 3D-BPP 的最大化总体积的优化目标，定义 λ 为在 $Q_{l,m,n}(x)$ 约束下的时隙分配上界。那么，对于资源块的长、宽、高有不少于 λ 种组合方式，对于 N 个用户的资源块，长、宽、高就有不少于 λ^N 种组合方式。

对于整个系统优化来说，具备 LMN 个输入，其计算步骤满足

$$\tau(LMN) \geqslant \Theta(\lambda^{LMN}) \tag{7-8}$$

其中，$\Theta(\lambda^{LMN})$ 为存在空间共享条件下的所有容器的装箱可行排列组合函数，它为一个非多项式函数，计算复杂度随着输入的增加呈指数增长，因此单个目标的优化问题为一个 NP 难问题，由于单目标问题为多目标问题的退化形式，可以看作多目标问题的特殊情况[49]，则可以推出，增加一个优化目标后的 3D-BPP 问题，也是一个 NP 难问题。

证毕。

根据 3D-BPP 模型和 NP 问题的定义，本节分析了本章研究的优化问题为一个 NP 难问题，为了求解该问题，需要引入合理的优化理论来降低计算复杂度。接下来，将引入 Pareto 优化理论来进一步获取该优化问题的数学求解方法。

7.3.2 Pareto 优化与 Pareto-front

通过前面的分析，了解了本章研究的问题可以建模成一个 3D-BPP 模型，且该问题为一个 NP 难问题，其最优解集无法在可行的计算时间内获取。通过观察该问题的两个目标函数，可以发现，提高任一用户的 $P_{l,m,n}(t)$ 或 $\delta_{l,m,n,k}(t)$ 的值，目标函数 g_1 的值将增大，同时，g_2 将减小。这表明两个目标函数之间存在竞争的冲突关系，这使该优化问题成为一个 Pareto 优化问题[49]，其中 Pareto 优化问题的定义可以表述如下。

定义 7.3 若一个多目标优化问题的多个目标之间存在竞争关系，即提高某一个目标函数的值是以牺牲其他目标的值为代价的，则该问题为一个 Pareto 优化问题，且存在一个 Pareto 优势均衡（Pareto Predominance Equilibrium，PPE）为 Pareto 最优解，称为 Pareto-front[50]。

与 NE[51]中的理性参与者假设（纳什博弈中的参与者自私性）不同，PPE 是基于参与者的信任关系获得的，即参与者通过协作采取合理的策略共同提升整体效用。而正如第 5 章提到的，DSCN 内的信息交互与资源共享是基于信任关系的，因此，可以合理地认为本章研究的问题为一个 Pareto 优化问题。其中，Pareto-front 的定义可以表述如下。

定义 7.4 Pareto-front 由 Pareto 问题的所有非支配解（Non-Dominated Solution，NDS）组成。若无法通过改变输入值提升某一目标函数的值，且不以降低其他目标函数的值为代价，则称该输入值为该问题的一个 NDS[52]。

若将本章问题的解空间看作一个超平面，则式（7-6）中的问题实际上等效于如下的二维映射问题。

$$(g_1, G_2) = T(\boldsymbol{P}, \boldsymbol{\Delta}) \tag{7-9}$$

其中，有

$$G_2 = \sum_{l=1}^{L}\sum_{m=1}^{M} g_2\left(P_{l,m,n}(t), \delta_{l,m,n,k}(t)\right) \tag{7-10}$$

P 和 Δ 分别为 $P_{l,m,n}(t)$ 和 $\delta_{l,m,n,k}(t)$ 有效取值空间，这一映射模型如图 7-4 所示。寻找两个目标函数的 Pareto-front 的过程，就是剔除支配解（Dominated Solution，DS）并保留 NDS 的过程。

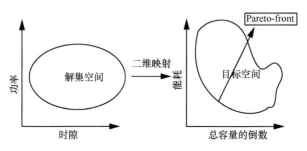

图 7-4　二维映射问题模型

本章问题具有 NP 难特性且无法直接通过数学推导获得解析解形式，通常需要采用迭代方法来求解 Pareto 优化问题，且该迭代算法需要具备以下三个特性[52]。

（1）需要具备一个合理的初始解产生算法来获取在解空间均匀和广泛分布的初始解集。

（2）需要有一个高效的搜索（迭代）方向在较低的时间开销条件下通过改变状态寻找尽可能多的 NDS。

（3）需要具备一个科学的选择方法来剔除 DS 和保留 NDS。

第一个特性保证了初始解尽可能均匀和广泛地分布于可行的解集空间，第二个特性保证了迭代算法快速迫近 Pareto-front，第三个特性则保证了解的 Pareto 最优性。接下来，将根据这三个特性设计算法求解该问题。

7.4　基于二维动态免疫克隆算法的联合资源分配

7.3 节证明了本章研究的联合时隙与功率分配问题为一个 NP 难的 3D-BPP。两个具备竞争关系的优化目标函数使这一联合分配问题成为一个 Pareto 优化问题，因此需要一个具备上节提到三个特性的迭代算法来求解该问题。某些启发式算法，如模拟退火算法（Simulated-annealing Algorithm，SA）[53]、遗传算法（Genetic Algorithm，GA）[54]、免疫克隆算法（Immune Clone Algorithm，ICA）[31, 55]等可以用于解决 Pareto 优化问题。然而，这些用于一维 Pareto 优化问题的算法无法直接用于二维

Pareto 优化问题，上述所有的算法均需要根据问题数学特性的不同进行改进而推广到二维情况。

之前的研究[31]通过模拟人工免疫系统设计了一种动态免疫克隆算法（Dynamical Immune Clone Algorithm，DICA）来获取动态多目标优化问题的 Pareto-front。这一人工免疫系统包含抗原、抗体、克隆算子、非一致性变异算子和抗体更新算子。抗原和抗体分别代表 Pareto 优化问题和该问题的可行解。但上述考虑的是一维多目标优化问题，其中的克隆算子、非一致性变异算子和抗体更新算子无法直接应用到本章研究的二维（时隙维和功率维）多目标优化问题。

本节设计了一种名为二维动态免疫克隆算法的二维多目标算法来求解本章研究的联合资源分配问题，算法包含初始化方法、克隆算子、模 4 非一致性变异算子、二维抗体选择和更新方法。接下来，将分别对各个部分算子进行描述，并设计算法。

7.4.1　基于空间均分的初始化方法和克隆算子

由于无法提前预知最优解集的分布位置，初始化必须尽量能表征解集空间的全部范围，因此，在一次分配开始前，需要有一种可行的初始化方法来获取具备在解集空间广泛且均匀分布初始抗体（即初始解，两者在后文中如无特殊说明，视为等效）来提升余下步骤的搜索效率。初始抗体需在解集空间上随机且均匀地产生，对于 ICA，初始抗体由以下方法产生。

$$A_{\text{initial}} = F_r\left(\Omega(A), V\right) \tag{7-11}$$

其中，A_{initial} 是初始抗体集合，$\Omega(A)$ 代表解空间，V 为所需的初始抗体的个数，$F_r(\cdot)$ 为在解空间 $\Omega(A)$ 的约束下产生均匀分布的随机数的随机函数，式（7-11）可以直接推广到本章研究的二维情况，即

$$(\varDelta, P) = F_r\left(\Omega(P), \Omega(\varDelta), V\right) \tag{7-12}$$

然而，这种方法只能确保初始抗体在功率解空间 $\Omega(P)$ 和时隙解空间 $\Omega(\varDelta)$ 分别保持均匀分布，但无法保证初始抗体在二维解空间 $\Omega(P, \varDelta)$ 中也是均匀的。图 7-5（a）展示了式（7-12）表示的由 ICA 中的初始化方法直接推广到二维情况的初始抗体可能的分布情况，$\Omega(P, \varDelta)$ 是一个超平面，因此，$(P, \varDelta)$ 为一个二维解集，每个解包含 LMN 组功率和时隙分配结果。从图 7-5（a）可以看出，式（7-12）的方法虽然能保证功率和时隙解在各自的解空间内均为均匀分布的，但无法保证所有解在二维超平面上是均匀分布的。

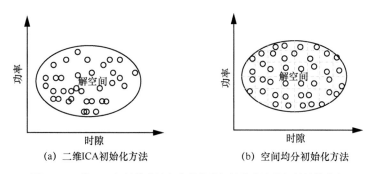

（a）二维ICA初始化方法　　　　　　（b）空间均分初始化方法

图 7-5　二维 ICA 初始化方法与空间均分初始化方法的初始抗体分布

为了避免上述情况的发生，本节设计了一种空间均分初始化方法。首先，分别将功率解空间 $\Omega(\boldsymbol{P})$ 和时隙解空间 $\Omega(\boldsymbol{\Delta})$ 均分为 X 和 Y 个部分，则解空间 $\Omega(\boldsymbol{P},\boldsymbol{\Delta})$ 被划分为 $X \times Y$ 个子空间，如图 7-5（b）所示。然后，分别对划分得到的子空间产生均匀分配的随机初始解，这样就能保证初始解尽量广泛而均匀地分布于解空间 $\Omega(\boldsymbol{P},\boldsymbol{\Delta})$ 的全部范围。空间均分初始化方法可以表示为

$$(\boldsymbol{\Delta},\boldsymbol{P})_{x,y} = F_r\left(\Omega(\boldsymbol{\Delta}_x),\Omega(\boldsymbol{P}_y),V\,/\,XY\right) \tag{7-13}$$

其中，x 和 y 为子空间的位置坐标，$(\boldsymbol{\Delta},\boldsymbol{P})_{x,y}$ 为坐标 (x,y) 的子空间的初始抗体，满足 $(\boldsymbol{\Delta},\boldsymbol{P}) = \bigcup\limits_{x,y=1}^{X,Y}(\boldsymbol{\Delta},\boldsymbol{P})_{x,y}$ 和 $\left(P_{l,m,n}(t,\text{it},x,y),\delta_{l,m,n,k}(t,\text{it},x,y)\right) \in (\boldsymbol{\Delta},\boldsymbol{P})_{x,y}$。

在获取初始抗体之后，参考免疫克隆机制，需要对抗体进行复制，以便变异获得有用抗体（改变解的分布迫近 Pareto-front）。克隆算子可以定义为

$$R_C(a_i(\text{it})) = \{a_i^1(\text{it}),a_i^2(\text{it}),\cdots,a_i^R(\text{it})\},a_i^j(\text{it}) = a_i(\text{it}),j = 1,2,\cdots,R \tag{7-14}$$

在式（7-14）中，$a_i(\text{it})$ 为第 i 个可行解，$i = 1,2,\cdots,V$，R 和 it 分别为克隆比例（复制解的倍数）和迭代次数。$R_C(\cdot)$ 为克隆算子，它表示将输入复制 R 次，产生一个新的解集。经过复制之后的解集，可以通过改变被复制的解的分布方式进一步获得在解空间分布得更广泛均匀的解集以逼近 Pareto-front 所在的区域。

7.4.2　模 4 非一致性变异算子

ICA 中的非一致性变异算子通过一定的方法对任意的 $i(i = 1,2,\cdots,V)$ 改变克隆后的解 $a_i^j(\text{it})$（$j = 2,\cdots,R$）的数值可以提高备选的分布的均匀性和对解集空间的表征范围。ICA 中的模 2 非一致性变异算子可以表示为[31]

$$R_2^0\left(a_i^j(\mathrm{it})\right) = a_i^j(\mathrm{it}) + \left(b_u - a_i^j(\mathrm{it})\right)\gamma \tag{7-15}$$

$$R_2^1\left(a_i^j(\mathrm{it})\right) = a_i^j(\mathrm{it}) - \left(a_i^j(\mathrm{it}) - b_l\right)\gamma \tag{7-16}$$

其中，

$$\gamma = 1 - r^{h(\mathrm{it})} \tag{7-17}$$

$$h(\mathrm{it}) = \left(1 - \mathrm{it} / g_{\max}\right)^2 \tag{7-18}$$

在式（7-15）~式（7-18）中，$g_{\max}$ 为最大迭代次数，b_u 和 b_l 分别为可行解的上界和下界，r 为 $[0,1]$ 上的随机数。对任意的 $a_i^j(\mathrm{it})$，选择一个随机数 n，进行模 2 运算，若 $n \bmod 2 = 0$，用 $R_2^0(\cdot)$ 对 $a_i^j(\mathrm{it})$ 进行计算，若 $n \bmod 2 = 1$，则用 $R_2^1(\cdot)$ 对 $a_i^j(\mathrm{it})$ 进行计算。模 2 非一致性变异算子可以推广到本章的二维多目标优化问题中，即对 P 和 Δ 分别采用式（7-15）和式（7-16）进行计算。与直接从 ICA 中推广到二维情况的二维 ICA 初始化方法类似，直接推广到二维情况的模 2 非一致性变异算子仅能保证解集分别在 P 和 Δ 的克隆分量的周围区域是均匀地改变分布范围的，但无法保证在二维超平面上分布改变的均匀性。因此，这种方法可能会导致克隆后的解向各个方向移动的概率不等，会降低遍历备选解周围区域的性能，即降低算法搜索的速度。

本章设计了一种模 4 非一致性变异算子来提升遍历效率，该算子可以表示为

$$R_4^0\begin{bmatrix}\alpha_i^j(\mathrm{it}) \\ \beta_i^j(\mathrm{it})\end{bmatrix} = \begin{bmatrix}\alpha_i^j(\mathrm{it}) + \left(A - \alpha_i^j(\mathrm{it})\right)\gamma_1 \\ \beta_i^j(\mathrm{it}) + \left(B - \beta_i^j(\mathrm{it})\right)\gamma_2\end{bmatrix} \tag{7-19}$$

$$R_4^1\begin{bmatrix}\alpha_i^j(\mathrm{it}) \\ \beta_i^j(\mathrm{it})\end{bmatrix} = \begin{bmatrix}\alpha_i^j(\mathrm{it}) + \left(A - \alpha_i^j(\mathrm{it})\right)\gamma_1 \\ \beta_i^j(\mathrm{it}) + \left(\beta - \beta_i^j(\mathrm{it})\right)\gamma_2\end{bmatrix} \tag{7-20}$$

$$R_4^2\begin{bmatrix}\alpha_i^j(\mathrm{it}) \\ \beta_i^j(\mathrm{it})\end{bmatrix} = \begin{bmatrix}\alpha_i^j(\mathrm{it}) + \left(\alpha - \alpha_i^j(\mathrm{it})\right)\gamma_1 \\ \beta_i^j(\mathrm{it}) + \left(B - \beta_i^j(\mathrm{it})\right)\gamma_2\end{bmatrix} \tag{7-21}$$

$$R_4^3\begin{bmatrix}\alpha_i^j(\mathrm{it}) \\ \beta_i^j(\mathrm{it})\end{bmatrix} = \begin{bmatrix}\alpha_i^j(\mathrm{it}) + \left(\alpha - \alpha_i^j(\mathrm{it})\right)\gamma_1 \\ \beta_i^j(\mathrm{it}) + \left(\beta - \beta_i^j(\mathrm{it})\right)\gamma_2\end{bmatrix} \tag{7-22}$$

其中，有

$$\gamma_k = 1 - r^{h(\mathrm{it})}, \ k = 1,2 \tag{7-23}$$

γ_k 为 $[0,1]$ 上的随机数，A 和 α 分别为可行解 $\{\alpha_i^j(\mathrm{it})\}$ 的上界和下界，B 和 β 分别为可行解 $\{\beta_i^j(\mathrm{it})\}$ 的上界和下界。对任意的 $[a_i^j(\mathrm{it}) \quad \beta_i^j(\mathrm{it})]^\mathrm{T}$，选择一个随机数 n，进行模 4 运算，对于 $n \bmod 4 = 0$、1、2 和 3 分别取 $R_4^0(\cdot)$、$R_4^1(\cdot)$、$R_4^2(\cdot)$ 和 $R_4^3(\cdot)$ 对

$[a_i^{\ j}(\mathrm{it}) \quad \beta_i^{\ j}(\mathrm{it})]^{\mathrm{T}}$ 进行非一致性变异计算，相比于模 2 方法的推广形式，这种方法能够更好地保证克隆解在各个方向移动的等概率性。

7.4.3　二维抗体选择和更新方法

空间均分的初始化方法能够保证初始解均匀分布在解空间内，这就确保了初始解的目标函数值在目标空间是均匀分布的。克隆算子和模 4 非一致性变异算子能够增加解分布的广泛性，使初始解向各个方向等概率地移动并产生新的解集，从而使算法能够尽可能地穷尽初始解邻近区域以提高搜索速度和准确性。然而，变异后获得解仍然包含 NDS，因此需要合理的算法选出 NDS 来逼近 Pareto 最优解。

首先，分析通过模 4 非一致性变异算子计算后的解集和 Pareto-front 之间的关系。考虑本章研究问题的目标函数空间，寻找 Pareto-front 的方向如图 7-6 所示。由式（7-9）中的 $T(\cdot)$ 映射到目标函数空间的初始解由白色圆形表示，由式（7-9）中的 $T(\cdot)$ 映射到目标函数空间的克隆并通过模 4 非一致性变异后的解由灰色圆形表示。克隆和模 4 非一致性变异算子使解的状态（目标函数值）朝着黑色虚线箭头方向变化，但获取 Pareto-front 的目标方向为实线箭头指向的方向。图中灰色虚线箭头指示了通过支配排序获得第一个（图中 No.(1,n)）NDS 到最后一个 NDS 的方向，可以看出，若进行多次迭代，在灰色虚线箭头方向和黑色虚线箭头方向的共同作用下，最终可以到达 Pareto-front，因此，需要在每次完成非一致性变异后找出当前解集中的非支配解。

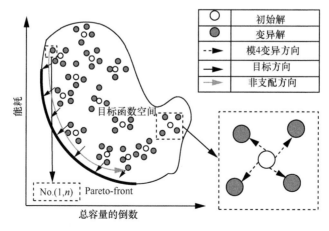

图 7-6　寻找 Pareto-front 方向示意

传统的依次比较选择的方法对于 S 个输入需要 $(S-1)!$ 次计算。本章提出了一种二维选择方法来降低计算复杂度。二维选择方法包含二维排序方法和 NDS 剔除方法。二维排序方法可以表示为

$$N(\boldsymbol{A},\boldsymbol{B}) = \begin{bmatrix} F_s\big(g_1(\boldsymbol{A},\boldsymbol{B})\big) \\ F_s\big(g_2(\boldsymbol{A},\boldsymbol{B})\big) \end{bmatrix}^{\mathrm{T}} = \begin{bmatrix} \mathrm{No}\big(\alpha_1(\mathrm{it}), & \beta_1(\mathrm{it})\big) \\ \mathrm{No}\big(\alpha_2(\mathrm{it}), & \beta_2(\mathrm{it})\big) \\ \vdots \\ \mathrm{No}\big(\alpha_{\mathrm{VR}}(\mathrm{it}), \beta_{\mathrm{VR}}(\mathrm{it})\big) \end{bmatrix} \tag{7-24}$$

其中，$F_s(\cdot)$ 是排序函数，它返回按升序排列的解位置编号，并构成位置编号矩阵 $\boldsymbol{N}(\cdot)$。$\mathrm{No}\big(\alpha_2(\mathrm{it}),\beta_2(\mathrm{it})\big) = (\mu_i,\nu_i)$ 为第 i 个可行解 $\big(\alpha_2(\mathrm{it}),\beta_2(\mathrm{it})\big)$ 的位置编号。NDS 剔除方法可以表示为

$$\boldsymbol{D} = \boldsymbol{V}_k - \boldsymbol{Q}\begin{bmatrix} \nu_1 & \nu_2 & \dots & \nu_\xi \end{bmatrix}^{\mathrm{T}} \tag{7-25}$$

$$\boldsymbol{Q} = \begin{bmatrix} \boldsymbol{I}_{k-1} & \boldsymbol{O}_{(k-1)\times 1} & \boldsymbol{O}_{(k-1)\times(\xi-k)} \\ \boldsymbol{O}_{(\xi-k)\times(k-1)} & \boldsymbol{O}_{(\xi-\lambda)\times 1} & \boldsymbol{I}_{\xi-k} \end{bmatrix} \tag{7-26}$$

$$\boldsymbol{J} = \mathrm{ins}(\boldsymbol{I}_{\xi-\lambda}, \boldsymbol{D}) \tag{7-27}$$

其中，$\boldsymbol{V}_k = [\nu_k \quad \nu_k \quad \cdots \quad \nu_k]^{\mathrm{T}}$ 是一个 $\xi \times 1$ 矩阵，ξ 表示当前的解数量，$\boldsymbol{I}_k$ 是一个 $k \times k$ 单位矩阵，$\boldsymbol{O}_{i \times j}$ 是一个 $i \times j$ 全零矩阵，ν_k 为第 k 个解的第二个目标函数返回的位置编号。在计算过程中，从图 7-6 中的位置编号为 $(\mu_k = 1, \nu_k = n)$ 的第一个 NDS 开始，沿着图 7-6 中灰色箭头方向寻找 NDS，通过比较向量 $\boldsymbol{D}$ 来构建更新矩阵 $\boldsymbol{J}$。λ 为比较向量 $\boldsymbol{D}$ 中小于 0 的元素个数，而 $\mathrm{ins}(\boldsymbol{I}_{\xi-\lambda}, \boldsymbol{D})$ 为一个插值函数，若比较向量 $\boldsymbol{D}$ 中的第 i 个元素 $D_i < 0$，则对矩阵 $\boldsymbol{I}_{\xi-\lambda}$ 的第 i 列插入一个全零列，插值后获得的矩阵为一个 $(\xi-\lambda) \times \xi$ 大小的矩阵。例如，若比较向量 $\boldsymbol{D} = \begin{bmatrix} 1 & 2 & -1 & -3 & 3 & -2 & 4 & -4 \end{bmatrix}^{\mathrm{T}}$，则有 $\xi - \lambda = 4$，且

$$\boldsymbol{J} = \mathrm{ins}(\boldsymbol{I}_4, \boldsymbol{D}) = \begin{bmatrix} 1 & 0 & 0 & 0 & 0 & 0 & 0 & 0 \\ 0 & 1 & 0 & 0 & 0 & 0 & 0 & 0 \\ 0 & 0 & 0 & 0 & 1 & 0 & 0 & 0 \\ 0 & 0 & 0 & 0 & 0 & 0 & 0 & 1 \end{bmatrix} \tag{7-28}$$

然后，解集可以通过更新矩阵进行如下更新方式剔除 NDS

$$(A, B) = J(A, B) \tag{7-29}$$

接着，可以通过上述方法找到 $\mu_k = 2$ 的解中的 NDS，并剔除 NDS，依次类推，直到 $\lambda = \xi$，这表示已经找全了所有的 NDS。这实际上是一个迭代过程，在这一过程中，解集 (A, B) 的维度是不断缩小的，而且实际上，对于含有 S 个 NDS 的解集，只需要 $S-1$ 次迭代即可找到全部 NDS，且计算中的算子都是相对简单的算子，这在工程上是合理的，且相较于 ICA 中传统的比较寻解的方法，搜索速度有了很大的提升。

在找全了所有的 NDS 之后，由于采用克隆算子，获得解集数目是大于初始解数目的。为了保证每次迭代的解数目保持一致，需要对解集进行筛选。为了保证解分布尽可能均匀，ICA 中计算了解之间的距离，通过剔除距离较近的解以获得较均匀的分布，这样才能尽可能地在较短的迭代时间内获得较完备的 NDS 集合。不同于 ICA[31]中对一维问题的解集距离的定义，本节将二维多目标优化问题第 i 个解的距离定义如下

$$f_i = d_{i1} + d_{i2} \tag{7-30}$$

其中，d_{ij} 为第 i 个解在第 j 个目标函数下的距离分量，它通过式（7-31）进行计算。

$$d_{ij} = \frac{g_j\begin{pmatrix} \alpha_{i-1}(\text{it}) \\ \beta_{i-1}(\text{it}) \end{pmatrix} - g_j\begin{pmatrix} \alpha_{i+1}(\text{it}) \\ \beta_{i+1}(\text{it}) \end{pmatrix}}{\sigma + g_{j,\max} - g_{j,\min}}, j = 1, 2 \tag{7-31}$$

其中，$g_{j,\max}$ 和 $g_{j,\min}$ 为第 j 个目标函数在当前解集输入下的最大值和最小值，为了保证分母不为零，引入 $\sigma = 0.0001$。在获得全部解的距离之后，从距离最小解的开始剔除，直到解个数等于初始解个数 V，这样就完成了解集的非支配性选择和更新的全部过程。

7.4.4　时隙与功率联合分配过程

7.4.1 节～7.4.3 节设计了本章 TDICA 的各个算子和模块，由这些算子和模块，可以完成图 7-6 表示的从初始化到变异再到非支配选择的全部过程，但仅一次操作是无法直接逼近 Pareto-front 的。为了尽可能获得准确且完备的 Pareto-front，需要设

计一种迭代算法，对上述步骤进行迭代，让解不断向图 7-6 中粗实线方向移动。结合本章中时隙与功率联合分配问题，本章提出的基于 TDICA 的时隙与功率联合分配算法如下所示。

算法 7-1　基于 TDICA 的 DSCN 时隙与功率联合分配算法

输入　克隆比例 R，初始解的个数 V，最大迭代次数 g_{max}

输出　Pareto 最优分配解集 $(\boldsymbol{P},\boldsymbol{\varDelta})_{opt}$

1）初始化算法，设置 R，V，g_{max} 的值，并令 $it=1$；

2）根据式（7-13）表示的空间均分初始化方法初始化解集 $(\boldsymbol{P},\boldsymbol{\varDelta})$，获取解分布的子空间编号 (X,Y) 和对应子空间 $\varOmega(\boldsymbol{P},\boldsymbol{\varDelta})_{x,y}$；

3）**repeat**

4）　　根据式（7-14）中的克隆算子 $R_C(\cdot)$ 进行 R 倍克隆运算；

5）　　对各个解分别选择一个随机自然数 n，根据 $n \bmod 4$ 的结果，以及子空间编号 $(\boldsymbol{X},\boldsymbol{Y})$，选择式（7-19）～式（7-22）中的算子对克隆后的解集进行模 4 非一致性变异操作；

6）　　根据式（7-24）表示的二维排序方法，获取解集的位置编号矩阵 $\boldsymbol{N}(\boldsymbol{P},\boldsymbol{\varDelta})$；

7）　　令 $\varepsilon=1$；

8）　　**repeat**

9）　　　　根据式（7-25）～式（7-27）计算位置编号为 (ε,n_k) 的解的更新矩阵 $\boldsymbol{J}$；

10）　　　　根据式（7-29）通过更新矩阵 $\boldsymbol{J}$ 更新解集；

11）　　　　$\varepsilon=\varepsilon+1$

12）　　**until** 找到所有的 NDS

13）　　根据式（7-30）和式（7-31），计算每个解的距离；

14）　　**repeat**

15）　　　　剔除距离最小的解；

16）　　**until** 解的数目等于 V

17）　　根据新的解更新子空间分布编号 (X,Y)；

18）　　更新解子空间 $\varOmega(\boldsymbol{P},\boldsymbol{\varDelta})_{x,y}$；

19）　　 it = it +1 ；

20）**until** it = g_{max}

21）为下一次分配更新解子空间 $\Omega(\boldsymbol{P},\boldsymbol{\varDelta})_{x,y}$ ；

22）返回 Pareto 最优分配解集 $(\boldsymbol{P},\boldsymbol{\varDelta})_{opt}$ ；

通过算法 7-1 可以看出，空间均分初始化方法可以获取解分布的子空间编号 (X,Y) ，则可以指代解的分布子空间 $\Omega(\boldsymbol{P},\boldsymbol{\varDelta})_{x,y}$ 。模 4 非一致性变异算子中的解的上、下界为各自所属的子空间的上下界，这样能够保证变异操作后解的均匀性，同时保证解朝着寻解方向移动，这样能够有效提升寻解的搜索效率。每次迭代结束后，算法对 (X,Y) 和 $\Omega(\boldsymbol{P},\boldsymbol{\varDelta})_{x,y}$ 进行更新并反馈给下次迭代来进一步约束解的搜索范围，以便尽可能地穷尽每一轮获得的非支配解所在子空间的其他可能解。由于每次分配只有约束条件稍有不同，因此，在同样的用户多次动态分配的过程中，前后的最优解是有一定相关性的，因此，可以把每次计算得出的 Pareto 最优解的子空间编号 (X,Y) 反馈给计算单元用于下次分配的初始化，这样能进一步缩小需要搜索的空间大小，使算法在动态过程中，计算复杂度逐步降低。此外，模 4 非一致性变异算子和二维抗体选择与更新方法相较于 ICA 中的相关算子和方法在计算和寻解效率上有了很大提升，具体将在下节的仿真结果中予以分析和讨论。

上述基于 TDICA 的 DSCN 下行时隙与功率联合资源分配算法流程如图 7-7 所示，它展示了算法各个模块之间的关系。与第 4 章中构建的资源管控模型一致，每次分配开始前，由卫星计算星下队列长度，并收集用户发送的包含信道参数等信息的本地资源状态信息，构成卫星资源状态信息，并将卫星资源状态信息上报给各自星群的主卫星，主卫星根据这些信息构成星群资源状态信息，并通过协同共享的方式形成全局的下行资源状态信息，指导全网资源的分配。全网资源的计算可以由从星群主卫星中选出的某个卫星上的计算载荷完成，也可以由主卫星协同计算完成，由于本书不考虑星群间重叠覆盖问题与各个星群内的资源优化问题，可以独立进行计算。当满足终止条件时，各个星群的主卫星获取 Pareto 最优解集，然后可以根据网络条件、用户需求，以及能耗和系统容量所占的权重来选择解集里的解作为分配策略，下发给各个卫星，完成资源分配过程，同时，更新解的子空间编号用于下次分配初始化。

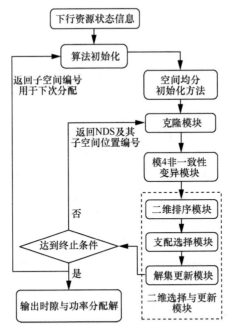

图 7-7 基于 TDICA 的 DSCN 下行时隙与功率联合资源分配算法流程

|7.5 仿真结果与分析|

本节将在合理的系统参数设定下，通过一些具有代表性的仿真实验来验证本章提出的 TDICA 及基于 TDICA 的 DSCN 下行时隙与功率联合分配算法的性能。DSCN 下行的系统参数如表 7-1 所示。

表 7-1 DSCN 下行的系统参数

参数名称	符号	取值
星群数	L	4
每个星群的卫星数	M	4
卫星工作频率	f	30 GHz
星地距离	d	36 000 km
每颗卫星的波束数	K	[2,10]

（续表）

参数名称	符号	取值
每颗卫星覆盖的用户数	N	16
在重叠覆盖区域的用户数	I	16
重叠区用户可接入卫星数	n_i	2
总用户数	N_{total}	240
每颗卫星的总带宽	B	100 MHz
带宽复用因子	α	4
每颗卫星的星上总功率	P_{total}	100 W
LoS 信号与散射信号比	s^2 / σ^2	7 dB
LoS 信号与散射信号和	$s^2 + \sigma^2$	8 dB
噪声功率	N_0	10^{-10}
数据包到达过程	P_{arr}	服从 Poisson 分布
数据包大小	Pa	128 B
卫星发射天线增益	$G_s(m)$	50 dB
用户接收天线增益	$G_r(n)$	[30,50] dB
超帧长度	T	200 个 TDM 时隙
TDM 时隙长度	t_{TDM}	0.5 ms
用户时延边界	$D_{l,m,n}$	100 ms

考虑一个由 4 个星群组成的 DSC，每个星群由 4 颗工作在 30 GHz 频率上的 GEO 卫星（卫星到地面距离设置为 36 000 km）组成。每颗卫星覆盖 16 个在网下行用户，这些用户均匀分布在卫星各个波束下，波束数目随着仿真场景的不同，取[2,10]之间的整数值。这些用户中，有 16 个用户处于重叠覆盖区域，每个重叠覆盖用户同时被两颗卫星重叠覆盖，即可以选择接入这两颗卫星中的任意一颗，因此，DSCN 下行总用户数为 $N_{total} = LMN - \sum_{i=1}^{I}(n_i - 1) = 240$。每颗卫星星上总功率为 100 W，每颗卫星的可用带宽为 100 MHz，带宽通过带宽复用因子 $\alpha = 4$ 实现多用户多波束复用。

对于下行链路，采用带有 AWGN 的莱斯衰落信道模型，LoS 信号与散射信号比 $s^2/\sigma^2 = 7\,\text{dB}$，LoS 信号与散射信号和 $s^2+\sigma^2 = 8\,\text{dB}$，AWGN 噪声功率为 $N_0 = 10^{-10}$。卫星的发射天线增益 $G_s(m) = 50\,\text{dB}$，用户接收天线增益 $G_r(n)$ 为 [30,50] dB 的整数值。各用户的数据包到达过程考虑为独立 Poisson 过程，每个数据包大小为 128 B，到达速率随着仿真场景的不同而改变，该值将在具体仿真场景中说明。每个超帧（一个分配周期）包含 200 个 TDM 时隙，每个时隙的长度为 5 ms，设用户的时延边界 $D_{l,m,n}$ 等于一个超帧的长度，即 100 ms。若某数据包排队时间超出时延边界 $D_{l,m,n}$，该数据包将被从队列中丢弃，并在下个分配周期重发以避免网络拥塞。整个资源优化每个超帧规划一次，排队和服务顺序按照先到先服务（First-Come-First-Served，FCFS）准则进行。

仿真实验分为两个部分：TDICA 性能分析、MOA 和 SOA 性能比较。第一部分将对 TDICA 和 ICA 在收敛速度上的性能进行比较，并通过获得不同到达速率的 Pareto-front 来研究 TDICA 在动态模型下的性能。第二部分将本章的 2D-MOA 与现有研究中的 MOA 与 SOA 进行比较，来说明 Pareto-front 的意义和本章提出算法的高效性。

7.5.1 TDICA 性能分析

首先，本节比较了空间均分初始化方法与改进 ICA 初始化方法的初始化性能，其中，改进的 ICA 初始化方法由式（7-12）表示。为了便于观察和分析，仅对一颗卫星下两个用户进行仿真实验。两个用户的下行队列长度分别为 0.2 bit/(s·Hz) 和 0.4 bit/(s·Hz)。P_1 和 P_2 分别为两用户的发射功率，δ_1 和 δ_2 分别为两用户的归一化 TDM 时隙长度，两用户的容量界可以表示为

$$\begin{cases} \delta_1 \log(1+P_1) = 0.2 \\ \delta_2 \log(1+P_2) = 0.4 \end{cases} \tag{7-32}$$

两种初始化方法的性能如图 7-8 所示。容量界表征了资源分配的上界。约束空间投影是由满足式（7-32）中的容量界的 P_1+P_2 与 $\delta_1+\delta_2$ 的可能取值范围，它代表了由以下约束条件构成的可行解空间。

$$\begin{cases} P_1+P_2 < 100 \\ \delta_1+\delta_2 < 1 \end{cases} \tag{7-33}$$

整个可行解空间被划分为 3×4 个部分。采用两种方法在上述约束空间内,共初始化了 60 对解(两个用户,每个用户 30 个解)。从图 7-8 中可以看出,与之前分析的一致,采用空间均分初始化方法的两个用户的解相比采用改进的 ICA 初始化方法的解分布得更加均匀。这是因为改进的 ICA 初始化方法将时隙和功率的约束看作是独立的,而空间均分初始化方法则考虑了两者的相关性,使解在二维空间上分布是均匀的。更加均匀的初始解分布可以使变异和选择模块更快速地确定寻解方向。换言之,空间均分初始化方法在增加少量计算量的条件下可以有效提高收敛速度,而且,该方法获得的子空间编号可以用于下次迭代进一步提高收敛速度。

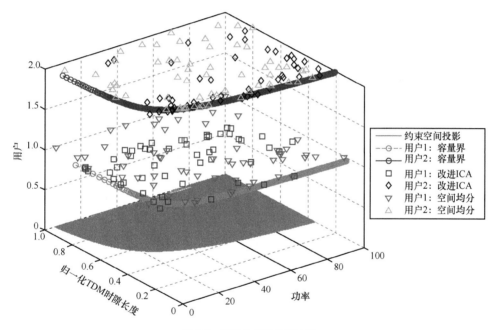

图 7-8　初始化方法性能比较

　　此外,本节还将提出的 TDICA 中的模 4 非一致性变异算子和二维选择与更新算法与改进的 ICA 进行了比较。改进的 ICA 是文献[31]中的 ICA 推广到二维问题中获得的,它通过式(7-12)中的改进 ICA 初始化算法、式(7-14)中的克隆算子、式(7-15)与式(7-16)中的模 2 非一致性变异算子、比较更新算子组成。两种算法的参数设定如表 7-2 所示。由两种算法在同一迭代次数下获得的 Pareto-front 如图 7-9 所示。仿真中没有考虑动态性,对每次迭代均记录所有 NDS，达到终止条件后，再进行一次 NDS 剔除，输出所有的 NDS。用户的平均到达速率设为 8Mbit/s，每个卫星的波束数为 10 个。从图 7-9 中可以看出，两种算法的 Pareto-front 之间有一个较小的距离，这表明在同样的迭代时间内 TDICA 相比改进的 ICA 可以找到更精确的 NDS。精确性提高的原因是空间均分初始化方法获得子空间编号可以通过定位 NDS 的位置来缩小寻解的搜索范围。同时，TDICA 比改进的 ICA 在同等迭代时间内找到了更多的 NDS，这是因为模 4 非一致性变异算子保证了变异方向的等概率性，从而保证对解的邻近区域尽可能地遍历。

表 7-2　TDICA 与 ICA 参数设置

参数名称	符号	数值
初始解的个数	V	500
空间划分	$X \times Y$	4×4
克隆比例	R	4
最大迭代次数	g_{max}	500

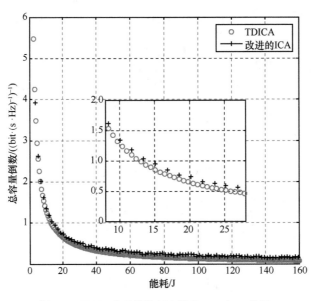

图 7-9　TDICA 与改进的 ICA 的 Pareto-front 比较

为了一步研究 TDICA 各个模块对收敛速度的影响，对采用不同模块的算法收敛速度进行了仿真，展示了不同方法的收敛速度，如图 7-10 所示。仿真中 DSCN 参数和算法参数与图 7-9 场景一致，采用每 50 次迭代对 NDS 计数来表征收敛速度，图 7-10 中 TDICA 不采用三种方法的对应模块采用改进 ICA 中的相应模块进行计算。从图 7-10 可以看出，改进 ICA 在收敛速度方面远低于 TDICA，同时，TDICA 中的三种模块都能够有效提升收敛速度。

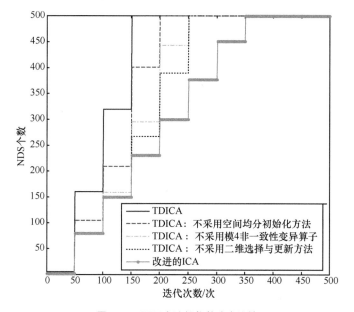

图 7-10　不同方法的收敛速度比较

为了研究动态模型下基于 TDICA 的联合资源分配算法的性能，对不同到达速率模型下的周期分配的动态模型进行了仿真。在不同的数据包总到达速率条件下的 Pareto-front 如图 7-11 所示，在 6 次动态分配过程中，依次在保证总到达速率 $\lambda_{tot} = \sum\sum\sum \lambda_{l,m,n}$ 分别为 1 000 Mbit/s、1 200 Mbit/s、1 600 Mbit/s、2 000 Mbit/s、2 400 Mbit/s 和 3 000 Mbit/s 的条件下，随机产生各用户的到达速率，且单个用户的数据包到达率大于 2 Mbit/s。从图中可以看出，在动态模型下，基于 TDICA 的联合资源分配方法，均能产生足够多的 NDS 来表征 Pareto-front，从而证明了本章提出的 TDICA 在不同流量模型下的鲁棒性。

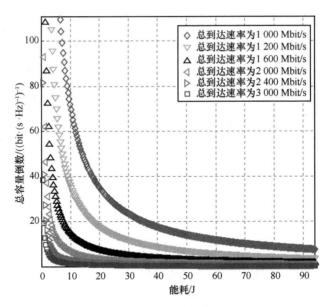

图 7-11　不同数据包总到达速率条件下的 Pareto-front

实际上，在上述动态模型中，由于每次分配后的解空间编号更新后用于下次迭代从而缩小了搜索范围，在动态过程中，计算复杂度是逐渐缩小的。为了进一步研究基于 TDICA 的资源分配算法在动态模型中的性能，本章对上述动态模型每次分配所需的收敛时间进行了仿真，收敛时间为获得 500 个 NDS 所需的迭代次数。同时，对现有的用来求解多目标优化问题的两种启发式算法：GA[54]和非支配排序遗传算法 Ⅱ（Non-dominated Sorting Genetic Algorithm Ⅱ，NSGA-Ⅱ）[30]进行了比较。GA与 NSGA-Ⅱ的参数设置如表 7-3 所示，最大迭代次数设为 400 次，则 GA 与NSGA-Ⅱ中适应度评价次数为 $400 \times 500 = 200\,000$，其中 500 为 NDS 个数，仿真结果如图 7-12 所示。与图 7-11 类似，TDICA 性能要远优于改进的 ICA，同时，TDICA优于 GA 和 NSGA-Ⅱ，此外，GA、NSGA-Ⅱ、改进的 ICA 和不进行解空间更新的TDICA（每次重新分配时均重新进行空间划分和初始化，不采用前次分配的最优空间编号作为初始化解的子空间）的迭代时间均在动态模型下趋于稳定，而 TDICA的迭代时间随着分配的进行逐步降低，这证明了解空间编号更新后用于下次迭代缩小了搜索范围，降低了计算复杂度，提高了收敛性能。

表 7-3　GA 与 NSGA-Ⅱ参数设置

参数名称	数值
种群初始化	随机产生
种群大小	500
交叉方程	一致交叉
交叉比例	0.9
变异比例	0.05
选择方程	锦标赛选择策略
适应度评次数	200 000

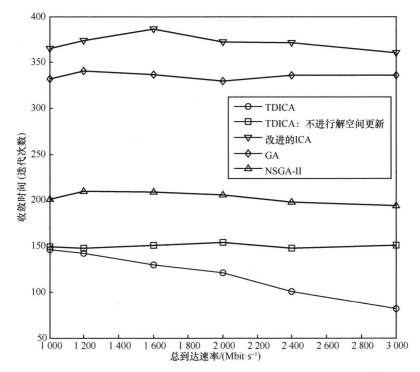

图 7-12　不同算法在动态模型下的收敛速度

7.5.2　MOA 与 SOA 的性能比较

通过前面的分析证明了本章提出的 TDICA 的有效性。然而多目标优化算法（Multi-objective Optimization Algorithm，MOA）和其 Pareto-front 如何应用仍然有待分析和说明。MOA 的目标是找到多个具有冲突和竞争关系的目标函数之间的平衡，而单目标优化算法（Single-objective Optimization Algorithm，SOA）用来寻找单个目标函数的最优解。实际上，SOA 和 MOA 之间存在一定的关联，而 Pareto 优化问题可以在特定条件下转换为 SOA 的最优解。

正如前面所提到的，由多个卫星覆盖的用户的数据包可以由任一覆盖该用户的卫星发送给用户，因此，对于这些用户，对无线资源在多个重叠覆盖的卫星之间进行优化可以有效提高系统效能。本节比较了一维多目标算法和二维多目标算法在进行星间优化和不进行星间优化条件下的 Pareto-front，仿真结果如图 7-13 所示。无星间优化场景下重叠覆盖区域用户的所有数据包在整个仿真过程中均由同一卫星发送。考虑两种 1D-MOA：最优时隙分配（Optimal Timeslot Allocation，OTA）方法和最优功率分配（Optimal Power Allocation，OPA）与本文的 2D-MOA——时隙与功率联合分配（Power and Timeslot Allocation，PTA）方法进行比较。OTA 表示在对各用户采用同样发送功率时的最优时隙分配方法，OPA 表示在每个用户分配相同时隙长度的条件下的最佳功率分配方法。这两种方法在本章的两个优化目标函数的条件下均只考虑了一维资源的最优化，因此二者均是 1D-MOA。与图 7-12 不同，在图 7-13 中，采用总容量作为纵坐标，通过蒙特卡罗仿真方式对 1 000 次在总到达速率 $\lambda_{tot} = 2\,400$ Mbit/s 条件下的分配结果取平均。从图 7-13 可以看出，在同样的能耗水平下，进行星间优化的方法的性能要优于无星间优化方法的性能，证明了星间优化能够有效提高系统能效。此外，由于同时考虑时隙与功率的优化，本章的 2D-MOA 的性能明显优于 1D-MOA。

本节还比较了 SOA 与 MOA 的性能。若假设功率均等分配给每个载波，则只需要根据队列大小将 TDM 时隙分配给各个用户，这样的分配模式为一维资源分配，若只考虑本章中的目标函数 g_1，则时隙最优分配方式下的解可以表示为

$$\delta_n = \frac{Q_n}{\log(1 + P_{\text{total}} g_n / K)} \tag{7-34}$$

若假设时隙长度均等分配给每个用户，则每个用户可用的归一化时隙长度为 K / N。同理，若只考虑本章中的目标函数 g_1，则功率最佳分配方式下的解可以表示为

$$P_n = \frac{2^{Q_n N / K}}{g_n} \tag{7-35}$$

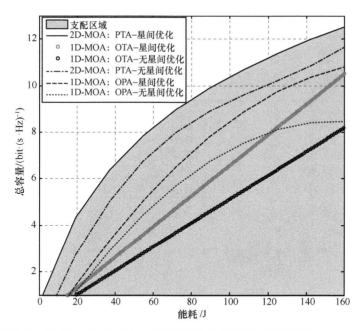

图 7-13　2D-MOA 和 1D-MOA 在星间优化和无星间优化条件下的 Pareto-front

根据式（7-34）与式（7-35），可以得到能量界为

$$E_n = \sum_n \delta_n P_n \tag{7-36}$$

图 7-14 给出了不同波束数条件下的 SOA 与 MOA 的性能比较，为了研究 SOA 与 MOA 的关系，在同一仿真条件下对不同方法的总能耗性能进行了比较。其中最优时隙分配下的 1D-SOA 的结果和能量界分别由式（7-34）与式（7-36）表示。同时对文献[29]中的时隙与功率联合分配方法、文献[30]中的多目标功率分配算法与本章提出的 2D-MOA 进行了比较。文献[29]中的时隙与功率联合分配方法只考虑了能耗作为优化目标，为 2D-SOA；文献[30]中的多目标功率分配算法只考虑了功率资源的优化，为 1D-MOA。Pareto 可行域为 Pareto-front 组成的可行解区域，该区域内的解均为 Pareto 最优的。从图 7-15 可以看出，2D-MOA 的最小能耗结果等效于文献[29]中的 2D-SOA 的结果，这表明在同样的约束条件下，若 SOA 的优化目标为 MOA 优化函数中的某个目标函数，则 SOA 为 MOA 的一个特殊情况。同时，由于同时考虑了功率与时隙优化，2D-SOA 优于 1D-SOA，而本章中的 2D-MOA 也优于文献[30]中的 1D-MOA。实际上，本章获得的 Pareto-front 为 Pareto 可行域中的一组解集，在实际工程应用中，可以根据两个目标的权重来选择解集中合适的解来指导资源分

配的进行。最优解总是根据某个特定的优化目标来获得的，本章的 2D-MOA 针对不同的目标函数权重，通过获取 Pareto 可行域均可找到特定的解与之对应，因此，本章的 2D-MOA 在寻找能耗和系统容量的折中上是最优的。

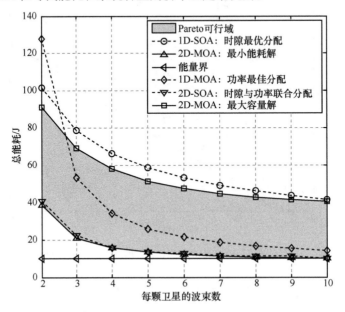

图 7-14　在不同波束条件下的 MOA 与 SOA 性能比较

在卫星通信系统中，能耗是一个重要的优化指标，尤其是在发生日食，卫星只能靠存储的有限太阳能供电的时候。然而，文献[40]中的最小能耗分配需要准确的实时信道状态信息来获取满足用户需求的可行解，然而，信道估计中不可避免地存在着随机的信道估计误差，因此，在分配时，预留容量余量给各个用户成为工程中的普遍做法。图 7-15 表示了在不同的归一化速率条件下不同方法的能耗性能。$\alpha\%$ 余量解表示在 Pareto-front 中选取的相对总容量需求有 $\alpha\%$ 余量的结果，波束数设为 10。从图 7-15 可以看出，SOA 和 MOA 的性能表现与图 7-14 获得的结果相似，同时，本章提出的 2D-MOA 可以在少量增加能耗的情况下，提供更多的系统容量余量。例如，在归一化速率为 $1.4\,\mathrm{bit}\,/\,(\mathrm{s\cdot Hz})$ 时，2% 余量解和 5% 余量解相比最小能耗分配结果，仅分别额外消耗了 0.772 J 和 2.152 J 的能量。因此，可以通过选择 Pareto-front 中合适的解来调整资源的配置以适应信道的变化，这就证明了本章的 2D-MOA 能够为动态高复杂度变化的 DSCN 优化提供更加灵活的资源配置方案。

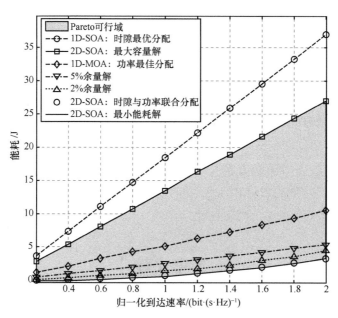

图 7-15　在不同到达速率下的 MOA 与 SOA 性能比较

| 7.6　本章小结 |

　　本章分析了基于 DSC 的 SIN 下行的网络特性，基于此构建了具有 DSCN 结构的 SIN 下行网络模型。在考虑星间优化、用户队列模型、下行链路模型和资源有限性的条件下，对 DSCN 下行两种宝贵的无线资源：TDM 时隙和星上发射功率，进行了联合优化问题的研究，采用最小化能耗和最大化系统容量作为优化目标函数，构建了一个二维多目标优化问题来实现两个互相存在冲突竞争关系的优化目标之间在二维资源配置上的折中。通过将该二维多目标优化问题建模成一个 3D-BPP 模型，证明了该问题不仅是一个 NP 难问题，而且是一个 Pareto 优化问题。为了求解该二维多目标优化问题，设计了一种名为 TDICA 的 2D-MOA，该方法由空间均分初始化方法、克隆算子、模 4 非一致性变异算子和二维抗体选择与更新方法等部分组成，通过解空间划分和编号、各搜索方向等概率寻解、矩阵快速插值更新等方式获得较快的收敛速度。

　　在合理的仿真条件下，证明了本章提出的 TDICA 的高效性，并分析了 MOA 与

SOA 之间的关系，得到了以下结论：① 在相同的仿真条件下，TDICA 能获得比 ICA 更加准确的 Pareto-front，且 TDICA 的收敛性能由于现有的 ICA、GA 和 NSGA-Ⅱ 等算法，其收敛速度在动态模型中随着分配次数的增加逐步提高；② 通过星间资源共享优化，可以有效提高系统容量；③ 相较于 1D-MOA 和 SOA，本章的 2D-MOA 可以在节省能量的同时获得更高的系统容量；④ 在特定的条件下，MOA 可以等效于 SOA，SOA 可以看作 MOA 某一特殊情况，且 MOA 的 Pareto-front 中包含 SOA 的最优解，因此，对于真实信道状态难以准确获知、网络条件和用户需求动态变化的 DSCN 下行，本章的 2D-MOA 获取的 Pareto-front 可以为权衡多目标之间关系、平衡用户效能方面提供综合决策空间。

┃ 参考文献 ┃

[1] VASSAKI S, POULAKIS M I, PANAGOPOULOS A D, et al. Power allocation in cognitive satellite terrestrial networks with QoS constraints[J]. IEEE Communications Letters, 2013, 17(7): 1344-1347.

[2] LAGUNAS E, SHARMA S K, MALEKI S, et al. Power control for satellite uplink and terrestrial fixed-service coexistence in Ka-band[C]//IEEE 82nd Vehicular Technology Conference. Piscataway: IEEE Press, 2015: 1-5.

[3] LI Z, XIAO F, WANG S, et al. Achieve rate maximization for cognitive hybrid satellite-terrestrial networks with AF-relays[J]. IEEE Journal on Selected Areas in Communications, 2018, 36(2): 304-313.

[4] WANG L, LI F, LIU X, et al. Spectrum optimization for cognitive satellite communications with cournot game model[J]. IEEE Access, 2018, 6: 1624-1634.

[5] LI B, FEI Z S, XU X M, et al. Resource allocations for secure cognitive satellite-terrestrial networks[J]. IEEE Wireless Communications Letters, 2018, 7(1): 78-81.

[6] FERREIRA P V R, PAFFENROTH R, WYGLINSKI A M, et al. Multiobjective reinforcement learning for cognitive satellite communications using deep neural network ensembles[J]. IEEE Journal on Selected Areas in Communications, 2018, 36(5): 1030-1041.

[7] ZUO P L, PENG T, LINGHU W D, et al. Optimal resource allocation for hybrid interweave-underlay cognitive SatCom uplink[C]//2018 IEEE Wireless Communications and Networking Conference. Piscataway: IEEE Press, 2018: 1-6.

[8] LAGUNAS E, MALEKI S, CHATZINOTAS S, et al. Power and rate allocation in cognitive satellite uplink networks[C]//2016 IEEE International Conference on Communications. Piscataway: IEEE Press, 2016: 1-6.

[9] LAGUNAS E, SHARMA S K, MALEKI S, et al. Resource allocation for cognitive satellite communications with incumbent terrestrial networks[J]. IEEE Transactions on Cognitive Communications and Networking, 2015, 1(3): 305-317.

[10] HOSSEINI N, MATOLAK D W. Software defined radios as cognitive relays for satellite ground stations incurring terrestrial interference[C]//2017 Cognitive Communications for Aerospace Applications Workshop. Piscataway: IEEE Press, 2017: 1-4.

[11] ZEPPENFELDT F. Challenges to UAV satellite communications—an overview from ESA[C]//2007 IET Seminar on Communicating with UAV's. London :IET, 2007: 61-62.

[12] TSUJI H, ORIKASA T, MIURA A, et al. On-board Ka-band satellite tracking antenna for unmanned aircraft system[C]//2014 International Symposium on Antennas and Propagation Conference Proceedings. Piscataway: IEEE Press, 2014: 283-284.

[13] LI J, HAN Y. Optimal resource allocation for packet delay minimization in multi-layer UAV networks[J]. IEEE Communications Letters, 2017, 21(3): 580-583.

[14] SI P B, YU F R, YANG R Z, et al. Dynamic spectrum management for heterogeneous UAV networks with navigation data assistance[C]//2015 IEEE Wireless Communications and Networking Conference. Piscataway: IEEE Press, 2015: 1078-1083.

[15] BISIO I, MARCHESE M. Minimum distance bandwidth allocation over space communications[J]. IEEE Communications Letters, 2007, 11(1): 19-21.

[16] BISIO I, MARCHESE M. The concept of fairness: definitions and use in bandwidth allocation applied to satellite environment[J]. IEEE Aerospace and Electronic Systems Magazine, 2014, 29(3): 8-14.

[17] KAWAMOTO Y, FADLULLAH Z M, NISHIYAMA H, et al. Prospects and challenges of context-aware multimedia content delivery in cooperative satellite and terrestrial networks[J]. IEEE Communications Magazine, 2014, 52(6): 55-61.

[18] CHOWDHURY P K, ATIQUZZAMAN M, IVANCIC W. Handover schemes in satellite networks: state-of-the-art and future research directions[J]. IEEE Communications Surveys & Tutorials, 2006, 8(4): 2-14.

[19] MUSUMPUKA R, WALINGO T M, SMITH J M. Performance analysis of correlated handover service in LEO mobile satellite systems[J]. IEEE Communications Letters, 2016, 20(11): 2213-2216.

[20] GUPTA L, JAIN R, VASZKUN G. Survey of important issues in UAV communication networks[J]. IEEE Communications Surveys & Tutorials, 2016, 18(2): 1123-1152.

[21] SHARMA V, SONG F, YOU I, et al. Efficient management and fast handovers in software defined wireless networks using UAVs[J]. IEEE Network, 2017, 31(6): 78-85.

[22] ZHAO F, ZHANG J, CHEN H. Joint beamforming and power allocation for multiple primary users and secondary users in cognitive MIMO systems via game theory[J]. KSII Transactions on Internet and Information Systems, 2013, 7(6): 1379-1397.

[23] CHOI J P, CHAN V W S. Resource management for advanced transmission antenna satel-

lites[J]. IEEE Transactions on Wireless Communications, 2009, 8(3): 1308-1321.

[24] XU Y, WANG Y, SUN R, et al. Joint relay selection and power allocation for maximum energy efficiency in hybrid satellite-aerial-terrestrial systems[C]//IEEE 27th PIMRC. Piscataway: IEEE Press, 2016: 1-6.

[25] SOKUN H U, BEDEER E, GOHARY R H, et al. Optimization of discrete power and resource block allocation for achieving maximum energy efficiency in OFDMA networks[J]. IEEE Access, 2017, 5: 8648-8658.

[26] GRÜNDINGER A, JOHAM M, UTSCHICK W. Bounds on optimal power minimization and rate balancing in the satellite downlink[C]//2012 IEEE International Conference on Communications. Piscataway: IEEE Press, 2012: 3600-3605.

[27] LEI J, VÁZQUEZ-CASTRO M A. Joint power and carrier allocation for the multibeam satellite downlink with individual SINR constraints[C]//2010 IEEE International Conference on Communications. Piscataway: IEEE Press, 2010: 1-5.

[28] JI Z, WANG Y Z, FENG W, et al. Delay-aware power and bandwidth allocation for multiuser satellite downlinks[J]. IEEE Communications Letters, 2014, 18(11): 1951-1954.

[29] 韩寒, 李颖, 董旭, 等.卫星通信系统中的功率与时隙资源联合分配研究[J]. 通信学报, 2014, 35[10]: 23-30.

[30] ARAVANIS A I, SHANKAR M R B, ARAPOGLOU P D, et al. Power allocation in multibeam satellite systems: a two-stage multi-objective optimization[J]. IEEE Transactions on Wireless Communications, 2015, 14(6): 3171-3182.

[31] ZHONG X D, HE Y Z, DU Z Q. Downlink power allocation in distributed satellite system based on dynamic multi-objective optimization[C]//The 8th International Conference on Wireless Communications and Signal Processing. Piscataway: IEEE Press, 2015: 1-5.

[32] DU J, JIANG C X, WANG J, et al. Resource allocation in space multiaccess systems[J]. IEEE Transactions on Aerospace and Electronic Systems, 2017, 53(2): 598-618.

[33] WU B, YIN H X, LIU A L, et al. Investigation and system implementation of flexible bandwidth switching for a software-defined space information network[J]. IEEE Photonics Journal, 2017, 9(3): 1-14.

[34] DU J, JIANG C X, GUO Q, et al. Cooperative earth observation through complex space information networks[J]. IEEE Wireless Communications, 2016, 23(2): 136-144.

[35] ZHANG S Q, WU Q Q, XU S G, et al. Fundamental green tradeoffs: progresses, challenges, and impacts on 5G networks[J]. IEEE Communications Surveys & Tutorials, 2017, 19(1): 33-56.

[36] WU Q Q, LI G Y, CHEN W, et al. An overview of sustainable green 5G networks[J]. IEEE Wireless Communications, 2017, 24(4): 72-80.

[37] WU Q Q, TAO M X, KWAN NG D W, et al. Energy-efficient resource allocation for wireless powered communication networks[J]. IEEE Transactions on Wireless Communications, 2016, 15(3): 2312-2327.

[38] WU Q Q, CHEN W, TAO M X, et al. Resource allocation for joint transmitter and receiver energy efficiency maximization in downlink OFDMA systems[J]. IEEE Transactions on Communications, 2015, 63(2): 416-430.

[39] WU Q, LI G Y, CHEN W, et al. Energy-efficient small cell with spectrum power trading[J].IEEE Journal on Selected Areas in Communications, 2016, 34(12): 3394-3408.

[40] 韩寒. 多波束卫星通信系统中资源优化配置方法研究[D]. 南京: 解放军理工大学, 2015.

[41] ESKELINEN P. Satellite communications fundamentals[J]. IEEE Aerospace and Electronic Systems Magazine, 2001, 16(10): 22-23.

[42] WU W. Satellite communication[J]. Proceedings of the IEEE, 1997, 85(6):998-1010.

[43] VÁZQUEZ M Á, PÉREZ-NEIRA A, CHRISTOPOULOS D, et al. Preceding in multibeam satellite communications: present and future challenges[J]. IEEE Wireless Communications, 2016, 23(6): 88-95.

[44] LETZEPIS N, GRANT A J. Capacity of the multiple spot beam satellite channel with Rician fading[J]. IEEE Transactions on Information Theory, 2008, 54(11): 5210-5222.

[45] ARTI M K. Channel estimation and detection in satellite communication systems[J]. IEEE Transactions on Vehicular Technology, 2016, 65(12): 10173-10179.

[46] SALMA M, AHMED F. Three-dimensional Bin packing problem with variable Bin length application in industrial storage problem[C]//2011 4th International Conference on Logistics. Piscataway: IEEE Press, 2011: 508-513.

[47] LIU Y X, GAO C, ZHANG Z L, et al. Solving NP-hard problems with physarum-based ant colony system[J]. IEEE/ACM Transactions on Computational Biology and Bioinformatics, 2017, 14(1): 108-120.

[48] CHUNG C, MATSUOKA A, YANG Y, et al. Serious games for NP-hard problems: challenges and insights[C]//2016 IEEE/ACM 5th International Workshop on Games and Software Engineering. Piscataway: IEEE Press, 2017: 29-32.

[49] LI M Q, YANG S X, LIU X H. Pareto or non-Pareto: bi-criterion evolution in multiobjective optimization[J]. IEEE Transactions on Evolutionary Computation, 2016, 20(5): 645-665.

[50] MENCZER F, DEGERATU M, STREET W N. Efficient and scalable Pareto optimization by evolutionary local selection algorithms[J]. Evolutionary Computation, 2000, 8(2): 223-247.

[51] CHEN J S, SAYED A H. Distributed Pareto optimization via diffusion strategies[J]. IEEE Journal of Selected Topics in Signal Processing, 2013, 7(2): 205-220.

[52] CORLEY H. A new scalar equivalence for Pareto optimization[J]. IEEE Transactions on Automatic Control, 1980, 25(4): 829-830.

[53] JIANG J, CAO L. A hybrid simulated annealing algorithm for three-dimensional multi-bin packing problems[C]//International Conference on Systems and Informatics. Piscataway: IEEE Press, 2012.

[54] HOU Y, WU N Q, ZHOU M C, et al. Pareto-optimization for scheduling of crude oil operations in refinery via genetic algorithm[J]. IEEE Transactions on Systems, Man, and Cybernet-

ics: Systems, 2017, 47(3): 517-530.

[55] CHENG Q, WAN G B, MA X, et al. Multi-objective optimization of radome performance using immune clone algorithm[C]//Proceedings of 2011 Cross Strait Quad-Regional Radio Science and Wireless Technology Conference. Piscataway: IEEE Press, 2011: 29-31.

第 8 章

非完全 CSI 条件下 SIN 卫星
子网络下行资源调整

由于空间信息网络重叠覆盖区域的资源协同共享问题已在第 7 章给出了解决方案，空间信息网络下行的卫星覆盖网络可以解耦为卫星子网，获取的 Pareto 最优策略集可以下发给子网进行资源配置，但由于链路条件的高动态性，卫星子网可根据自身所处的动态环境，进一步优选策略和调整资源配置。本章研究非完全信道状态信息条件下的卫星子网络无线资源配置问题，通过解耦空间信息网络下行网络模型，建立了卫星子网络模型，为了均衡实时用户与非实时用户的时延公平性，构建了基于时延优先级的时隙分配与功率调整问题，并基于中断概率模型，根据条件概率公式和莱斯信道的信道衰落系数进一步简化了优化问题，利用凸优化理论设计了迭代算法求解资源配置方案，实现了系统容量、时延性能和用户间公平性的折中。

| 8.1 引言 |

第 7 章对 SIN 的下行时隙资源和功率资源的联合优化问题进行了研究，获得了能耗与系统容量两个优化目标之间的 Pareto-front，由于第 7 章的研究解决了星间资源优化问题，各个星群内的卫星子网可以解耦成为独立的卫星子网络，获得的 Pareto-front 可以通过星群主卫星下发给各个卫星子网，各子网根据下发的 Pareto-front 选择策略实现资源优化。

第 7 章的研究结果只获得了各用户的时隙占用长度，各个子网需根据自身需求按照时隙占用长度将各个时隙分配给下行用户，对于非实时用户，分配的时隙位置可以是任意的，然而，实时用户则需要根据时延需要分配时隙资源。此外，第 7 章假设信道条件是已知的，即不存在信道估计误差，然而，在实际通信系统中，信道估计误差是不可避免的[1]。因此，各个子网需根据信道条件调整下行功率以消除信道估计误差带来的影响[2]。本章研究在非完全 CSI 条件下的 SIN 卫星子网络下行资源调整问题，通过时隙分配和功率调整的联合优化，在满足实时用户时延需求的条件下，提升下行子网的系统容量。

为了避免多波束中星上功率回退的问题，SIN 中骨干卫星下行采用多波束 TDM 实现多用户带宽共用。而对于实时用户，在每个周期内的时隙放置位置与其数据包到达时间和时延需求有关。不考虑时延需求的资源分配方式[3-6]可能会导致实时用户的数据包超出其时延边界。文献[7-9]针对无线多用户 OFDMA 系统中实时用户的时延约束保障问题进行了研究，其中，Mohanram 等[7]构建了一个与队首数据包时延边界相关的效用函数来优化 OFDMA 系统中子信道的分配，文献[8]根据排队论建立数学模型保障用户的平均时延低于时延边界，文献[9]将时延约束条件代入最小速率需求中，来获得实时用户在满足时延需求的条件下的最优资源配置。上述方法可以应用到卫星通信和 SIN 的无线资源优化中。文献[10-11]对具有实时用户的卫星通信网络的带宽与功率分配问题进行了研究，文献[11]通过对每个数据包设置时延边界来约束每个时隙各个实时用户的资源需求，通过对偶迭代的方式求解最优时隙分配方式和功率值，但这种优化方式可能会导致网络在存在大量实时业务时，非实时用户长时间无法获得带宽资源，导致网络拥塞。为了解决这一问题，文献[12]提出了一种基于时延比例公平性的优化方法，通过牺牲部分时延用户的性能来提升网络的容量。但上述文献均是在完全 CSI 条件的假设下进行的研究，然而，在实际应用中，由于信道估计误差的存在，完全 CSI 条件假设下的资源配置方案可能对于系统而言并不是最优的。与现有的研究不同，本章在非完全 CSI 条件下，设计了一种基于时延优先级加权的 SIN 卫星子网络时隙分配与功率调整算法，在第 4 章的基础上，均衡实时用户和非实时用户间的公平性，实现解耦合后的星群下行系统资源的优化配置。本章的主要贡献可以总结为以下三点。

（1）针对解耦后的 SIN，给出了基于多波束技术的下行单星子网络系统模型，根据排队模型推导了实时用户和非实时用户的最小资源需求，为了均衡实时用户与非实时用户的时延公平性，设计了一种时延优先级权重，并在此基础上构建了基于时延优先级加权容量和最大化的时隙分配与功率调整问题。

（2）设计了合理空间下行链路中断概率模型，根据条件概率公式和莱斯信道的信道衰落系数的概率密度函数推导了非完全 CSI 条件下的优化问题简化表征形式，并通过数学分析证明了该问题为一个凸优化问题。

（3）根据凸优化理论推导了该优化问题在对偶域上的闭合解，并根据对偶迭代理论设计了一种迭代优化算法，通过推导其对偶问题的最佳拉格朗日乘因子取值范围获取算法的初始化方法，通过仿真表明，本章设计的对偶迭代算法具有较好的收敛性能，在时延性能、容量提升、用户间公平性上，相比现有算法具有一定的优势。

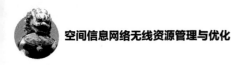
|8.2 系统模型与问题建模|

本章研究在非完全 CSI 条件下的 SIN 卫星子网络的下行功率调整方法，第 7 章在考虑星间资源共享的条件下，求解了 SIN 整体的下行功率与时隙在系统容量和能耗之间折中的 Pareto-front，但在该研究中没有考虑信道估计误差，通过仿真实验可以发现，对于处于非完全 CSI 条件下的用户，可以采用容量预留的分配方式来消除信道估计误差带来的影响，但如何给非完全 CSI 条件下的用户分配容量余量并没有做出研究。实际上，第 7 章的优化结果是一组完全 CSI 条件下的 Pareto 最优解集，可以理解为空间信息网络下行的资源分配策略集合，其可以用来指导各个星群内卫星的星载 NCC 来选择合理的策略。对于非完全 CSI 条件下的用户，可以通过调整发射功率消除信道估计误差的影响，同时，对于实时业务，发送时隙必须在其时延边界之前，因此，对实时业务根据第 7 章获取的时隙长度进行时隙放置位置的优化。由于第 7 章已经对重叠覆盖区域的卫星选择问题进行了优化，在本章中，SIN 下行可以解耦为多个单星系统进行独立优化。

8.2.1 空间信息网络下行单星系统模型

完成星间优化后的 SIN 下行可以解耦为多个单星系统，从而根据第 7 章获得的资源策略进行独立地调整，其中，每个单星系统可以看成如图 8-1 所示的多波束卫星网络。

与前几章保持一致，下行采用多波束 TDM 方式，每颗卫星由 K 个波束实现下行覆盖，每个波束内有 M 个用户，用户根据业务类型可以划分为实时用户和非实时用户，用 M_R 和 M_N 分别表示实时用户和非实时用户集合。每个波束通过波束复用因子 α 共享卫星下行总带宽 B，那么，每个波束的可用带宽为 $B_k = B / \alpha$，同时，根据 TDM 方式特性，每个波束在一个超帧内划分为 N 个 TDM 时隙。通过配置星上处理载荷，空间信息网络上下行实现解耦，上行数据包转换为 $L \times M$ 个下行队列。星上对每个队列都有一个有限的缓存区来存储下行队列，下行队列的到达过程可以看作是独立同分布的。同样，考虑用户均为室外用户，通过微波链路直接与卫星实现连接，因此，LoS 信号为下行链路最强的信号类型，下行链路建模为带有 AWGN 的莱斯衰落信道，信道考虑为时变的，则在第 k 个波束的第 m 个用户在第 n 个 TDM

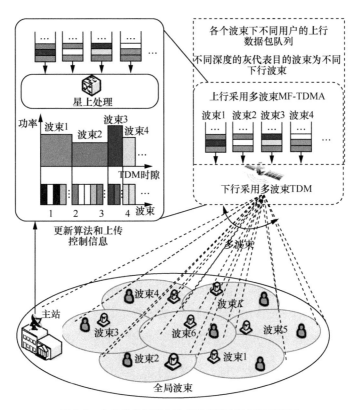

图 8-1 空间信息网络中的单星多波束卫星网络模型

时隙上的信道衰落系数 $h_{k,m,n}$ 可以表示为一个循环对称复高斯随机变量，$|h_{l,m,n}|^2$ 分布为非中心卡方分布，其 PDF 为

$$f_{|h_{k,m,n}|^2}(h) = \frac{1}{\sigma^2} \exp\left\{-\frac{s^2 + h}{\sigma^2}\right\} I_0\left(2\sqrt{\frac{s^2 h}{\sigma^4}}\right) \tag{8-1}$$

其中，s^2 为 LoS 信号的功率，σ^2 为散射信号的功率，$I_0(\cdot)$ 为第一类零阶修正贝塞尔函数[13-14]。

第 k 个波束的第 m 个用户在第 n 个 TDM 时隙上的信道增益与噪声功率比可以表示为

$$g_{k,m,n} = \frac{G_s G_{k,m} c^2 |h_{k,m,n}|^2}{(4\pi d_{k,m} f)^2 N_0} \tag{8-2}$$

其中，G_s 和 $G_{k,m}$ 分别为卫星的发射天线增益和第 k 个波束的第 m 个用户的接收天线增益，$d_{k,m}$ 为卫星到第 k 个波束的第 m 个用户的距离，f 为工作频率，c 为传播速度。

令 $\left[\rho_{k,m,n}\right]_{K\times M\times N}$ 为时隙放置矩阵，其中，$\rho_{k,m,n}=1$ 表示把第 k 个波束的第 m 个用户的数据包放置在第 n 个 TDM 时隙上发送，反之，则表示该时隙未分配给该用户，令 $\left[P_{k,m,n}\right]_{K\times M\times N}$ 为下行发射功率矩阵，该值虽然已在第 4 章研究中获得，但对于非完全 CSI 条件下的用户，仍然需要进行调整。根据香农容量公式[15]，用户在一个超帧（分配周期）内的可达速率为

$$r_{k,m,n}\left(\rho_{k,m,n},P_{k,m,n}\right)=\rho_{k,m,n}\mathrm{lb}\left(1+P_{k,m,n}g_{k,m,n}\right) \tag{8-3}$$

对于实时用户，即 $m\in M_{\mathrm{R}}$，数据包必须在时延边界 $D_{k,m}$ 之前发送，因此，一个超帧的长度必须满足

$$T\leqslant\min\left\{D_{k,m}\right\} \tag{8-4}$$

同时，每个时隙内发送的比特数必须大于在 $T_n-D_{k,m}$ 时刻到达的发送比特数，其中，T_n 为第 n 个时隙开始时的绝对时刻。对于非实时用户，即 $m\in M_{\mathrm{N}}$，根据"尽力而为"（Best Effort，BE）方式进行传输，因此，可达速率满足以下约束条件

$$r_{k,m,n}\left(\rho_{k,m,n},P_{k,m,n}\right)\frac{B_k}{N}\geqslant Q_{k,m,n}^{\min} \tag{8-5}$$

其中，$Q_{k,m,n}^{\min}$ 为第 n 个时隙内需要传输的数据包的最小比特数，它可以表示为

$$Q_{k,m,n}^{\min}=\begin{cases}Q_{k,m,T_n-D_{l,m}},m\in M_{\mathrm{R}}\\0,m\in M_{\mathrm{N}}\end{cases} \tag{8-6}$$

其中，$Q_{k,m,T_n-D_{l,m}}$ 为在第 n 个时隙达到时延边界的未传输的数据包的比特数。

第 k 个波束的第 m 个用户在第 n 个 TDM 时隙上接收天线接收到的信号强度为 $P_{k,m,n}g_{k,m,n}$，令 $\mathrm{Th}_{k,m}$ 为第 k 个波束的第 m 个用户的接收 SNR 门限。在非完全 CSI 条件下，第 k 个波束的第 m 个用户在第 n 个 TDM 时隙上的信道增益与噪声功率比为

$$g_{k,m,n}=\hat{g}_{k,m,n}+\Delta g_{k,m,n} \tag{8-7}$$

其中，$\hat{g}_{k,m,n}$ 为信道增益与噪声功率比的估计值，$\Delta g_{k,m,n}$ 为信道估计误差。那么，在非完全 CSI 条件下，可达速率由式（8-8）计算。

$$r_{k,m,n}(\rho_{k,m,n},P_{k,m,n})=\rho_{k,m,n}\mathrm{lb}(1+P_{k,m,n}\hat{g}_{k,m,n}) \tag{8-8}$$

通过分析上式，可以发现，当 $\hat{g}_{k,m,n}>g_{k,m,n}$ 时，若 $P_{k,m,n}g_{k,m,n}<\mathrm{Th}_{k,m}$，则通信会产生中断，因此，用户在各个时隙上的中断概率可以表示为

$$P_{k,m,n}^{\text{outage}} = \Pr\left\{ P_{k,m,n}\hat{g}_{k,m,n} < \text{Th}_{k,m} \middle| \hat{g}_{k,m,n} > g_{k,m,n} \right\} \tag{8-9}$$

通过上式可以看出，为了保证用户通信性能稳定，必须在非 CSI 条件下，对发射功率进行调整优化。

8.2.2　资源调整优化问题建模

最大化系统总容量是资源分配中常见的目标函数形式，然而最大化系统容量常常会导致用户间 QoS 公平性降低。为了保证用户间公平性可以采用公平性分配方式或对用户进行优先级加权。在本章中，考虑到 SIN 中大量实时业务在时延上的需求，设计基于时延优先级的加权容量最大化分配方式来平衡用户间 QoS 公平性和系统容量之间的关系。第 k 个波束的第 m 个用户在第 n 个 TDM 时隙上的时延优先级权重 $\omega_{k,m,n}$ 可以表示为

$$\omega_{k,m,n} = \frac{\sum_{b=1}^{Q_{k,m,n}} \left(T_n - \text{at}_{k,m,b} \right)}{\sum_{m=1}^{M} \sum_{b=1}^{Q_{k,m,n}} \left(T_n - \text{at}_{k,m,b} \right)} \tag{8-10}$$

其中，$\text{at}_{k,m,b}$ 为第 k 个波束的第 m 个用户的第 b 个数据包的到达时刻。

将时延优先级加权的用户容量和最大化，可以构造以下优化问题。

$$\max_{\{P_{k,m,n}\},\{\rho_{k,m,n}\}} \sum_{k=1}^{K} \sum_{m=1}^{M} \sum_{n=1}^{N} \omega_{k,m,n} r_{k,m,n}\left(\rho_{k,m,n}, P_{k,m,n} \right) \frac{B_k}{N} \tag{8-11}$$

$$\text{s.t.} \, \text{C1}: r_{k,m,n}\left(\rho_{k,m,n}, P_{k,m,n} \right) \frac{B_k}{N} \geqslant Q_{k,m,n}^{\min}, \forall k,m,n$$

$$\text{C2}: \sum_{n=1}^{N} r_{k,m,n}\left(\rho_{k,m,n}, P_{k,m,n} \right) \frac{B_k}{N} \leqslant Q_{k,m}, \forall k,m$$

$$\text{C3}: \sum_{l=1}^{L} \sum_{m=1}^{M} P_{k,m,n} \leqslant P_{\text{total}}, \forall n$$

$$\text{C4}: P_{k,m,n}^{\text{outage}} \geqslant Th_o, \forall k,m,n$$

$$\text{C5}: \sum_{n=1}^{N} \rho_{k,m,n} \leqslant N_m, \forall k,m$$

$$\text{C6}: \sum_{m=1}^{M} \rho_{k,m,n} \leqslant 1, \forall k,n \tag{8-12}$$

其中，C1 为时延约束条件，它保证了实时业务在其时延边界之前完成分配；C2 为资源分配上限约束条件，它保证了分配的资源不超过所需的资源，以免造成资源的浪费，C2 中 $Q_{k,m}$ 为该次分配周期内第 k 个波束的第 m 个用户的数据包总大小；C3 为功率约束条件，它保证了在任意时隙内用户分得的功率不大于星上可用总功率 P_{total}；C4 为非完全 CSI 条件下的中断概率约束条件，引入中断概率门限 Th_0，从而保证用户中断概率不低于 Th_0，以此提升非完全 CSI 条件下的系统容量；C5 为各用户获得时隙长度约束条件，第 7 章获得了各用户的 TDM 时隙占比，因此，对于每个用户具有一个最大时隙占用个数 N_m；C6 为时隙占用约束条件，它表示每个 TDM 时隙最多只能被一个用户占用。上述问题可以通过遍历搜索的方式求解，但遍历方式的计算复杂度高，无法适应低时延边界的实时用户的需求，因此，接下来，将对问题进行进一步简化分析，寻求计算复杂度较低的求解方式。

|8.3 问题简化与分析|

第 8.2 节设计了一种时延优先级权重，并根据该权重构建了一个基于时延优先级加权的用户容量和最大化资源优化问题来保障 SIN 的下行实时用户的 QoS 需求，该问题可以通过遍历搜索的方式求解，但由于其约束条件较多，且涉及时隙放置矩阵和功率两项参数的优化。采用遍历方式将会产生大量的计算，这对实时业务的优化无疑是增加了等待时延。因此，本节将对问题进行进一步简化和分析，利用问题的凸优化特性寻求在对偶域求解的可能。

8.3.1 非完全 CSI 的简化表征

本章研究的资源优化调整问题的约束条件 C4 包含中断概率 $P_{k,m,n}^{\text{outage}}$，$P_{k,m,n}^{\text{outage}}$ 与信道估计误差以及每个用户分得的功率相关，可以看成是信道增益与噪声功率比 $g_{k,m,n}$ 的函数，根据条件概率公式可以写为

$$P_{n,m,k}^{\text{outage}}\left(g_{k,m,n}\right) = \frac{\Pr\left\{g_{k,m,n} < \dfrac{\text{Th}_{k,m}}{P_{k,m,n}}, g_{k,m,n} < \hat{g}_{k,m,n}\right\}}{\Pr\left\{g_{k,m,n} < \hat{g}_{k,m,n}\right\}} = \frac{\Pr\left\{g_{k,m,n} < \dfrac{\text{Th}_{k,m}}{P_{k,m,n}}\right\}}{\Pr\left\{g_{k,m,n} < \hat{g}_{k,m,n}\right\}} \tag{8-13}$$

根据式（8-2），将 $g_{k,m,n} = \dfrac{G_s G_{k,m} c^2 \left| h_{k,m,n} \right|^2}{\left(4\pi d_{k,m} f \right)^2 N_0}$ 代入上式，上式可以进一步写为

$$P_{n,m,k}^{\text{outage}}\left(g_{k,m,n} \right) = \frac{\Pr\left\{ \dfrac{G_s G_{k,m} c^2 \left| h_{k,m,n} \right|^2}{\left(4\pi d_{k,m} f \right)^2 N_0} < \dfrac{\text{Th}_{k,m}}{P_{k,m,n}} \right\}}{\Pr\left\{ \dfrac{G_s G_{k,m} c^2 \left| h_{k,m,n} \right|^2}{\left(4\pi d_{k,m} f \right)^2 N_0} < \hat{g}_{k,m,n} \right\}} =$$

$$\frac{\Pr\left\{ \left| h_{k,m,n} \right|^2 < \dfrac{\text{Th}_{k,m}\left(4\pi d_{k,m} f \right)^2 N_0}{P_{k,m,n} G_s G_{k,m} c^2} \right\}}{\Pr\left\{ \left| h_{k,m,n} \right|^2 < \dfrac{\hat{g}_{k,m,n}\left(4\pi d_{k,m} f \right)^2 N_0}{G_s G_{k,m} c^2} \right\}} =$$

$$\frac{F_{\left| h_{k,m,n} \right|^2}\left(\dfrac{\text{Th}_{k,m}\left(4\pi d_{k,m} f \right)^2 N_0}{P_{k,m,n} G_s G_{k,m} c^2} \right)}{F_{\left| h_{k,m,n} \right|^2}\left(\dfrac{\hat{g}_{k,m,n}\left(4\pi d_{k,m} f \right)^2 N_0}{G_s G_{k,m} c^2} \right)} \qquad (8\text{-}14)$$

其中，$F_{\left| h_{k,m,n} \right|^2}$ 为 $\left| h_{k,m,n} \right|^2$ 的累积概率密度函数（ Cumulative-probability Density Function，CDF ）。按照现有研究中的常见做法[16]，对中断概率约束取门限值，即令

$$P_{n,m,k}^{\text{outage}}\left(g_{k,m,n} \right) = \frac{F_{\left| h_{k,m,n} \right|^2}\left(\dfrac{\text{Th}_{k,m}\left(4\pi d_{k,m} f \right)^2 N_0}{P_{k,m,n} G_s G_{k,m} c^2} \right)}{F_{\left| h_{k,m,n} \right|^2}\left(\dfrac{\hat{g}_{k,m,n}\left(4\pi d_{k,m} f \right)^2 N_0}{G_s G_{k,m} c^2} \right)} = \text{Th}_0 \qquad （8\text{-}15）$$

对非完全 CSI 时的中断概率约束条件进行简化，从而取边界值舍去式（8-12）中的约束条件 C4。同时，由于第 7 章根据各用户队列大小计算时隙长度占比，则式（8-12）中的约束条件 C2 与约束条件 C6 等效，可以省去。令 $F_o(g_{k,m,n}) = P_{n,m,k}^{\text{outage}}(g_{k,m,n})$，式（8-11）与表示的优化函数可以简化为

$$\max_{\{P_{k,m,n}\},\{\rho_{k,m,n}\}} \sum_{k=1}^{K} \sum_{m=1}^{M} \sum_{n=1}^{N} \omega_{k,m,n} \rho_{k,m,n} \text{lb}\left(1 + P_{k,m,n} F_o^{-1}(\text{Th}_0) \right) \frac{B_k}{N} \qquad （8\text{-}16）$$

$$\text{s.t.C1}: \rho_{k,m,n}\,\mathrm{lb}\!\left(1+P_{k,m,n}F_o^{-1}(\mathrm{Th}_0)\right)\frac{B_k}{N}\geqslant Q_{k,m,n}^{\min},\forall k,m,n$$

$$\text{C2}: \sum_{k=1}^{K}\sum_{m=1}^{M}P_{k,m,n}\leqslant P_{\text{total}},\forall n$$

$$\text{C3}: \sum_{n=1}^{N}\rho_{k,m,n}\leqslant N_m,\forall k,m$$

$$\text{C4}: \sum_{m=1}^{M}\rho_{k,m,n}\leqslant 1,\forall k,n \tag{8-17}$$

其中，$F_o^{-1}(\cdot)$ 为 $F_o(\cdot)$ 的反函数，满足 $F_o^{-1}(\mathrm{Th}_0)=g_{k,m,n}$。

8.3.2　凸优化问题证明

虽然 8.3.1 节对本章研究的资源调整优化问题进行了一定程度的简化，但该问题若通过遍历法搜索求解，计算复杂度随着输入规模仍呈指数增长，为了获得更加快速的求解方法以满足实时用户的需求，可以考虑采用凸优化理论来设计迭代算法求解。以下定理及相关证明给出了本章研究的问题为一个凸优化问题。

定理 8.1　式（8-17）构成的约束空间为凸的。

证明　根据空间凸性的定义，若 $\Omega(P',\rho')\in\Omega$ 且 $\Omega(P'',\rho')\in\Omega$，当且仅当 $\theta\Omega(P',\rho')+(1-\theta)\Omega(P'',\rho')\in\Omega$ 时，由 P 和 ρ 构成的空间 Ω 为凸的[17-18]。其中，P 和 ρ 分别为功率和时隙放置参数的可行解集合，$0\leqslant\theta\leqslant 1$。

若只考虑 $\rho_{k,m,n}=1$ 的情况（$\rho_{k,m,n}=0$ 时，表示该时隙不分配给该用户，即该时隙所处的时刻，需要被发送的将达到时延边界的数据包大小 $Q_{k,m,n}^{\min}=0$），式（8-17）中的约束条件 C1 可以改写为

$$\mathrm{lb}\!\left(1+P_{k,m,n}F_o^{-1}(\mathrm{Th}_0)\right)\geqslant\frac{Q_{k,m,n}^{\min}N}{B_k} \tag{8-18}$$

两边同时取 2 为底的指数，可得

$$P_{k,m,n}F_o^{-1}(\mathrm{Th}_0)\geqslant 2^{\frac{Q_{k,m,n}^{\min}N}{B_k}}-1 \tag{8-19}$$

两边同时除以 $F_o^{-1}(\mathrm{Th}_0)$，可得

$$P_{k,m,n}\geqslant\frac{2^{\frac{Q_{k,m,n}^{\min}N}{B_k}}-1}{F_o^{-1}(\mathrm{Th}_0)} \tag{8-20}$$

令 $P'_{k,m,n}$ 和 $P''_{k,m,n}$ 属于上述公式构成的空间，则有

$$\theta P'_{k,m,n} \geqslant \theta \frac{2^{\frac{Q^{\min}_{k,m,n}N}{B_k}}-1}{F_o^{-1}(\text{Th}_0)} \tag{8-21}$$

$$(1-\theta)P''_{k,m,n} \geqslant (1-\theta)\frac{2^{\frac{Q^{\min}_{k,m,n}N}{B_k}}-1}{F_o^{-1}(\text{Th}_0)} \tag{8-22}$$

将式（8-21）与式（8-22）相加，可得

$$\theta P'_{k,m,n} + (1-\theta)P''_{k,m,n} \geqslant \frac{2^{\frac{Q^{\min}_{k,m,n}N}{B_k}}-1}{F_o^{-1}(\text{Th}_0)} \tag{8-23}$$

上式满足凸性定义[19]。

同理可证约束条件 C2 ～ C4 均满足凸性定义[19]。因此，式（8-17）构成的约束空间为凸的[20]。证毕。

定理 8.2 式（8-16）表示的函数是一个凹函数。

证明 令 $f_{k,m,n} = \omega_{k,m,n}\rho_{k,m,n}\text{lb}(1+P_{k,m,n}F_o^{-1}(\text{Th}_0))\frac{B_k}{N}$，求 $f_{k,m,n}$ 关于 $P_{k,m,n}$ 的一阶偏导数，可得

$$\frac{\partial f_{k,m,n}}{\partial P_{k,m,n}} = \frac{\omega_{k,m,n}\rho_{k,m,n}F_o^{-1}(\text{Th}_0)\frac{B_k}{N}}{(1+P_{k,m,n}F_o^{-1}(\text{Th}_0))\ln 2} \tag{8-24}$$

由于 $F_o^{-1}(\text{Th}_0)$、$\omega_{k,m,n}$、B_k 和 N 均大于 0，考虑 $\rho_{k,m,n}=1$，则有

$$\frac{\omega_{k,m,n}\rho_{k,m,n}F_o^{-1}(\text{Th}_0)B_k}{(1+P_{k,m,n}F_o^{-1}(\text{Th}_0))N\ln 2} > 0 \tag{8-25}$$

求 $f_{k,m,n}$ 关于 $P_{k,m,n}$ 的一阶偏导数，可得

$$\frac{\partial^2 f_{k,m,n}}{\partial P_{k,m,n}^2} = \frac{\omega_{k,m,n}\rho_{k,m,n}(F_o^{-1}(\text{Th}_0))^2 B_k}{(1+P_{k,m,n}F_o^{-1}(\text{Th}_0))^2 N\ln 2} \tag{8-26}$$

同理可得

$$\frac{\omega_{k,m,n}\rho_{k,m,n}(F_o^{-1}(\text{Th}_0))^2 B_k}{(1+P_{k,m,n}F_o^{-1}(\text{Th}_0))^2 N\ln 2} > 0 \tag{8-27}$$

即 $\dfrac{\partial^2 f_{k,m,n}}{\partial P_{k,m,n}^2} > 0$ ，因此，根据函数凸-凹特性的定义[19, 21]，式（8-16）表示的函数是一个凹函数。证毕。

定理 8.3 式（8-16）和式（8-17）表示的优化问题是一个凸优化问题。

证明 根据凸优化问题的定义，若优化问题的约束空间是凸的，且优化问题的目标函数是凹函数或凸函数，那么，该优化问题为一个凸优化问题[19-20]。

根据定理 8.1 和定理 8.2 可以得出，式（8-16）和式（8-17）表示的优化问题是一个凸优化问题。

证毕。

由于凸优化问题的解与其对偶问题的解的距离可以认为是 0[20]，因此上述问题可以转化为对偶问题求解。

| 8.4 SIN 下行功率调整与时隙分配 |

本节研究本章提出的 SIN 中单颗卫星下的功率资源调整和发送时隙位置优化问题的求解方法。通过前面的分析和证明，发现本章研究的资源优化问题为一个凸优化问题，因此本节将在对偶域对该优化问题进行分析，推导对偶域的最优解的闭合形式，并通过子梯度法设计迭代更新方法求解该问题。

8.4.1 对偶问题与闭合解

对式（8-16）和式（8-17）表示的优化问题引入拉格朗日乘因子 $\lambda = [\lambda_n]_{N \times 1}$，$\alpha = [\alpha_{k,m}]_{K \times M}$ 和 $\beta = [\beta_{k,m,n}]_{K \times M \times N}$，可以获得如式（8-28）所示的该优化问题的拉格朗日方程[21]。

$$
\begin{aligned}
L(\boldsymbol{P}, \boldsymbol{\rho}, \boldsymbol{\lambda}, \boldsymbol{\alpha}, \boldsymbol{\beta}) = {} & \sum_{k=1}^{K}\sum_{m=1}^{M}\sum_{n=1}^{N}\omega_{k,m,n}\rho_{k,m,n}\,\mathrm{lb}\left(1 + P_{k,m,n}F_o^{-1}(\mathrm{Th}_0)\right)\frac{B_k}{N} + \\
& \sum_{n=1}^{N}\lambda_n\left(P_{\text{total}} - \sum_{k=1}^{K}\sum_{m=1}^{M}P_{k,m,n}\right) + \sum_{k=1}^{K}\sum_{m=1}^{M}\alpha_{k,m}\left(N_m - \sum_{n=1}^{N}\rho_{k,m,n}\right) + \\
& \sum_{k=1}^{K}\sum_{m=1}^{M}\sum_{n=1}^{N}\beta_{k,m,n}\left(\rho_{k,m,n}\,\mathrm{lb}\left(1 + P_{k,m,n}F_o^{-1}(\mathrm{Th}_0)\right)\frac{B_k}{N} - Q_{k,m,n}^{\min}\right)
\end{aligned}
\tag{8-28}
$$

其中，λ_n、$\alpha_{k,m}$ 和 $\beta_{k,m,n}$ 对任意的 k、m 和 n 均大于 0，$\lambda = [\lambda_n]_{N \times 1}$，$\alpha = [\alpha_{k,m}]_{K \times M}$ 和 $\beta = [\beta_{k,m,n}]_{K \times M \times N}$ 分别为约束条件 C3、C2 和 C1 的拉格朗日乘因子。因此，原优化问题的对偶问题[19]可以表示为

$$D(\lambda, \alpha, \beta) = \begin{cases} \max\limits_{P, \rho} L(P, \rho, \lambda, \alpha, \beta) \\ \text{s.t.} \sum\limits_{m=1}^{M} \rho_{k,m,n} \leqslant 1, \forall k, n \end{cases} \tag{8-29}$$

根据凸优化理论和上式，原问题可以转化为式（8-30）所示的对偶优化问题。

$$\min_{\lambda, \alpha, \beta} D(\lambda, \alpha, \beta) \tag{8-30}$$

实际上，式（8-28）中的拉格朗日方程可以进一步写为

$$L(P, \rho, \lambda, \alpha, \beta) = L(\cdots) + \sum_{n=1}^{N} \lambda_n P_{\text{total}} + \sum_{k=1}^{K}\sum_{m=1}^{M} \alpha_{k,m} N_m - \sum_{k=1}^{K}\sum_{m=1}^{M}\sum_{n=1}^{N} \beta_{k,m,n} Q_{k,m,n}^{\min} \tag{8-31}$$

其中，$L(\cdots)$ 为包含功率 P 和时隙放置参数 ρ 的分量，可以表示为

$$L(\cdots) = \sum_{k=1}^{K}\sum_{m=1}^{M}\sum_{n=1}^{N} \omega_{k,m,n} \rho_{k,m,n} \text{lb}\left(1 + P_{k,m,n} F_o^{-1}(\text{Th}_0)\right)\frac{B_k}{N} -$$
$$\sum_{n=1}^{N}\sum_{k=1}^{K}\sum_{m=1}^{M} \lambda_n P_{k,m,n} - \sum_{k=1}^{K}\sum_{m=1}^{M}\sum_{n=1}^{N} \alpha_{k,m} \rho_{k,m,n} +$$
$$\sum_{k=1}^{K}\sum_{m=1}^{M}\sum_{n=1}^{N} \beta_{k,m,n} \rho_{k,m,n} \text{lb}\left(1 + P_{k,m,n} F_o^{-1}(\text{Th}_0)\right)\frac{B_k}{N} \tag{8-32}$$

由于，仅需要求解关于功率 P 和时隙放置参数 ρ 的最优值，因此，有

$$\max_{P, \rho} L(P, \rho, \lambda, \alpha, \beta) \cong \max_{P, \rho} L(\cdots) \tag{8-33}$$

其中，$\max\limits_{P, \rho} L(\cdots)$ 可以进一步表示为

$$\max_{P, \rho} L(\cdots) = \max_{P, \rho} \sum_{k=1}^{K}\sum_{m=1}^{M}\sum_{n=1}^{N} \left\{ \left(\omega_{k,m,n} + \beta_{k,m,n}\right) \rho_{k,m,n} \text{lb}\left(1 + P_{k,m,n} F_o^{-1}(\text{Th}_0)\right) \cdot \right.$$
$$\left. \frac{B_k}{N} - \lambda_n P_{k,m,n} - \alpha_{k,m} \rho_{k,m,n} \right\} \tag{8-34}$$

上式表明，对偶优化问题可以解耦为 $K \times M \times N$ 个独立的子问题分别进行优化。在给定 $\lambda = [\lambda_n]_{N \times 1}$、$\alpha = [\alpha_{k,m}]_{K \times M}$ 和 $\beta = [\beta_{k,m,n}]_{K \times M \times N}$ 的条件下，将 $L(\cdots)$ 对 $P_{k,m,n}$ 求一阶偏导数，可得

$$\frac{\partial L(\cdots)}{\partial P_{k,m,n}} = \frac{\left(\omega_{k,m,n} + \beta_{k,m,n}\right) \rho_{k,m,n} F_o^{-1}(\text{Th}_0) B_k}{\left(1 + P_{k,m,n} F_o^{-1}(\text{Th}_0)\right) N \ln 2} - \lambda_n \tag{8-35}$$

根据 KKT 条件[21]，令 $\frac{\partial L(\cdots)}{\partial P_{k,m,n}} = 0$ ，可得

$$\frac{\left(\omega_{k,m,n} + \beta_{k,m,n}\right)\rho_{k,m,n}F_o^{-1}\left(\text{Th}_0\right)B_k}{\left(1 + P_{k,m,n}F_o^{-1}\left(\text{Th}_0\right)\right)N\ln 2} = \lambda_n \tag{8-36}$$

两边同时乘以 $\left(1 + P_{k,m,n}F_o^{-1}\left(\text{Th}_0\right)\right)$ ，并同时除以 λ_n ，可得

$$\left(1 + P_{k,m,n}F_o^{-1}\left(\text{Th}_0\right)\right) = \frac{\left(\omega_{k,m,n} + \beta_{k,m,n}\right)\rho_{k,m,n}F_o^{-1}\left(\text{Th}_0\right)B_k}{\lambda_n N\ln 2} \tag{8-37}$$

两边同时除以 $F_o^{-1}\left(\text{Th}_0\right)$ ，移项，可得

$$P_{k,m,n} = \frac{\left(\omega_{k,m,n} + \beta_{k,m,n}\right)\rho_{k,m,n}B_k}{\lambda_n N\ln 2} - \frac{1}{F_o^{-1}\left(\text{Th}_0\right)} \tag{8-38}$$

因此，在给定最佳时隙放置参数 $\hat{\rho}_{k,m,n}$ 时，最佳发射功率的闭合解 $\hat{P}_{k,m,n}$ 可以表示为

$$\hat{P}_{k,m,n} = \begin{cases} \left[\dfrac{\left(\omega_{k,m,n} + \beta_{k,m,n}\right)B_k}{\lambda_n N\ln 2} - \dfrac{1}{F_o^{-1}\left(\text{Th}_0\right)}\right]^+, \rho_{k,m,n} = 1 \\ 0, \rho_{k,m,n} = 0 \end{cases} \tag{8-39}$$

其中，$[x]^+ = \max(0, x)$ 。

在给定 $\boldsymbol{\lambda} = \left[\lambda_n\right]_{N\times 1}$ 、 $\boldsymbol{\alpha} = \left[\alpha_{k,m}\right]_{K\times M}$ 、 $\boldsymbol{\beta} = \left[\beta_{k,m,n}\right]_{K\times M\times N}$ 和最佳发射功率的闭合解 $\hat{P}_{k,m,n}$ 时，将 $L(\cdots)$ 对 $\rho_{k,m,n}$ 求一阶偏导数，可得

$$\frac{\partial L(\cdots)}{\partial \rho_{k,m,n}} = \left(\omega_{k,m,n} + \beta_{k,m,n}\right)\text{lb}\left(1 + P_{k,m,n}F_o^{-1}\left(\text{Th}_0\right)\right) - \alpha_{k,m} \tag{8-40}$$

通过观察，上述公式并不包含时隙放置参数 $\rho_{k,m,n}$ ，因此， $\rho_{k,m,n}$ 最优值取值只与 $P_{k,m,n}$ 有关。若将 $\rho_{k,m,n}$ 松弛为 $[0,1]$ 上的连续变量，则最大化拉格朗日方程时，将取 $L(\cdots)$ 随 $\rho_{k,m,n}$ 变化得最快时的用户占用该时隙，即 $\rho_{k,m,n} = 1$ ，因此，最佳时隙放置参数的闭合解可以表示为

$$\hat{\rho}_{k,m,n} = \begin{cases} 1, (k,m) = \arg\max\left(\omega_{k,m,n} + \beta_{k,m,n}\right)\text{lb}\left(1 + P_{k,m,n}F_o^{-1}\left(\text{Th}_0\right)\right) - \alpha_{k,m} \\ 0, (k,m) \neq \arg\max\left(\omega_{k,m,n} + \beta_{k,m,n}\right)\text{lb}\left(1 + P_{k,m,n}F_o^{-1}\left(\text{Th}_0\right)\right) - \alpha_{k,m} \end{cases} \tag{8-41}$$

8.4.2 对偶更新

通过前面的分析推导获得了 SIN 的卫星子网络中用户下行功率 $P_{k,m,n}$ 和时隙放置参

数 $\rho_{k,m,n}$ 在给定 $\boldsymbol{\lambda} = \left[\lambda_n\right]_{N\times 1}$、$\boldsymbol{\alpha} = \left[\alpha_{k,m}\right]_{K\times M}$ 和 $\boldsymbol{\beta} = \left[\beta_{k,m,n}\right]_{K\times M\times N}$ 条件下，原优化问题在对偶域的闭合解形式。然而，求解式（8-30）表示的对偶问题，需要获取最佳的 $\boldsymbol{\lambda} = \left[\lambda_n\right]_{N\times 1}$、$\boldsymbol{\alpha} = \left[\alpha_{k,m}\right]_{K\times M}$ 和 $\boldsymbol{\beta} = \left[\beta_{k,m,n}\right]_{K\times M\times N}$ 的值，使其对偶方程最小，这就需要采用迭代方式对这三个乘因子进行迭代更新。椭球法[20]和子梯度法[18]均可以用来更新拉格朗日乘因子，与第 4 章和第 5 章类似，本节采用子梯度法来对拉格朗日乘因子进行更新。

根据子梯度法[18]，$\boldsymbol{\lambda} = \left[\lambda_n\right]_{N\times 1}$、$\boldsymbol{\alpha} = \left[\alpha_{k,m}\right]_{K\times M}$ 和 $\boldsymbol{\beta} = \left[\beta_{k,m,n}\right]_{K\times M\times N}$ 的子梯度如引理 8.1 所示。

引理 8.1　拉格朗日乘因子 $\boldsymbol{\lambda} = \left[\lambda_n\right]_{N\times 1}$、$\boldsymbol{\alpha} = \left[\alpha_{k,m}\right]_{K\times M}$ 和 $\boldsymbol{\beta} = \left[\beta_{k,m,n}\right]_{K\times M\times N}$ 的子梯度分别表示为

$$\Delta\lambda_n = P_{\text{total}} - \sum_{k=1}^{K}\sum_{m=1}^{M}P_{k,m,n} \tag{8-42}$$

$$\Delta\alpha_{k,m} = N_m - \sum_{n=1}^{N}\rho_{k,m,n} \tag{8-43}$$

$$\Delta\beta_{k,m,n} = \rho_{k,m,n}\text{lb}\left(1+P_{k,m,n}F_o^{-1}\left(\text{Th}_0\right)\right)\frac{B_k}{N} - Q_{k,m,n}^{\min} \tag{8-44}$$

其中，$\Delta\lambda_n$、$\Delta\alpha_{k,m}$ 和 $\Delta\beta_{k,m,n}$ 分别为 λ_n、$\alpha_{k,m}$ 和 $\beta_{k,m,n}$ 的子梯度。

证明　根据式（8-29）中对偶方程的定义，可得

$$D\left(\boldsymbol{\lambda}',\boldsymbol{\alpha}',\boldsymbol{\beta}'\right) = \max_{\boldsymbol{P},\boldsymbol{\rho}}L\left(\boldsymbol{P},\boldsymbol{\rho},\boldsymbol{\lambda}',\boldsymbol{\alpha}',\boldsymbol{\beta}'\right) \tag{8-45}$$

其中，$\{\boldsymbol{\lambda}',\boldsymbol{\alpha}',\boldsymbol{\beta}'\}$ 为更新后的拉格朗日乘因子。

令 $\hat{\boldsymbol{P}}$ 和 $\hat{\boldsymbol{\rho}}$ 分别为 $D\left(\boldsymbol{\lambda},\boldsymbol{\alpha},\boldsymbol{\beta}\right)$ 的最优功率矩阵和最优时隙放置矩阵，因此，$\hat{\boldsymbol{P}}$ 和 $\hat{\boldsymbol{\rho}}$ 对 $D\left(\boldsymbol{\lambda}',\boldsymbol{\alpha}',\boldsymbol{\beta}'\right)$ 来说不是最优的，则有

$$D\left(\boldsymbol{\lambda}',\boldsymbol{\alpha}',\boldsymbol{\beta}'\right) \geqslant \max_{\hat{\boldsymbol{P}},\hat{\boldsymbol{\rho}}}L\left(\hat{\boldsymbol{P}},\hat{\boldsymbol{\rho}},\boldsymbol{\lambda}',\boldsymbol{\alpha}',\boldsymbol{\beta}'\right) \tag{8-46}$$

同时，$L\left(\hat{\boldsymbol{P}},\hat{\boldsymbol{\rho}},\boldsymbol{\lambda}',\boldsymbol{\alpha}',\boldsymbol{\beta}'\right)$ 可以进一步写为

$$L\left(\hat{\boldsymbol{P}},\hat{\boldsymbol{\rho}},\boldsymbol{\lambda}',\boldsymbol{\alpha}',\boldsymbol{\beta}'\right) =$$

$$\sum_{n=1}^{N}\left(\lambda_n'-\lambda_n\right)\left(P_{\text{total}} - \sum_{k=1}^{K}\sum_{m=1}^{M}\hat{P}_{k,m,n}\right) +$$

$$\sum_{k=1}^{K}\sum_{m=1}^{M}\left(\alpha_{k,m}'-\alpha_{k,m}\right)\left(N_m - \sum_{n=1}^{N}\hat{\rho}_{k,m,n}\right) +$$

$$\sum_{k=1}^{K}\sum_{m=1}^{M}\sum_{n=1}^{N}\left(\beta_{k,m,n}'-\beta_{k,m,n}\right)\left(\rho_{k,m,n}\text{lb}\left(1+\hat{P}_{k,m,n}F_o^{-1}\left(\text{Th}_0\right)\right)\frac{B_k}{N} - Q_{k,m,n}^{\min}\right) +$$

$$L\left(\hat{\boldsymbol{P}},\hat{\boldsymbol{\rho}},\boldsymbol{\lambda},\boldsymbol{\alpha},\boldsymbol{\beta}\right) \tag{8-47}$$

对式（8-47）两边同时取最大值，可得

$$\max_{\hat{\boldsymbol{P}},\hat{\rho}} L\left(\hat{\boldsymbol{P}}, \hat{\rho}, \boldsymbol{\lambda}', \boldsymbol{\alpha}', \boldsymbol{\beta}'\right) =$$

$$\sum_{n=1}^{N}\left(\lambda_n' - \lambda_n\right)\left(P_{\text{total}} - \sum_{k=1}^{K}\sum_{m=1}^{M}\hat{P}_{k,m,n}\right) +$$

$$\sum_{k=1}^{K}\sum_{m=1}^{M}\left(\alpha_{k,m}' - \alpha_{k,m}\right)\left(N_m - \sum_{n=1}^{N}\hat{\rho}_{k,m,n}\right) +$$

$$\sum_{k=1}^{K}\sum_{m=1}^{M}\sum_{n=1}^{N}\left(\beta_{k,m,n}' - \beta_{k,m,n}\right)\left(\hat{\rho}_{k,m,n}\text{lb}\left(1+\hat{P}_{k,m,n}F_o^{-1}\left(\text{Th}_0\right)\right)\frac{B_k}{N} - Q_{k,m,n}^{\min}\right) +$$

$$D\left(\boldsymbol{\lambda}, \boldsymbol{\alpha}, \boldsymbol{\beta}\right) \tag{8-48}$$

由式（8-46），可得

$$D\left(\boldsymbol{\lambda}', \boldsymbol{\alpha}', \boldsymbol{\beta}'\right) \geqslant$$

$$\sum_{n=1}^{N}\left(\lambda_n' - \lambda_n\right)\left(P_{\text{total}} - \sum_{k=1}^{K}\sum_{m=1}^{M}\hat{P}_{k,m,n}\right) +$$

$$\sum_{k=1}^{K}\sum_{m=1}^{M}\left(\alpha_{k,m}' - \alpha_{k,m}\right)\left(N_m - \sum_{n=1}^{N}\hat{\rho}_{k,m,n}\right) +$$

$$\sum_{k=1}^{K}\sum_{m=1}^{M}\sum_{n=1}^{N}\left(\beta_{k,m,n}' - \beta_{k,m,n}\right)\left(\hat{\rho}_{k,m,n}\text{lb}\left(1+\hat{P}_{k,m,n}F_o^{-1}\left(\text{Th}_0\right)\right)\frac{B_k}{N} - Q_{k,m,n}^{\min}\right) +$$

$$D\left(\boldsymbol{\lambda}, \boldsymbol{\alpha}, \boldsymbol{\beta}\right) \tag{8-49}$$

上式满足子梯度的定义[18]。

证毕。

根据引理 8.1 中的三个拉格朗日乘因子的子梯度，可以采用多步迭代的方式更新拉格朗日乘因子，根据以下拉格朗日乘因子更新公式实现对偶迭代更新

$$\lambda_n^{(i+1)} = \lambda_n^{(i+1)} - \theta_1^{(i)}\left(P_{\text{total}} - \sum_{k=1}^{K}\sum_{m=1}^{M}P_{k,m,n}\right) \tag{8-50}$$

$$\alpha_{k,m}^{(i+1)} = \alpha_{k,m}^{(i)} - \theta_2^{(i)}\left(N_m - \sum_{n=1}^{N}\rho_{k,m,n}\right) \tag{8-51}$$

$$\beta_{k,m,n}^{i+1} = \beta_{k,m.n}^{i} - \theta_3^{i}\left(\rho_{k,m,n}\text{lb}\left(1+P_{k,m,n}F_o^{-1}\left(\text{Th}_0\right)\right)\frac{B_k}{N} - Q_{k,m,n}^{\min}\right) \tag{8-52}$$

其中，$\theta_j^{(i)}$（$j=1,2,3$）为第 i 次迭代的拉格朗日乘因子更新步长，该步长必须满足以下条件[22]

$$\sum_{i=1}^{\infty}\theta_j^{(i)}=\infty,\lim_{i\to\infty}\theta_j^{(i)}=0 \tag{8-53}$$

根据式（8-50）～式（8-53），可以设计一种基于迭代对偶优化（Iterative Dual Optimization，IDO）[23]的资源优化算法来求解该问题。

8.4.3　功率调整与时隙分配算法

不同于第 4 章和第 5 章的内容，为了迭代更新过程能够快速收敛，根据 IDO 理论[23]，给出拉格朗日乘因子 λ_n、$\alpha_{k,m}$ 和 $\beta_{k,m,n}$ 的对偶域取值范围，缩小迭代搜索范围，其取值范围如定理 8.4 所示。

定理 8.4　最优拉格朗日乘因子 $\hat{\lambda}_n$、$\hat{\alpha}_{k,m}$ 和 $\hat{\beta}_{k,m,n}$ 的取值范围满足以下公式。

$$\frac{\omega_{k,m,n}B_kF_o^{-1}(\text{Th}_0)}{N\ln 2}\leqslant\hat{\lambda}_n\leqslant\frac{\omega_{k,m,n}B_kF_o^{-1}(\text{Th}_0)}{N\ln 2\left(1+P_{\text{total}}F_o^{-1}(\text{Th}_0)\right)} \tag{8-54}$$

$$0<\hat{\alpha}_{k,m}\leqslant\omega_{k,m,n}\text{lb}\left(1+P_{\text{total}}F_o^{-1}(\text{Th}_0)\right) \tag{8-55}$$

$$\omega_{k,m,n}\left(\left(1+P_{\text{total}}F_o^{-1}(\text{Th}_0)\right)-\frac{\omega_{k,m,n}B_k}{N\ln 2}\right)\leqslant\hat{\beta}_{k,m,n}\leqslant\omega_{k,m,n}\left(1-\frac{\omega_{k,m,n}B_k}{N\ln 2}\right) \tag{8-56}$$

证明　根据 IDO 方法理论，最优拉格朗日乘因子 $\hat{\lambda}_n$、$\hat{\alpha}_{k,m}$ 和 $\hat{\beta}_{k,m,n}$ 需满足 KKT 条件，令 $\dfrac{\partial L(\cdots)}{\partial P_{k,m,n}}=0$，可得

$$\hat{\lambda}_n=\frac{\left(\omega_{k,m,n}+\hat{\beta}_{k,m,n}\right)\hat{\rho}_{k,m,n}F_o^{-1}(\text{Th}_0)B_k}{\left(1+\hat{P}_{k,m,n}F_o^{-1}(\text{Th}_0)\right)N\ln 2} \tag{8-57}$$

令 $\dfrac{\partial L(\cdots)}{\partial \rho_{k,m,n}}=0$，可得

$$\hat{\alpha}_{k,m}=\left(\omega_{k,m,n}+\hat{\beta}_{k,m,n}\right)\text{lb}\left(1+\hat{P}_{k,m,n}F_o^{-1}(\text{Th}_0)\right) \tag{8-58}$$

根据 IDO 方法理论和凸优化理论，存在如下约束条件[23]。

$$\begin{cases}P_{\text{total}}=\sum_{k=1}^{K}\sum_{m=1}^{M}\hat{P}_{k,m,n},\lambda_n>0\\[2mm]P_{\text{total}}<\sum_{k=1}^{K}\sum_{m=1}^{M}\hat{P}_{k,m,n},\lambda_n=0\end{cases} \tag{8-59}$$

$$\begin{cases} N_m = \sum_{n=1}^{N} \hat{\rho}_{k,m,n}, \alpha_{k,m} > 0 \\ N_m < \sum_{n=1}^{N} \hat{\rho}_{k,m,n}, \alpha_{k,m} = 0 \end{cases} \tag{8-60}$$

$$\begin{cases} \hat{\rho}_{k,m,n} \mathrm{lb} \left(1 + \hat{P}_{k,m,n} F_o^{-1}(\mathrm{Th}_0)\right) \dfrac{B_k}{N} = Q_{k,m,n}^{\min}, \beta_{k,m,n} > 0 \\ \hat{\rho}_{k,m,n} \mathrm{lb} \left(1 + \hat{P}_{k,m,n} F_o^{-1}(\mathrm{Th}_0)\right) \dfrac{B_k}{N} < Q_{k,m,n}^{\min}, \beta_{k,m,n} = 0 \end{cases} \tag{8-61}$$

当 $\beta_{k,m,n} = 0$ 成立时，即分配给用户的时隙位置不满足实时用户的时延需求时，$P_{\mathrm{total}} < \sum_{k=1}^{K} \sum_{m=1}^{M} \hat{P}_{k,m,n}$ 将造成分配功率总和超出星上总功率，因此，λ_n 不能取 0，即 $\hat{\rho}_{k,m,n}$ 取 1，因此，式（8-57）可简化为

$$\hat{\lambda}_n = \frac{\omega_{k,m,n} F_o^{-1}(\mathrm{Th}_0) B_k}{\left(1 + \hat{P}_{k,m,n} F_o^{-1}(\mathrm{Th}_0)\right) N \ln 2} \tag{8-62}$$

同理，式（8-58）可简化为

$$\hat{\alpha}_{k,m} = \omega_{k,m,n} \mathrm{lb} \left(1 + \hat{P}_{k,m,n} F_o^{-1}(\mathrm{Th}_0)\right) \tag{8-63}$$

其中，功率 $\hat{P}_{k,m,n}$ 的最小值为 0，最大值为 P_{total}，可以获得 $\hat{\lambda}_n$ 的取值范围

$$\hat{\lambda}_n \in \frac{\omega_{k,m,n} B_k}{N \ln 2} \left[F_o^{-1}(\mathrm{Th}_0), \frac{F_o^{-1}(\mathrm{Th}_0)}{\left(1 + P_{\mathrm{total}} F_o^{-1}(\mathrm{Th}_0)\right)} \right] \tag{8-64}$$

同理，可以获得 $\hat{\alpha}_{k,m}$ 的取值范围为

$$\hat{\alpha}_{k,m} \in \omega_{k,m,n} \left(0, \mathrm{lb} \left(1 + P_{\mathrm{total}} F_o^{-1}(\mathrm{Th}_0)\right)\right] \tag{8-65}$$

当 $\beta_{k,m,n} > 0$ 成立时，即分配给用户的时隙位置恰好满足实时用户的时延需求时，可以得到

$$\hat{\beta}_{k,m,n} = \frac{\hat{\lambda}_n \left(1 + \hat{P}_{k,m,n} F_o^{-1}(\mathrm{Th}_0)\right) N \ln 2}{\hat{\rho}_{k,m,n} F_o^{-1}(\mathrm{Th}_0) B_k} - \omega_{k,m,n} \tag{8-66}$$

同理，功率 $\hat{P}_{k,m,n}$ 的最小值为 0，最大值为 P_{total}，结合 $\hat{\lambda}_n$ 的取值范围，可得 $\hat{\beta}_{k,m,n}$ 的取值范围为

$$\hat{\beta}_{k,m,n} \in \omega_{k,m,n} \left[\left(1 + P_{\mathrm{total}} F_o^{-1}(\mathrm{Th}_0)\right) - \frac{\omega_{k,m,n} B_k}{N \ln 2}, 1 - \frac{\omega_{k,m,n} B_k}{N \ln 2} \right] \tag{8-67}$$

证毕。

通过上述分析, 本节提出了一种基于 IDO 的迭代算法来解决本章研究的非完全 CSI 条件下的 SIN 卫星子网络的下行功率调整与时隙分配问题, 其算法过程如算法 8-1 所示。在分配开始前, 星群主卫星根据第 7 章研究的基于 TDICA 的下行 2D-MOA 获得 Pareto 可行解, 根据网络需要选取合理的解作为决策, 下发给各个卫星的星载 NCC。星载 NCC 根据网络中存在的信道估计误差来对接收到的功率分配策略进行功率调整, 并根据实时用户的 QoS 需求将各个时刻的时隙分配给用户。与第 3 章一致, 采用混合式资源管理架构, 星载 NCC 的中心控制单元负责初始化和计算功率调整矩阵 P, 并更新参数 λ, 各波束控制单元则采用分布式计算方式计算时隙放置矩阵 ρ 和更新参数 α 和 β, 这样能够通过并行处理的方式提高计算效率。每次迭代完成后, 中心控制单元和各波束控制单元通过内部接口实现交互, 从而完成拉格朗日乘因子的更新。当迭代次数达到最大迭代次数时, 则停止迭代, 输出最优功率调整矩阵 P 和最优时隙放置矩阵 ρ, 完成功率调整和时隙分配。

算法 8-1　非完全 CSI 条件下的 SIN 卫星子网络下行功率调整与时隙分配算法

输入　最大迭代次数 I_{max}

输出　最优功率调整矩阵 P 和最优时隙放置矩阵 ρ

1) 星群主卫星下发时隙分配占比和功率分配值给各卫星的星载 NCC;

2) 星载 NCC 的中心控制单元初始化 I_{max}, 并根据功率分配值初始化 P, 根据 P 和式 (8-41) 初始化 ρ;

3) 星载 NCC 的中心控制单元根据式 (8-54) ~式 (8-56) 初始化 λ、α 和 β 等参数;

4) **repeat**

5) 　　**for** $k = 1:1:K$

6) 　　　　**for** $m = 1:1:M$

7) 　　　　　　**for** $n = 1:1:N$

8) 　　　　　　　　星载 NCC 的中心控制单元根据式 (8-39) 计算功率调整矩阵 P;

9) 　　　　　　　　星载 NCC 的各波束控制单元通过分布式计算方式根据式 (8-41) 计算时隙放置矩阵 ρ;

10) 　　　　　　　　星载 NCC 的各波束控制单元通过分布式计算方式根据式 (8-50) 更新参数 λ;

11） 星载 NCC 的中心控制单元根据式（8-51）和式（8-52）更新参数 α 和 β；

12） **end**

13） **end**

14） **end**

15） 星载 NCC 的中心控制单元和各波束控制单元交互参数 λ、α 和 β；

16） $i = i + 1$；

17） **until** $i = I_{\max}$；

18）输出最优功率调整矩阵 P 和最优时隙放置矩阵 ρ，开始下行通信；

| 8.5 仿真结果与分析 |

本节对本章研究的 SIN 卫星子网络的下行功率调整与时隙分配方法进行仿真验证，仿真参数设置如表 8-1 所示。由于在下行功率调整和时隙分配过程中，各个星群下的各个卫星系统是相互解耦、独立优化的，因此，本章只对单个卫星系统的下行网络进行仿真来代替全网性能。

表 8-1 空间信息网络中单星系统下行网络参数设置

参数名称	符号	取值
波束数	K	10～50
每个波束下的用户数	M	8～20
卫星工作频率	f	30 GHz
总带宽	B	100 MHz
带宽复用因子	α	4
每帧的时隙数	N	20
各用户时隙占用长度	N_m	根据第 4 章算法获取
时隙长度	Δt	0.5 ms
实时用户时延边界	$D_{k,m}$	10 ms
星地距离	$d_{k,m}$	36 000 km
星上总功率	P_{total}	100 W
LoS 信号与散射信号比	s^2 / σ^2	7 dB

（续表）

参数名称	符号	取值
LoS 信号与散射信号和	$s^2 + \sigma^2$	8 dB
噪声功率	N_0	10^{-10}
中断概率门限	Th_0	0.01、0.05、0.1 和 0.2
卫星发射天线增益	G_s	50 dB
用户接收天线增益	$G_{k,m}$	[30,50] dB
数据包大小	Pa	128 B

考虑一个工作在 30 GHz 频段的 SIN 下行单星系统，其波束数 K 在不同仿真场景中，取 [10,45] 之间的整数，每个波束下覆盖的用户数 M 在不同仿真场景下，取 [10,45] 之间的整数，单星下行可用总带宽 B 为 100 MHz，各个波束通过带宽复用因子 $\alpha(\alpha = 4)$ 实现带宽复用，因此，每个波束的可用带宽 B_l 为 25 MHz。每个波束下行在一帧（即一个分配周期 T_0）中含有 N = 20 个时隙，每个时隙的长度为 0.5 ms，即一个分配周期为 10 ms，各用户时隙占用长度 N_m 根据第 4 章提出的算法获得，具体做法是采用容量最大作为单目标，获取容量最大化时的最佳时隙占比，通过时隙占比乘以超帧时隙数，来获得时隙占用长度 N_m。实时用户的时延边界 $D_{k,m}$ 与分配周期长度相等。卫星到地面的距离 $d_{k,m}$ 设为固定的 36 000 km，星上总功率为 100 W。卫星到地面信道模型为带有 AWGN 的莱斯信道模型，其中，LoS 信号与散射信号比 s^2/σ^2 为 7 dB，LoS 信号与散射信号和 $s^2 + \sigma^2$ 为 8 dB，AWGN 噪声功率 N_0 为 −150 dB，考虑 4 种中断概率门限 Th_0 值，分别为 0.01、0.05、0.1 和 0.2。卫星发射天线增益 G_s 为固定的 50 dB，不同用户接收天线增益 $G_{k,m}$ 为 [30,50] dB 之间的不同值，下行队列数据包大小 Pa 为固定的 128 B，各用户缓存队列的数据包到达过程为独立同分布的泊松（Poisson）过程，到达速率根据仿真场景的需要进行设置。

图 8-2 给出不同初始化方法的收敛性能，随机初始化方式对拉格朗日乘因子 λ_n、$\alpha_{k,m}$ 和 $\beta_{k,m,n}$ 通过随机方式产生，本章采用式（8-54）～式（8-56）表示的最佳拉格朗日乘因子取值范围内进行初始化，两种方式采用相同的迭代步长，对波束数 K = 10，每个波束下用户数 M = 10 的，均为完全 CSI 的场景下进行了仿真，其中，每个波束下实时用户和非实时用户均为 5 个。各个用户数据包到达速率为 10 Mbit/s。从图 8-2 可以看出，随机方式大约在 45 次迭代之后才收敛，而本章的算法在 30 次迭代之前就可以收敛，这是因为通过推导获得的最佳拉格朗日乘因子取值范围可以有效缩小搜索空间，从而提高收敛速度。

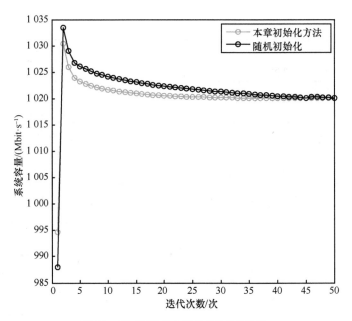

图 8-2 不同初始化方法的收敛性能比较

图 8-3 给出了不同用户数条件下的系统容量，各波束下用户数 M 从 11 变化到 20 个，其中，实时用户数为固定的 6 个，剩余的为非实时用户，波束数 K 为固定的 10 个，各个用户数据包到达速率为 8 Mbit/s。从图 8-3 可以看出，相较于完全 CSI 条件下，在非完全 CSI 条件下，即存在信道估计误差时，系统容量会降低，这是因为信道估计误差导致无法获得准确的信道条件、准确的最优功率调整值和最优时隙分配值。为了保证部分估计误差为正值，即实际信道条件比估计信道条件要差的用户的正常通信，会给这些用户分配更多的资源，而由于信道条件较差，这部分用户的资源效用不高，同时，功率和时隙资源都是有限的，因此，非完全 CSI 条件下对信道质量较差用户的通信保障是以降低系统整体的容量水平为代价的。同时，还可以看出系统容量随着中断概率门限 Th_0 的降低而降低，这是因为 Th_0 的降低代表保障不中断的用户比例提高，即更多的资源分配给信道质量较差的用户，因此，系统容量随之下降。此外，从图 8-3 可以看出，系统容量随着用户数增加而增加，这是多用户分集带来的容量收益，但与此同时，系统容量随着用户数增加得越来越缓慢，这是因为星上发射功率和带宽都是有限的，单独增加用户数，会造成频谱和功率资源的竞争，最终会达到容量饱和的状态。

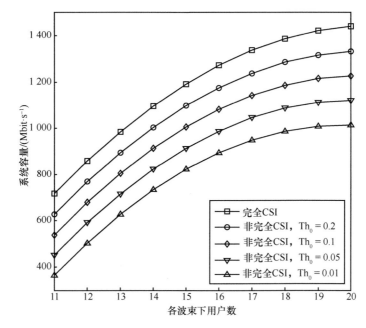

图 8-3　不同用户数条件下的系统容量

图 8-4 给出了不同波束数条件下的系统容量，波束数 K 从 15 变化到 50，各波束下用户数 M 固定为 8 个，其中，实时用户和非实时用户各 4 个。各个用户数据包到达速率为 8 Mbit/s。从图 8-4 可以看出，与图 8-3 类似，非完全 CSI 条件下的系统容量低于完全 CSI 条件下的系统容量，系统容量随着中断概率门限的降低而降低。同时，系统容量随着波束数目的增加而增加，这是多波束分集带来的容量收益，因为各个波束间通过频率复用因子来实现频率重复利用，增加波束数目相当于增加多个带宽为 B_l 的覆盖区域，等于提升了系统总带宽。同时，与图 8-3 不同，系统容量提升的速度并未随着波束数目的增加而明显降低，这是因为多波束分集增加了系统带宽，补偿了多引入用户带来的功率竞争问题。因此，在实际应用中，可以采用增加波束数目的方式来提高支持用户的数目。

为了研究本章提出的算法与其他同类算法的性能，选取了现有研究中几种较为典型的算法进行了仿真实验，比较的算法包括：文献[11]中的时延感知算法、文献[5]中的节能算法、文献[9]中的最大化容量算法和文献[12]中的时延比例公平性算法。时延感知算法根据时延约束逐时隙的按到达循序服务实时用户，对非实时用户则采用 BE 方式实现分配；节能算法则是考虑能耗最低为优化目标，通过牺牲一部分容量来提升能效，但该算法没有考虑实时用户的时延约束，同样，最大化容量算法以系统容量为优化目标，不考虑用户的时延约束；而时延比例公平性算法则采用基于实时用户时延比例为公平性优化目标，以牺牲部分系统容量为代价，降低实时用户的平均时延，提升用户在时延这一 QoS 指标上的公平性。图 8-5 给出了不同算法在不同到达速率条件下的系统容量，用户的数据包到达速率从 8 Mbit/s 变化到 25 Mbit/s，卫星波束数目 $K = 15$，每个波束下的用户数 $M = 8$，其中，实时用户和非实时用户均为 4 个。中断概率门限 Th_0 固定为 0.2。可以从图 8-5 看出，在低到达速率情况下（到达速率低于14 Mbit/s 时），本章提出的功率资源调整与时隙分配算法获得的系统容量最接近于最大化容量算法，即接近容量最优。在高到达速率情况下（到达速率高于 15 Mbit/s 时），本章提出的算法低于容量最大化算法和节能算法，但优于时延感知算法和时延比例公平性算法。同时，本章算法、时延感知算法和时延比例公平性算法在到达速率处于15 Mbit/s 到 18 Mbit/s 之间呈现下降趋势，这是因为时延用户数据包的增加导致这三种算法将更多资源倾斜于实时用户，从而降低了系统容量。在到达速率增加到 18Mbit/s 之后，这三种算法的系统容量趋于稳定，这是因为系统达到了容量上界，同理，上述 5 种算法的系统容量随着到达速率的增加得越来越缓慢，最终趋于平稳。

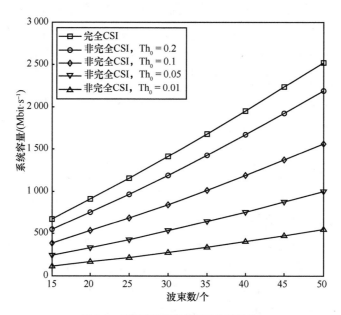

图 8-4　不同波束数条件下的系统容量

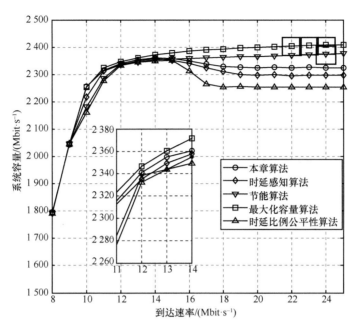

图 8-5　不同算法在不同到达速率条件下的系统容量比较

　　图 8-6 给出了不同算法在不同到达速率条件下的丢包率，仿真参数与图 8-5 一致。可以从图中看出，本章算法、时延感知算法和时延比例公平性算法在丢包率性能上明显优于最大化容量算法和节能算法，这是因为前三种算法考虑了时延约束条件，通过时隙放置位置的优化保证实时用户的时延需求。同时，本章算法在丢包率性能上在到达速率低于 21 Mbit/s 时，非常接近于时延感知算法并略优于时延比例公平性算法，且丢包率低于 0.06。在到达速率高于 21 Mbit/s 的情况下，与时延感知算法在丢包率性能上的差距不超过 0.05，因此本章算法对实时用户的时延需求保障上能够满足业务需求。在到达速率超过 18 Mbit/s 之后，本章算法、时延感知算法和时延比例公平性算法的丢包率呈现上升趋势，这是因为随着数据包的增加，系统逐渐达到了容量上界，没有足够的资源来满足全部的实时用户的需求。结合图 8-5 进行分析，可以发现，本章算法在牺牲一定的丢包率性能的条件下，能有效提升系统容量。

　　为了验证本文算法对时延需求保障的可行性，在与图 8-5 和图 8-6 相同的仿真条件下，对用户的平均时延进行了仿真，其中，到达速率固定为 12 Mbit/s 。图 8-7 给出了不同算法不同用户类型的平均时延，平均时延通过各个用户的时延求和取平均的方式获得。图 8-7 中用户类型 1 和用户类型 2 分别代表实时用户和非实时用户。从图中可以看出，由于没有时延约束条件，最大化容量算法和节能算法的实时用户和非实时用户的平均时延比较接近，同时，两者的实时用户的平均时延均高于 7 ms。与之相反，本章算法、时延感知算法和时延比例公平性算法的实时用户的平均时延远低于 5 ms。其中，时延感知算法的用户平均时延最低，但却是以牺牲非实时用户的时延性能为代价的，若网络中存在大量实时用户，且处于较差的信道条件时，带宽可能一直被实时用户占用，非实时用户长时间无法获得服务，造成链路拥塞。

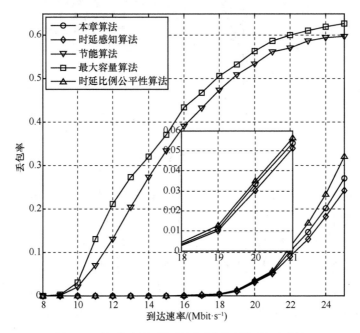

图 8-6 不同算法在不同到达速率条件下的丢包率比较

图 8-8 给出了不同用户的平均时延，仿真条件与图 8-7 相同，其中，1 号～4 号用户为实时用户，5 号～8 号用户为非实时用户。与图 8-7 类似，最大化容量算法和节能算法的实时用户和非实时用户的平均时延比较接近，两者的实时用户的平均时延均高于 7 ms，本章算法、时延感知算法和时延比例公平性算法的实时用户的平均时延远低于 5 ms，时延感知算法的用户平均时延最低，但本章算法和时延比例公平性算法的实时用户和非实时用户平均时延的分布更加均匀，这表明，两者能够较好地保证用户间在时延性能上的公平性，同时，由于本章算法在丢包率和容量性能上

高于比例公平性算法，因此，本章算法能够更好地在满足实时用户时延约束条件下，实现系统容量和时延公平性之间的折中。

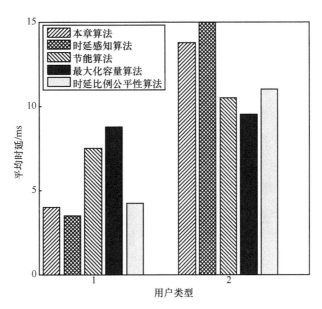

图 8-7　不同用户类型的平均时延

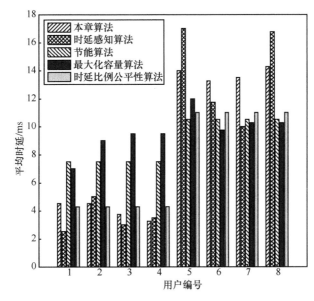

图 8-8　不同用户的平均时延

│8.6　本章小结│

　　本章研究了 SIN 的卫星子网络在非完全 CSI 条件下的下行功率调整与时隙资源优化问题。在第 4 章获取了 SIN 下行重叠覆盖区域多星选择和时隙占比以及功率联合优化结果的基础上,本章将 SIN 下行解耦为多个多波束卫星通信系统,构建了 SIN 骨干子网络的下行系统模型和链路模型,通过中断概率表征非完全 CSI 对资源优化的影响,并在第 4 章获取了时隙占比和功率优化值的前提下,考虑实时用户约束条件,设计了一种时延优先级权重,构建了基于时延优先级加权容量和最大化的优化问题。通过理论分析,证明了该问题为一个凸优化问题,并根据凸优化理论推导了该问题在对偶域的闭合解。最后,设计了一种基于对偶迭代理论的迭代算法来求解非完全 CSI 条件下的功率调整值和时隙放置矩阵。

　　通过仿真实验,分析了本章提出的算法的性能,验证了理论推导的正确性,获得了以下结论:①本章提出的算法具有良好的收敛性能,能够满足实时用户对高速计算和分配的需求;② 非完全 CSI 条件下,信道估计误差的存在会导致系统容量下降,多波束分集和多用户分集可以提升系统容量,但仍需要针对系统特性进行资源优化;③ 本章提出的算法能够在低到达速率条件下,接近最优容量分配,在高到达速率条件下,通过牺牲可接受范围内的系统容量,提高系统实时用户的服务率;④ 相较于现有的研究,本章算法能够更好地在满足实时用户时延约束条件下,实现系统容量和时延公平性之间的折中。

│ 参考文献 │

[1]　SHI S C, AN K, LI G X, et al. Optimal power control in cognitive satellite terrestrial networks with imperfect channel state information[J]. IEEE Wireless Communications Letters, 2018, 7(1): 34-37.

[2]　SHI S C, LI G X, AN K, et al. Optimal power control for real-time applications in cognitive satellite terrestrial networks[J]. IEEE Communications Letters, 2017, 21(8): 1815-1818.

[3]　LAGUNAS E, MALEKI S, CHATZINOTAS S, et al. Power and rate allocation in cognitive satellite uplink networks[C]//2016 IEEE International Conference on Communications. Piscataway: IEEE Press, 2016: 1-6.

[4]　LAGUNAS E , SHARMA S K , MALEKI S , et al. Resource allocation for cognitive satellite communications with incumbent terrestrial networks[J]. IEEE Transactions on Cognitive Communications & Networking, 2016, 1(3): 305-317.

[5]　韩寒, 李颖, 董旭, 等.卫星通信系统中的功率与时隙资源联合分配研究[J]. 通信学报, 2014, 35(10): 23-30.

[6]　ARAVANIS A I, SHANKAR M R B, ARAPOGLOU P D, et al. Power allocation in multi-beam satellite systems: a two-stage multi-objective optimization[J]. IEEE Transactions on Wireless Communications, 2015, 14(6): 3171-3182.

[7]　MOHANRAM C, BHASHYAM S. Joint subcarrier and power allocation in channel-aware queue-aware scheduling for multiuser OFDM[J]. IEEE Transactions on Wireless Communications, 2007, 6(9): 3208-3213.

[8]　WING H D S, NANG L V K, LAM W H. Cross-layer design for OFDMA wireless systems with heterogeneous delay requirements[J]. IEEE Transactions on Wireless Communications, 2007, 6(8): 2872-2880.

[9]　KIM Y, SON K, CHONG S. QoS scheduling for heterogeneous traffic in OFDMA-based wireless systems[C]// 2009 IEEE Global Telecommunications Conference. Piscataway: IEEE Press, 2009: 1-6.

[10]　LEI J, VAZQUEZ-CASTRO M A. Joint power and carrier allocation for the multibeam satellite downlink with individual SINR constraints[C]//2010 IEEE International Conference on Communications. Piscataway: IEEE Press, 2010: 1-5.

[11]　JI Z, WANG Y Z, FENG W, et al. Delay-aware power and bandwidth allocation for multiuser satellite downlinks[J]. IEEE Communications Letters, 2014, 18(11): 1951-1954.

[12]　HAN H, LIN Y, DONG F H, et al. QoS fairness-based slot allocation using backlog info in satellite-based sensor systems[J]. Electronics Letters, 2015, 51(20): 1615-1617.

[13]　DU J, JIANG C X, WANG J, et al. Resource allocation in space multiaccess systems[J]. IEEE Transactions on Aerospace and Electronic Systems, 2017, 53(2): 598-618.

[14]　ARTI M K. Channel estimation and detection in satellite communication systems[J]. IEEE Transactions on Vehicular Technology, 2016, 65(12): 10173-10179.

[15]　LETZEPIS N, GRANT A J. Capacity of the multiple spot beam satellite channel with Rician fading[J]. IEEE Transactions on Information Theory, 2008, 54(11): 5210-5222.

[16]　ZHANG H J, JIANG C X, BEAULIEU N C, et al. Resource allocation for cognitive small cell networks: a cooperative bargaining game theoretic approach[J]. IEEE Transactions on Wireless Communications, 2015, 14(6): 3481-3493.

[17]　LOPEZ-GARCIA I, LOPEZ-MONSALVO C S, BELTRAN-CARBAJAL F, et al. Alternative modes of operation for wind energy conversion systems and the generalised Lambert W-function[J]. IET Generation, Transmission & Distribution, 2018, 12(13): 3152-3157.

[18]　YU H, NEELY M J. On the convergence time of dual subgradient methods for strongly convex programs[J] IEEE Transactions on Automatic Control, 2018, 63(4): 1105-1112.

[19] BOYD S, VANDENBERGHE L. Convex optimization[M]. Cambridge: Cambridge University Press, 2004.

[20] GHAMKHARI M, MOHSENIAN-RAD H. A convex optimization framework for service rate allocation in finite communications buffers[J]. IEEE Communications Letters, 2016, 20(1): 69-72.

[21] DING Y, SELESNICK I W. Artifact-free wavelet denoising: non-convex sparse regularization, convex optimization[J]. IEEE Signal Processing Letters, 2015, 22(9): 1364-1368.

[22] 韩寒. 多波束卫星通信系统中资源优化配置方法研究[D]. 南京: 解放军理工大学, 2015.

[23] KIM J, JOO S. An optimal control formulation for dual control problems[J]. 2011 11th International Conference on Control, Automation and Systems. Piscataway: IEEE Press, 2011: 92-96.

第 9 章

DSCN 无线资源配置效用评价方法

由于空间信息网络骨干网的分布式特征、骨干网与接入网的层次式架构，部分无线资源的优化之间存在矛盾关系，各个优化的无线资源效用性能指标之间也可能是对立矛盾的。单一性能的提升并不一定意味着网络整体效益的提升。在这样的一个网络中，多属性的无线资源的效用对网络整体效益的影响难以简单通过指标的加权来评估。本章研究空间信息网络的无线资源优化策略效用评价问题，采用 AHP-BP 综合评价方法对无线资源效用指标综合评价进行分析建模，并根据通信请求和现有可分配资源设置评价体系中各个指标的权值，指导分配方式的更替和分配目标的变化，与前述各类资源优化配置方法形成反馈闭环，实现其无线资源配置效用的整体综合评估和反馈。

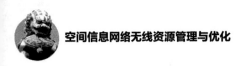

| 9.1 引言 |

前面章节分别从基于 DSC 的 SIN 的约束空间描述、网络建模与无线资源管控模型、多星中继传输的骨干网卫星负载均衡、认知区域的无线资源配置、DSCN 上下行功率的联合控制、DSCN 全网下行资源配置优化和卫星子网络无线资源配置调整等方面介绍和研究了 SIN 中无线资源管理的基本技术手段和方法，并给出了相关的仿真验证。在本书构建的 DSCN 中，由于骨干网的分布式特征、骨干网与接入网的层次式架构，部分无线资源的优化之间存在矛盾关系，各个优化的无线资源效用性能指标之间也可能是对立矛盾的。不同的资源分配方式以及不同的资源分配目标应该应用在具体的场景之中，而通信过程中，分配方式和分配目标也应该随着通信请求和资源需求的不断变化而改变，单一性能的提升并不一定意味着网络整体效益的提升。在这样的一个网络中，多属性的无线资源的效用对网络整体效益的影响难以简单通过指标的加权来评估。

为了在网络运行中，对网络的效用和资源分布的态势给出评价，以指导网络整体进一步向着更好的方向演进，还需要一个完备的、针对网络整体的无线资源分配评价体系和评价方法来控制资源分配方式和无线资源优化目标的调整。在现有的工程实践中，通常通过专家针对网络各项指标性能给出人工的综合评价来完成，人工评价对网络综合效用的调整的最大弊端是评价过程耗时费力，未来网络运行过程中，实效性和高效性对网络评价提出了自动化和智能化的更高要求，因此，本章聚焦于 DSCN 的各项网络指标性能，研究更加高效的 SIN 无线资源效用评价方法。

在经济学中，综合评价理论是构建科学合理的评价体系的基本理论方法，是系统工程理论的一个重要分支，包含多属性决策分析[1-2]、主成分分析[3-4]、层次分析法（AHP）[5-6]、模糊综合评价方法[7-9]、基于逆向传播（Back Propagation，BP）神经网络的评价方法[10-12]，此外，还有结合神经网络和层次分析法的层次分析–逆向传播评价（AHP-BP）方法[13-14]，其中，文献[14]利用 AHP-BP 综合评价方法对卫星网络的性能进行了评估。结合 DSCN 的复杂特性，本章将采用 AHP-BP 综合评价方法对 SIN 无线资源效用指标综合评价进行分析建模，将每个可能的性能指标进行一定方式的量化，并根据通信请求和现有可分配资源设置评价体系中各个指标的权值，指导分配方式的更替和分配目标的变化，实现 SIN 无线资源配置效用的整体综合评估。本章的主要贡献可以总结为以下三点。

（1）结合 DSCN 的网络特征和本书研究的无线资源配置优化对象，简要介绍了综合评价的基本理论，描述了 DSCN 无线资源配置效用综合评价中，被评价对象、评价指标、指标权重、评价模型、评价者 5 个要素分别在 DSCN 中的指代对象。

（2）根据本书前几章节研究的内容和 DSCN 无线资源效用的主要指标，选取了本章评价的主要指标集合，基于 AHP 方法确定了指标权重，构建了 DSCN 无线资源效用综合评价的指标体系。

（3）基于 BP 神经网络构建了 DSCN 无线资源效用综合评价模型，设计了基于 AHP-BP 的综合评价方法，并以前几章节的仿真模型为基础，获取仿真数据和专家测评数据分组，并将其作为评价模型训练数据和测试数据，对评价模型进行了仿真验证，仿真结果表明本章提出的评价方法在评价误差上满足工程实践需求。

| 9.2　综合评价的基本理论 |

综合评价理论最早被应用在经济学中，在工程等方面的应用也比较多[2-3]。对于一个完整的综合评价体系，一般包括被评价对象、评价指标、指标权重、评价模型、评价者 5 个要素[4-5]。接下来，将结合 SIN 无线资源管理的效用评价来简单介绍这 5 个要素分别代表的内容。

（1）被评价对象

被评价对象是指需要被评价的具体事物。在 DSCN 的无线资源分配效用评价中可以针对不同用户在一次分配过程中的资源分配效用进行评价，也可以针对整个网络在多次无线资源分配过程中的无线资源配置效用进行评价。但无论如何，被评价的对象要大于 1，因为只有一个对象时，不存在高效与低效的对比，无法区分性能的好坏，那么就失去了评价的本质意义了。由此，可以假设评价对象为 $S_1, S_2, \cdots S_n (n > 1)$。

（2）评价指标

被评价的对象是好是坏，是由很多因素决定的，将这些因素进行数字化量化后，可以用一个向量 x 表示，向量中的每个分量就可以称为这个评价系统的评价指标，不同的网络条件下需要的评价指标也不尽相同，对于分布式星群网络这样的层次性网络，其评价指标可能是层次性的，因此，可以将指标处理为多维向量或矩阵形式。每个指标值是从某个侧面反映评价对象某种特征大小的度量，评价指标的选取必须遵循一定的原则，尽可能地使每个指标之间是独立不相关的，如何合理选取评价指标在下一节详细描述和定义。若假设有 m 项指标，可表示为 $x_1, x_2, \cdots x_n (m > 1)$。

（3）指标权重

对于不同的评价系统，不同的评价指标之间的相对重要程度是不一致的。在 DSCN 中体现为不同时段的通信请求、网络状态、可分配资源量都不一致，在同时满足通信需求，并保证无线资源余量充足的情况下充分利用无线资源，会导致各个指向性能的指标之间的重要情况不一。这时就需要指标权重来区分各个指标的重要性。设评价指标 x_i 的指标权重为 ω_i，则指标权重 $\omega_i (i = 1, 2, \cdots, m)$ 之间满足的关系为

$$0 \leqslant \omega_i \leqslant 1 \tag{9-1}$$

$$\sum_{i=1}^{m} \omega_i = 1 \tag{9-2}$$

当被评价对象和评价指标的值都已知时，综合评价的结果直接与指标权重相关，不同的指标权重可能导致不同的评价结果。指标权重确定方法的是否科学，与评价结果的可信度直接相关。因此，合理的指标权重选取方法至关重要，下一节将介绍指标权重的设定方法。

（4）评价模型

多指标评价是多属性决策的一个延伸,对多个评价指标甚至多层次的评价指标,如何处理这些指标从而获取最终的评价结果，就需要一个决策的方法，评价模型的作用就是为多指标评价提供方法和准则。评价模型可以被表示为一个评价函数，如式（9-3）所示。

$$y = f(\boldsymbol{\omega}, \boldsymbol{x})$$

（9-3）

其中，$\boldsymbol{\omega}=[\omega_1,\omega_2,\cdots,\omega_m]^T$ 为权重系数向量；$\boldsymbol{x}=[x_1,x_2,\cdots,x_m]^T$ 为评价指标向量。如果对不同分配情况下的分布式星群网络资源分配效用或不同星群资源覆盖下的资源分配效用进行评价，那么指标向量可以进一步细分为 $\boldsymbol{x}=[\boldsymbol{x}_1,\boldsymbol{x}_2,\cdots,\boldsymbol{x}_n]$，每个 $\boldsymbol{x}_i$ 都是一个 m 维列向量，各个不同条件下或不同网络之间的综合评价值为

$$y_j = f(\boldsymbol{\omega}, \boldsymbol{x}_j)$$

（9-4）

对 y_j 进行比较，即可得出被评价对象的对比结果。

（5）评价者

评价者指负责对评价对象进行评价的个体，其负责确定评价指标，选择评价模型，对评价的采信度也有着很大的影响。为了提高数据的可靠性和评价结果的采信度，本研究中的评价者为相关领域专家，通过文献中的实验数据分析形成相关性能指标，经专家测评提取典型重要指标获得评价指标。

一个完整的综合评价过程一般包括：明确评价目的、确定被评价对象、选取指标体系并确定指标权重、设计综合评价模型（函数）、将指标和权值导入评价模型进行计算、输出综合评价值、获得评价结果。综合评价过程如图 9-1 所示。在本章中，评价目的为比较分布式星群网络的资源分配效用，评价的对象即为 DSCN 的无线资源配置效用。

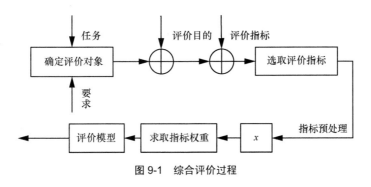

图 9-1　综合评价过程

| 9.3 指标体系的选取和基于 AHP 的初始指标权重确定 |

评价指标的选取要保证其科学性、合理性，减少冗余和重叠指标，并且保证指标具备一定的层次性。指标体系的选取一般需要满足以下要求，

（1）科学性。要对被评价的对象和评价的目标进行科学有效的审查和分析。所选指标的计算方法必须要有一定的理论支撑，各个指标之间的关系要明确，能够对被评价对象在该类方向上的特征大小有显著度量作用。

（2）整体性。选取指标时，不能剔除单个指标进行考虑，需要把指标放到整体中，这样选择的指标对整个评价体系才具有一定的指导意义。

（3）可比性。各个指标必须进行一定的合理量化和计算处理，被选择的指标必须是方便处理的，可以归一化为一类可比的数值。

（4）层次性。选取指标需要从大到小，逐步细化，对于这样分布式星群网络一个层次性的系统，指标也应该是层次清楚的。但随着层次的增加，评价时的运算量是成倍增长的，故而选择层次指标时，要考虑层次大小的问题。

指标选取的比较常见的主要方法有专家调研法[9]、最小均方法[11]、极小极大离差法[12-14]。本章采用结合前两种方式的方法来选取指标。首先从文献阅读和专家调研中获取不同的资源分配效用指标，并对获取的指标进行分类和分析。调研获得的指标数量比较多，大量多层次的指标量会大大增加评价模型的运算量。因此，本章采用最小均方法来剔除其中区别度不高或者影响度不高的指标。最小均方差剔除法的基本条件表示为

$$\bar{x}_j = \frac{1}{n}\sum_{i=1}^{n} x_{ij} \tag{9-5}$$

$$s_j = \left(\frac{1}{n}\sum_{i=1}^{n}\left(x_{ij}-\bar{x}_j\right)^2\right)^{\frac{1}{2}}, j=1,2,\cdots,m \tag{9-6}$$

$$s_{k_0} = \min_{1\leq j\leq m}\left\{s_j\right\} \tag{9-7}$$

$$s_{k_0} \approx 0 \tag{9-8}$$

其中，x_{ij} 为评价指标的实测值，共有 n 个被评价对象，$\bar{x}_j$ 为 n 个被评价对象的 j 指标的样本均值，s_j 则为代表 n 个被评价对象的 j 指标的均方差值。上述条件表明均

方剔除法的基本原理为求出单个指标对各个被评价对象的均方值，挑出其中均方值接近 0 的评价指标，将其剔除。均方值为 0 的意义表明，该指标在各个被评价系统中的波动程度不大，所以可比性低，将其剔除。根据上述方法，本章选出了分布式星群网络资源分配效用评价体系的多项指标，按照用户满足度和资源效用进行了分类，建立了层次性的指标体系，如表 9-1 所示。从表中可以看出所有的三级指标都进行了预处理，变为可以直接进行加权计算处理的比率值，就不用再进行指标体系的量化处理。

表 9-1　分布式星群网络资源分配效用评价体系指标

目标层	一级指标	二级指标	三级指标
分布式星群网络资源配置效用评价体系	系统资源效用指标	资源利用率	时频资源利用率
			时隙碎片比率
			上行功率利用率
			下行功率利用率
		资源消耗率	上行功率消耗率
			下行功率消耗率
		资源调整率	时隙资源调整率
			功率资源回退率
	用户满足度指标	公平性	加权优先级占比
			用户覆盖率
		通信满足率	用户请求拒绝率
			实际吞吐量与系统总吞吐量占比

接下来就是要合理确定指标体系的权重，现阶段指标体系的确定一般原理为构造判断矩阵、计算特征向量和特征值从而获取指标权重。AHP 就是其中的一种定性分析与定量分析相结合的方法。层次分析方法的基本原理是通过构造层次关系对各个层次的指标关系进行两两比较，确定彼此的相对重要关系。主要步骤为：

1）构造层次关系；

2）构造判断矩阵；

3）计算判断矩阵的近似特征值获得权值的近似值；

4）计算最大特征值，并进行一致性检验。

表 9-1 已经构成了一个层次性的体系，故而只需要构造判断矩阵。本章综合指标体系层次分析如图 9-2 所示。

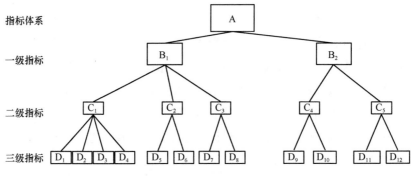

图 9-2　综合指标体系层次分析

建立层次分析模型后，可以对各个层次的元素进行两两比较分析，这一过程需要对各层的各个元素之间的重要性给出判断，这种重要性大小的判断一般通过有效的数据来源或专家咨询考察问卷等的方式来获得。每一层的判断矩阵是在这一层所在指标为基准的条件下，下一层指标两两重要性的度量。例如，对于 C_1 其判断矩阵可以表示为

$$C_1 = \begin{pmatrix} D_{11} & D_{12} & D_{13} & D_{14} \\ D_{21} & D_{22} & D_{23} & D_{24} \\ D_{31} & D_{32} & D_{33} & D_{34} \\ D_{41} & D_{42} & D_{43} & D_{44} \end{pmatrix} \tag{9-9}$$

其中，D_{ij} 表示指标 i 和指标 j 的相对重要性度量。显然，D_{ij} 有如下性质

$$D_{ij} > 0 \tag{9-10}$$

$$D_{ij} = \frac{1}{D_{ji}} \tag{9-11}$$

$$D_{ii} = 1 \tag{9-12}$$

根据层次分析法，一般情况下，判断矩阵由 1～9 标度法来进行构造，根据比较两两指标之间的重要程度关系，按照 1～9 标度的取值进行判断矩阵的设置，其中 1～9 标度法对应的标度设置如表 9-2 所示。根据比较指标的重要性可以获得各级判断矩阵值。

通过判断矩阵可以计算指标权值，首先，计算判断矩阵的每一行元素的乘积。

$$M_i = \prod_{j=1}^{n} D_{ij} \tag{9-13}$$

接下来，通过对每行乘积取 n 次方，便可以获得权值，对权值归一化便得到标准化权值系数 ω_i，如式（9-14）和式（9-15）所示。

$$\delta_i = \sqrt[n]{M_i} \qquad (9\text{-}14)$$

$$\omega_i = \frac{\delta_i}{\sum_{i=1}^{n}\delta_i} \qquad (9\text{-}15)$$

最后通过计算判断矩阵的最大特征值，求取判断矩阵偏离一致性的指标 CI，如式（9-16）和式（9-17）所示。

$$\lambda_{\max} = \sum_{i=1}^{n}\frac{(C\omega)_i}{n\omega_i} \qquad (9\text{-}16)$$

$$\mathrm{CI} = \frac{\lambda_{\max} - n}{n-1} \qquad (9\text{-}17)$$

表 9-2　判断矩阵 1～9 标度设值

序号	重要性比较	矩阵值 D_{ij} 赋值
1	i、j 两指标同样重要	1
2	i 指标比 j 指标稍重要	3
3	i 指标比 j 指标明显重要	5
4	i 指标比 j 指标强烈重要	7
5	i 指标比 j 指标极端重要	9
6	j 指标比 i 指标稍重要	1/3
7	j 指标比 i 指标明显重要	1/5
8	j 指标比 i 指标强烈重要	1/7
9	j 指标比 i 指标极端重要	1/9

然而，衡量不同判断矩阵是否具有满意一致性，还需要引入随机一致性指标 RI 值。对于 1～9 标度赋值法所构造的判断矩阵，RI 的值如表 9-3 所示。

表 9-3　RI 值

阶数	1	2	3	4	5	6	7	8	9
RI	0.00	0.00	0.58	0.90	1.12	1.24	1.32	1.41	1.45

若有

$$\mathrm{CR} = \frac{\mathrm{CI}}{\mathrm{RI}} < 0.10 \qquad (9\text{-}18)$$

则认为判断矩阵具有满意的一致性，其求得的权值可以接受，否则，需要重新构造判断矩阵，直到 CR < 0.10 为止。

9.4 基于 BP 神经网络的综合评价模型与综合评价算法

求得各个权重值以后，利用神经网络实现对分布式星群网络的资源分配效用进行评价。BP 神经网络是一种多层次结构的网络，相邻前、后两层之间通过神经元进行连接，但每层的各个神经元之间是没有联系的，正好满足本章提到的综合评价指标体系的特征。BP 算法的结构一般包含输入层和输出层以及一个或多个隐含层，三层 BP 神经网络结构可以表示为图 9-3。BP 神经网络可以通过调整各层的阈值与权值，从而使误差平方和最小，获得与目标比较接近的输出结果。

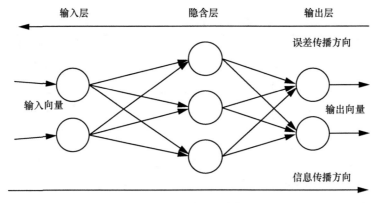

图 9-3　三层 BP 神经网络结构

在 BP 神经网络中，首先将输入数据传递给隐含层节点，通过隐含层节点的激励函数获得隐含层输出值，再将输出值传递给输出节点，从而获得最终结果。节点的激励函数通常可以选择 Sigmoid 函数，表示为

$$f(x) = \frac{1}{1+e^{-x}} \tag{9-19}$$

对输入的数据，前向传播数据的同时还要计算反向的误差，BP 神经网络是基于学习的，网络学习终止的条件是误差满足小于一定的门限值。这时候，网络训练完成，便可以进行实际评价了。对于图 9-3 中三层的神经网络，假设 x_i 为输入的训练

数据，输入节点个数为 M ，隐含层节点数为 N ，输出层节点数为 L ， $\omega_{ij}(n)$ 为节点 n 从输入层到隐含层的权重，则隐含层和输出层的输出分别为

$$y_j = f\left(\sum_{i=1}^{M} \omega_{ij} x_i - \delta_i \right) \tag{9-20}$$

$$z_k = f\left(\sum_{j=1}^{N} \omega_{ik} z_j - \delta_k \right) \tag{9-21}$$

其中， δ_j 和 δ_k 分别为隐含层节点和输出层节点的阈值。假设隐含层和输出层期望输出为 d_j 和 d_k ，输出误差为

$$E^{\text{Hid}} = \sum_{i=1}^{N} E_i^{\text{Hid}} = \frac{\sum_{j=1}^{M}\left(d_j - y_j\right)^2}{2} \tag{9-22}$$

$$E^{\text{Out}} = \sum_{i=1}^{N} E_i^{\text{Out}} = \frac{\sum_{k=1}^{L}\left(d_k - z_k\right)^2}{2} \tag{9-23}$$

对权值与阈值（修正因子）进行修正，可以调整误差的大小。当误差小于设定的临界值时，BP 神经网络的学习过程就算完成了。结合上节的 AHP 算法确定的初始权值，可以形成一个完整的基于 AHP-BP 神经网络评价算法。算法的步骤如算法 9-1 所示，该方法结合 AHP 层次分析，基于 DSCN 的无线资源配置方案对应的性能获取评价值的专家数据，将配置方案性能与评价值之间的关系交由 BP 神经网络训练获取自动化的评价模型。

算法 9-1　基于 AHP-BP 神经网络的 DSCN 无线资源配置综合评价算法

每次重新开始运算前设定算法终止条件，即设定学习终止误差

1）对 DSCN 的无线资源配置方案分析层次结构，生成比较判断矩阵，获取评价性能的指标权重；

2）求解最大特征值，检验一致满意度， $\mathrm{CR} = \dfrac{\mathrm{CI}}{\mathrm{RI}} < 0.10$ ，则接受指标权重值，若不满足返回 1），重新生成比较 DSCN 的无线资源配置评价指标判断矩阵；

3）收集数据，并分析处理数据，将数据分为训练集和测试集；

4）将 AHP 法获得指标权重与训练样本集的指标数据相乘求和即得到综合

评价值；

5）将综合评价值作为神经网络的输入，采用训练样本进行训练，求解训练误差；

6）若误差小于终止误差，则停止训练；否则返回4），继续进行训练，指导训练误差小于终止误差为止；

7）进行测试集测试，达到效果则完成评价建模，若未达标则返回1）。

| 9.5　综合评价指标体系及评价方法的仿真验证 |

首先进行数据收集，由于现实条件的限制，无法获得DSCN的资源分配效用各级指标的实测值，本次仿真中的全部数值均来自仿真数据。对DSCN功率与时隙资源的分配的仿真之前有所涉及，限于篇幅，直接展示收集的数据。分别对第三级指标进行了20种不同分配下的取样。分别将前10组数据作为训练数据，后10组作为测试数据，分别表示为表9-4和表9-5。

表9-4　训练数据

指标	编号									
	1	2	3	4	5	6	7	8	9	10
D1	0.1	0.413	0.747	0.742	0.584	0.755	0.8	0.882	0.872	0.893
D2	0.1	0.168	0.654	0.389	0.568	0.721	0.694	0.674	0.578	0.645
D3	0.129	0.712	0.764	0.374	0.277	0.782	0.453	0.565	0.343	0.548
D4	0.541	0.134	0.657	0.789	0.288	0.263	0.433	0.454	0.737	0.678
D5	0.48	0.156	0.377	0.235	0.276	0.384	0.464	0.452	0.673	0.878
D6	0.111	0.654	0.47	0.488	0.212	0.374	0.654	0.653	0.938	0.7
D7	0.107	0.345	0.382	0.864	0.453	0.883	0.773	0.7	0.342	0.247
D8	0.127	0.478	0.374	0.468	0.765	0.383	0.314	0.234	0.256	0.466
D9	0.1	0.234	0.375	0.288	0.654	0.318	0.452	0.652	0.336	0.456
D10	0.209	0.214	0.864	0.392	0.599	0.123	0.456	0.532	0.444	0.435
D11	0.13	0.456	0.753	0.363	0.6	0.201	0.464	0.232	0.366	0.365
D12	0.220	0.356	0.466	0.747	0.897	0.345	0.754	0.434	0.435	0.232

表 9-5　测试数据

指标	编号									
	1	2	3	4	5	6	7	8	9	10
D1	0.156	0.5	0.677	0.234	0.124	0.767	0.356	0.882	0.872	0.893
D2	0.123	0.34	0.458	0.563	0.34	0.455	0.466	0.837	0.356	0.332
D3	0.135	0.445	0.294	0.1	0.346	0.566	0.467	0.565	0.342	0.355
D4	0.394	0.657	0.224	0.245	0.568	0.356	0.446	0.676	0.6	0.334
D5	0.489	0.454	0.567	0.345	0.556	0.257	0.451	0.563	0.532	0.435
D6	0.993	0.556	0.4	0.455	0.474	0.641	0.852	0.46	0.466	0.346
D7	0.1	0.577	0.676	0.356	0.573	0.577	0.526	0.455	0.46	0.642
D8	0.843	0.478	0.346	0.466	0.742	0.578	0.574	0.652	0.453	0.356
D9	0.734	0.775	0.672	0.2	0.347	0.683	0.725	0.465	0.64	0.326
D10	0.345	0.938	0.268	0.446	0.563	0.785	0.567	0.467	0.454	0.744
D11	0.365	0.394	0.657	0.572	0.257	0.567	0.235	0.456	0.653	0.577
D12	0.245	0.495	0.235	0.246	0.547	0.763	0.246	0.732	0.565	0.463

假设 A、A_1、A_2、A_{11}、A_{12}、A_{13}、A_{21} 和 A_{22} 分别为资源评价体系、系统资源效用指标、用户满足度指标、资源利用率、资源消耗率、资源调整率、公平性、通信满足率的判断矩阵,根据专家调研法得出的指标之间相对的关系以及 1~9 标度法,可以生成判断矩阵为

$$A = \begin{pmatrix} 1 & 3 \\ \frac{1}{3} & 1 \end{pmatrix} \tag{9-24}$$

$$A_1 = \begin{pmatrix} 1 & \frac{1}{5} & \frac{1}{3} \\ 5 & 1 & 3 \\ 3 & \frac{1}{3} & 1 \end{pmatrix} \tag{9-25}$$

$$A_2 = \begin{pmatrix} 1 & 3 \\ \frac{1}{3} & 1 \end{pmatrix} \tag{9-26}$$

$$A_{11} = \begin{pmatrix} 1 & \dfrac{1}{7} & \dfrac{1}{3} & \dfrac{1}{5} \\ 7 & 1 & 5 & 3 \\ 3 & \dfrac{1}{5} & 1 & \dfrac{1}{3} \\ 5 & \dfrac{1}{3} & 3 & 1 \end{pmatrix} \tag{9-27}$$

$$A_{12} = \begin{pmatrix} 1 & 5 \\ \dfrac{1}{5} & 1 \end{pmatrix} \tag{9-28}$$

$$A_{13} = \begin{pmatrix} 1 & \dfrac{1}{3} \\ 3 & 1 \end{pmatrix} \tag{9-29}$$

$$A_{21} = \begin{pmatrix} 1 & 3 \\ \dfrac{1}{3} & 1 \end{pmatrix} \tag{9-30}$$

$$A_{22} = \begin{pmatrix} 1 & \dfrac{1}{3} \\ 3 & 1 \end{pmatrix} \tag{9-31}$$

对以上矩阵求解各自权值并进行一致性检验，可以获得各级指标的权值，以 A 为例进行计算。首先计算每个矩阵每一行的乘积，并求根值可得

$$\overline{w}_1 = \sqrt{1 \times 3} \approx 1.732 \tag{9-32}$$

$$\overline{w}_2 = \sqrt{1 \times \dfrac{1}{3}} \approx 0.577 \tag{9-33}$$

对根值归一化，获得 $W = \left[w_1, w_2 \right]^{\mathrm{T}}$。

$$w_1 = \dfrac{\overline{w}_1}{\overline{w}_1 + \overline{w}_2} \approx 0.750 \tag{9-34}$$

$$w_2 = \dfrac{\overline{w}_2}{\overline{w}_1 + \overline{w}_2} \approx 0.250 \tag{9-35}$$

求解 AW 为

$$AW = \begin{pmatrix} 1 & 3 \\ \dfrac{1}{3} & 1 \end{pmatrix} \times \begin{pmatrix} 0.750 \\ 0.250 \end{pmatrix} \tag{9-36}$$

那么，其最大特征值 $\lambda_{\max}$ 为

$$\lambda_{\max} = \sum_{i=1}^{n} \dfrac{(Aw)_i}{w_i} \tag{9-37}$$

计算 CI 值，得

$$CI = \dfrac{\lambda_{\max} - 1}{n - 1} = \dfrac{2 - 1}{2 - 1} = 1 \tag{9-38}$$

查表 9-3 可以看出 RI 值为 0.00，这主要是因为此时阶数小于 2，总是具有一致性，大于二阶时则要进行一致性检验。

同理，可以推导出其他的指标权重值向量。

$$W = W_2 = W_{21} = \begin{pmatrix} 0.750 \\ 0.250 \end{pmatrix} \tag{9-39}$$

$$W_{13} = W_{22} = \begin{pmatrix} 0.250 \\ 0.750 \end{pmatrix} \tag{9-40}$$

$$W_{12} = \begin{pmatrix} 0.833 \\ 0.167 \end{pmatrix} \tag{9-41}$$

$$W_1 = \begin{pmatrix} 0.105 \\ 0.637 \\ 0.258 \end{pmatrix} \tag{9-42}$$

$$W_{11} = \begin{pmatrix} 0.055 \\ 0.564 \\ 0.118 \\ 0.263 \end{pmatrix} \tag{9-43}$$

计算获得的各级指标权重值如表 9-6 所示。

求出指标体系中各个指标的初始指标值以后，可以将本章中选取的无线资源配置评价的训练样本值中的指标值与权重值相乘，以获得输入值，将处理后的输入值输入 BP 神经网络算法中去进行训练。

表 9-6　求解各级指标值

指标体系	一级指标	指标权重	二级指标	指标权重	三级指标	指标权重
A	B1	0.75	C1	0.105	D1	0.055
					D2	0.564
					D3	0.118
					D4	0.263
			C2	0.637	D5	0.833
					D6	0.167
			C3	0.258	D7	0.25
					D8	0.75
	B2	0.25	C4	0.75	D9	0.75
					D10	0.25
			C5	0.25	D11	0.25
					D12	0.75

本次仿真利用 MATLAB 仿真平台中的神经网络仿真工具箱，利用其提供的训练函数进行训练。根据前文提到的隐含层数设置方法，设置隐含层数为 6，终止误差值（误差门限值）设为 0.000 1。在 DSCN 无线资源配置方案综合评价模型的训练过程，分别对采用随机输入的 BP 神经网络和本文提到的 AHP-BP 神经网络算法的训练过程进行了仿真，如图 9-4 和图 9-5 所示。

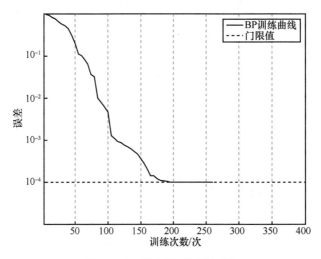

图 9-4　BP 神经网络的训练过程

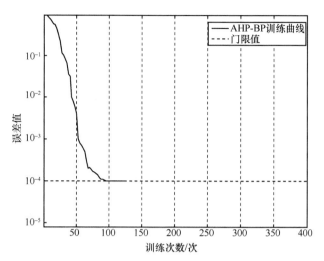

图 9-5　AHP-BP 神经网络的训练过程

　　对比图 9-4 和图 9-5 中的仿真结果可以看出，采用 AHP-BP 神经网络的综合评价模型只需要 100 次左右的训练次数就收敛了，但采用 BP 神经网络的综合评价模型却要训练 200 次左右才能趋于收敛。因此，本章提到的基于 AHP-BP 的 DSCN 无线资源配置效用综合评价模型在收敛速度上有一定的优势。

　　另外，本章通过 DSCN 无线资源配置效用综合评价的测试数据，对训练完毕的综合评价模型进行了测试，与实际评分数据进行对比。实际评分数据和测试数据一样，来源于专家对资源分配效用的打分结果，每一次分配的实际评分数据为多个专家打分结果的平均值（为了保证评价结果的尽可能公平，平均值采取去掉最高值和去掉最低值取平均的方式获得），打分采取十分制，而 BP 神经网络的输出分数为其输出结果和最佳情况下的输出结果的比值乘以 10。图 9-6 展示了本章基于 AHP-BP 的 DSCN 无线资源配置效用综合评价方法和实际评分数据的拟合度，通过对比可以看到，两者的拟合度较高，能够满足对系统资源分配进行综合评价的基本要求。

　　最后，本章进行了对多次测试过程中与图 9-6 中的实测评分数据的误差值仿真计算，如图 9-7 所示，给出的结果是多次测试的综合评分结果的误差。可以看出，对于量化后十分制的打分情况下，AHP-BP 综合评价方法的误差基本小于 0.1，在工程应用中是可以接受的。

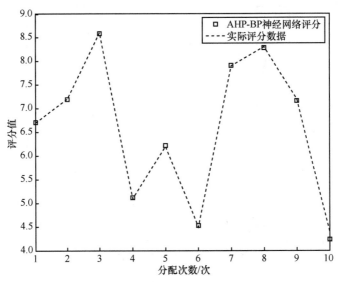

图 9-6 AHP-BP 综合评价方法评分性能

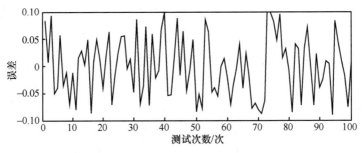

图 9-7 APH-BP 综合评价方法评分误差

| 9.6 本章小结 |

本章主要介绍了综合评价理论与方法，并结合 DSCN 的无线资源分配，建立了较为合理的 DSCN 资源分配效用综合评价体系，并引入 AHP 法求解各项指标的权重值。利用 BP 神经网络构建了综合评价模型，以加权指标值作为输入，并利用训练样本进行训练，获得资源分配效用综合评价方法，基于本书研究的 DSCN 无线资源配置的基本需求和特征，设计了 AHP-BP 综合评价的算法步骤。

通过 MATLAB 平台下的仿真实验可以看出，本章提出的方法的收敛速度高于普通的 BP 神经网络算法，其评价结果与专家测评的平均值的误差也在可以接受的范围之内，说明该方法在实际应用中有一定的实际意义。

｜ 参考文献 ｜

[1] LI H, ZHAO M, JIANG H T, et al. An improved multi-attribute decision making based on statistics error[C]//2018 Eighth International Conference on Instrumentation & Measurement, Computer, Communication and Control. Piscataway: IEEE Press, 2018: 407-410.

[2] XIE M, CUI X J. Official selection model based on multi-attribute group decision making[C]//2010 International Conference on Future Information Technology and Management Engineering. Piscataway: IEEE Press, 2010: 80-83.

[3] CHIN T J, SUTER D. Incremental kernel principal component analysis[J]. IEEE Transactions on Image Processing, 2007, 16(6): 1662-1674.

[4] CHEN J Q, DONG Q M, NI X S, et al. Quantitative analysis of heavy metal components in soil by laser-induced breakdown spectroscopy based on principal component analysis[C]//2019 18th International Conference on Optical Communications and Networks. Piscataway: IEEE Press, 2019: 1-4.

[5] YARAGHI N, TABESH P, GUAN P Q, et al. Comparison of AHP and Monte Carlo AHP under different levels of uncertainty[J]. IEEE Transactions on Engineering Management, 2015, 62(1): 122-132.

[6] TAUFIK I, ZULFIKAR W B, IRFAN M, et al. Expert system for social assistance and grant selection using analytical hierarchy process[C]//2018 6th International Conference on Cyber and IT Service Management. Piscataway: IEEE Press, 2018: 1-4.

[7] ZHANG J, XIAO Q, HUANG D, et al. The analysis of fuzzy inference system and fuzzy comprehensive evaluation and their application on storm surge disaster assessment[C]//IEEE 2009 Sixth International Conference on Fuzzy Systems and Knowledge Discovery. Piscataway: IEEE Press, 2009: 592-596.

[8] XIE L P, SUN Y J. Post evaluation system of nuclear power plant construction based on comprehensive fuzzy theory[C]//2019 Chinese Control And Decision Conference. Piscataway: IEEE Press, 2019: 4078-4082.

[9] WANG T X, LI Y, LIN C H, et al. Fuzzy comprehensive evaluation of power quality based on confrontational cross DEA model[C]//2019 IEEE Sustainable Power and Energy Conference. Piscataway: IEEE Press, 2019: 2595-2599.

[10] HUANG H, XIA X L. Wine quality evaluation model based on artificial bee colony and BP neural network[C]//2017 International Conference on Network and Information Systems for Computers. Piscataway: IEEE Press, 2017: 83-87.

[11] ZHANG Y X, RAO Z Y. Research on information security evaluation based on artificial neur-

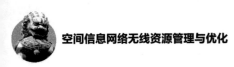
al network[C]//2020 3rd International Conference on Advanced Electronic Materials, Computers and Software Engineering. Piscataway: IEEE Press, 2020: 424-428.

[12] YANG Q. Study on evaluation of chemical industry safety production based on artificial neural network[C]//2020 IEEE 5th Information Technology and Mechatronics Engineering Conference. Piscataway: IEEE Press, 2020: 1272-1277.

[13] LIN X J, KUN S J, LIU Q, et al. Research on safety evaluation model of drilling operation based on AHP-BP[C]//2020 International Conference on Urban Engineering and Management Science. Piscataway: IEEE Press, 2020: 639-641.

[14] DONG Y L, WANG C T, SUN C H, et al. Performance evaluation for satellite communication networks based on AHP-BP algorithm[C]//2018 10th International Conference on Communication Software and Networks. Piscataway: IEEE Press, 2018: 311-316.

缩略语

英文缩写	英文全称	中文全称
SIN	Space Information Network	空间信息网络
DSC	Distributed Satellite Cluster	分布式星群
DSCN	Distributed Satellite Cluster Network	分布式星群网络
CSN	Cognitive Satellite Network	认知卫星网络
DRS	Data Relay Satellite	数据中继卫星
ISL	Inter Satellite Link	星间链路
ICL	Inter Cluster Link	星群间链路
DARPA	Defense Advanced Research Projects Agency	国防部高级研究计划局
JPL	Jet Propulsion Laboratory	喷气推进实验室
SI	Space Internet	空间互联网
NASA	National Aeronautics and Space Administration	美国国家宇航局
GIG	Global Information Grid	全球信息栅格
TSAT	Transformational Satellite Communications System	转型卫星通信系统
O3B	the Other 3 Billion	亚非南美三亿人计划
SBG	Space-Based Group	天基群组
EOM	Earth Observation Mission	地球观测任务
GEO	Geostationary Orbit	地球静止轨道
MEO	Medium Earth Orbit	中地球轨道
LEO	Low Earth Orbit	低地球轨道
FSS	Fixed Satellite Service	固定卫星业务
BSS	Broadband Satellite Service	宽带卫星业务

（续表）

英文缩写	英文全称	中文全称
MSS	Mobile Satellite Service	移动卫星业务
CR	Cognitive Radio	认知无线电
PU	Primary User	主用户
SU	Secondary User	次级用户
HAP	High Altitude Platform	高空平台
UAV	Unmanned Aerial Vehicle	无人机
MPA	Multi-Port Amplifier	多端口放大器
TWTA	Traveling Wave Tube Amplifier	行波管放大器
QoS	Quality of Service	服务质量
UMTS	Universal Mobile Telecommunications System	通用移动通信系统
CS	Conversational Service	会话型服务
SS	Streaming Service	流媒体服务
IS	Interactive Service	交互型服务
BS	Background Service	后台服务
WiMAX	Worldwide interoperability for Microwave Access	微波存取全球互通
OFDMA	Orthogonal Frequency-Division Multiple Access	正交频分多址
MRC	Maximal Ratio Combining	最大比合并
FSN	Fractionated Satellite Network	分段卫星网络
CSI	Channel State Information	信道状态信息
SE	Spectrum Efficiency	频谱效率
SINR	Signal to Interference pluse Noise Ratio	信干噪比
SNR	Signal to Noise Ratio	信噪比
NCC	Network Control Center	网络控制中心
PF	Proportional Fairness	比例公平性
MF-TDMA	Multi-Frequency Time Division Multiple Access	多频时分多址
TDM	Time Division Multiplex	时分复用
PDF	Probability Density Function	概率密度函数
NE	Nash Equilibrium	纳什均衡

（续表）

英文缩写	英文全称	中文全称
NBS	Nash Bargaining Solution	纳什议价解
1D-SOA	One Dimensional Single-objective Optimization Algorithm	一维单目标优化算法
2D-SOA	Two Dimensional Single-objective Optimization Algorithm	二维单目标优化算法
1D-MOA	One Dimensional Multi-objective Optimization Algorithm	一维多目标优化算法
2D-MOA	Two Dimensional Multi-objective Optimization Algorithm	二维多目标优化算法
TDICA	Two-dimensional Dynamical Immune Clone Algorithm	二维动态免疫克隆算法
ICA	Immune Clone Algorithm	免疫克隆算法
GA	Genetic Algorithm	遗传算法
NSGA-II	Non-dominated Sorting Genetic Algorithm II	非支配排序遗传算法 II
CDF	Cumulative-probability Density Function	累积概率密度函数

名词索引